职业教育新形态融媒体教材
公共基础课系列教材 | 山东省职业教育优质教材

互联网+

全国高等学校（山东考区）计算机水平考试一级配套教材

信息技术模块化教程

主　编　李　琴　　王德才　　李　莹

副主编　赵凤卿　　张传勇　　张成霞　　张　震

参　编　冯　娜　　韩淑芹　　王　翠　　张成法

　　　　徐　慧　　林珊珊　　贾凤岐　　李　丽

　　　　王兴国　　秦坤文　　穆雪莲　　李皎月

主　审　徐国庆　　赵庆松

科学出版社

北　京

内 容 简 介

编者深入贯彻落实党的二十大报告精神,按照教育部办公厅印发的《高等职业教育专科信息技术课程标准(2021 年版)》的要求,以 Windows 10 + Office 2016 为平台,基于"模块化教学"和"任务引领式教学"的职业教育课程改革理念组织本书内容。本书由校企"双元"联合开发,设计有课程导入部分和 5 个模块。课程导入部分介绍计算机与信息技术基础,云计算、物联网、大数据、人工智能、虚拟现实、区块链等新一代信息技术,以及信息素养与社会责任;模块 1~模块 5 介绍信息检索,Word 2016、Excel 2016、PowerPoint 2016 办公软件,以及基于多媒体技术的 Photoshop CC、剪映、H5 等的基本应用。

本书强调"工学结合",体现以人为本,落实课程思政,注重"岗课赛证"融通和信息化资源配套,便于实施信息化教学。

本书既可作为职业院校"信息技术"课程的教学用书,也可作为计算机相关行业从业者的参考书。

图书在版编目(CIP)数据

信息技术模块化教程/李琴,王德才,李莹主编. —北京:科学出版社,2023.6(2025.8 修订)

ISBN 978-7-03-075851-4

Ⅰ.①信… Ⅱ.①李… ②王… ③李… Ⅲ.①电子计算机-高等职业教育-教材 Ⅳ.①TP3

中国国家版本馆 CIP 数据核字(2023)第 108879 号

责任编辑:张振华 刘建山 / 责任校对:马英菊
责任印制:吕春珉 / 封面设计:孙 普

科 学 出 版 社出版
北京东黄城根北街 16 号
邮政编码:100717
http://www.sciencep.com
三河市骏杰印刷有限公司印刷

科学出版社发行 各地新华书店经销
*
2023 年 6 月第 一 版 开本:787×1092 1/16
2025 年 9 月第四次印刷 印张:17
字数:400 000

定价:**58.00 元**
(如有印装质量问题,我社负责调换)

销售部电话 010-62136230 编辑部电话 010-62135120-2005

前　言

党的二十大报告指出："加快建设国家战略人才力量，努力培养造就更多大师、战略科学家、一流科技领军人才和创新团队、青年科技人才、卓越工程师、大国工匠、高技能人才。"为了深入贯彻落实二十大报告精神，编者根据二十大报告和《职业院校教材管理办法》《高等学校课程思政建设指导纲要》《"十四五"职业教育规划教材建设实施方案》等相关文件精神，结合多年的教学经验、大赛经验和企业案例编写了本书。

在本书的编写过程中，编者紧紧围绕"培养什么人、怎样培养人、为谁培养人"这一教育的根本问题，以落实立德树人为根本任务，以培养学生综合职业能力为中心，以培养卓越工程师、大国工匠、高技能人才为目标。与同类图书相比，本书体例更加合理和统一，概念阐述更加严谨和科学，内容重点更加突出，文字表达更加简明易懂，典型案例和思政元素更加丰富，配套资源更加完善。

本书的特色主要表现在以下几个方面。

1. 校企"双元"联合编写，行业特色鲜明

本书是在行业专家、企业专家和课程开发专家的指导下，由校企"双元"联合编写而成。本书编者均来自教学或企业一线，具有多年的教学或实践经验，多数人带队参加过国家或省级的技能大赛，并取得了优异的成绩。在编写本书的过程中，编者紧扣课程教学目标，遵循教育教学规律和技术技能人才培养规律，将行业发展的新理论、新标准、新规范和技能大赛要求的知识、能力与素养融入本书，符合当前企业对人才综合素质的要求。

2. 突出"工学结合"，与实际工作岗位对接

本书采用"模块化教学"和"任务引领式教学"的职业教育课程改革理念，以真实生产项目、典型工作任务、案例为载体组织教学，能够满足模块化、案例化等不同教学方式的要求。每个模块包含若干任务，每个任务包含"任务描述""任务目标""任务实施""相关知识""任务拓展"等栏目，将知识、技能、素养的培育贯穿实例中，具有很强的针对性和可操作性。

本书编写思路突破传统，将教程和实训合二为一，重点突出知识点及详尽的操作步骤；相关知识部分不仅包含了课程标准要求的理论知识，还提供了一些高级技巧，可以满足学生更高层次的需求。

本书中的任务涵盖了 Word 2016、Excel 2016、PowerPoint 2016 及 Photoshop CC、剪映、H5 的技术应用。通过学习，学生能够迅速掌握各任务的知识、技能与素养点，快速提升信息技术应用水平及信息技术素养，达到事半功倍的学习效果。

3. 体现以人为本，强调动手能力和创新能力的培养

本书切实从职业院校学生的实际出发，摈弃了以往信息技术基础类书籍中过多的理论

描述，以浅显易懂的语言和丰富的图示来进行说明，不过度强调理论和概念，从实用、专业的角度出发，剖析各知识点，强调动手能力和综合素质的培养。本书以练代讲，坚持"练中学，学中悟"。学生只要跟随操作步骤完成每个实例的制作，就可以掌握相关应用的技术精髓。

4. 融入思政元素，落实课程思政

为落实立德树人的根本任务，充分发挥教材承载的思政教育功能，编者将文化自信、规范意识、质量意识、职业素养、工匠精神等思政元素融入教学内容，使学生在学习专业知识的同时，潜移默化地提升思想政治素养。

5. 立体化资源配套，适应信息化教学

为了方便教师教学和学生自主学习，本书配套有免费的立体化教学资源包，包括多媒体课件、微课、视频、实训手册等，下载地址：www.abook.cn。此外，本书中穿插有丰富的二维码资源链接，方便学生通过扫描观看相关的微课视频。

本书由潍坊工程职业学院李琴、王德才、李莹担任主编，潍坊工程职业学院赵凤卿、威海海洋职业学院张传勇、潍坊工程职业学院张成霞、东营科技职业学院张震担任副主编，潍坊工程职业学院冯娜、韩淑芹、王翠、张成法、徐慧、林珊珊、贾凤岐、李丽、王兴国、秦坤文、穆雪莲、李皎月参与编写。具体的编写分工如下：李琴、徐慧、王翠、张成法、秦坤文、李皎月编写课程导入部分，王德才、张成法、李丽编写模块 1，张传勇、韩淑芹、王兴国编写模块 2，李莹、张震、贾凤岐编写模块 3，冯娜、林珊珊、李丽编写模块 4，赵凤卿、张成霞、穆雪莲编写模块 5。

华东师范大学职业教育与成人教育研究所徐国庆教授、青岛港湾职业技术学院赵庆松教授对全书内容进行审定。

北京汇众益智科技有限公司刘鹏为本书编写提供了典型案例和素材，在此表示感谢！

由于编者水平有限，加之编写时间仓促，书中难免存在疏漏和不足之处，恳请广大读者批评指正。

目　　录

课 程 导 入

▌模块导读

　　信息技术在推动人类社会进步的同时，也悄然改变着人们生活、工作和学习的方式。随着信息技术的广泛应用和不断发展、信息观念的日益更新、信息意识的逐渐增强，人类社会将进入一个崭新的信息时代。本部分将系统介绍计算机与信息技术基础、新一代信息技术、信息素养与社会责任等内容。

▌模块目标

知识目标

● 了解信息的存储与表现形式，掌握各种数制之间的转换方法。
● 掌握计算机的硬件及软件组成。
● 认识计算机外部连接设备，了解微型计算机操作系统。
● 了解云计算、物联网、大数据、人工智能、虚拟现实和区块链的概念、特点、关键技术等基础知识。
● 了解信息素养的基本概念及主要要素、相关法律法规与职业行为自律的要求、信息素养人的特征。
● 掌握信息伦理知识。

能力目标

● 能够对计算机进行拆装，并能够简单配置一台计算机。
● 能够对 Windows 10 操作系统进行安装设置。
● 能够列举新一代信息技术在日常生活、工作、学习中的应用案例。
● 能够利用信息设备和信息资源获取所需信息。

素养目标

● 坚定技能报国、民族复兴的信念，自信自强、踔厉奋发。
● 树立正确的学习观，不负时代、不负韶华，立志成为行业拔尖人才。
● 具备信息意识、计算思维，增强信息素养与社会责任感。
● 拥有良好的职业精神，具备独立思考和主动探究的能力。

▍思维导图

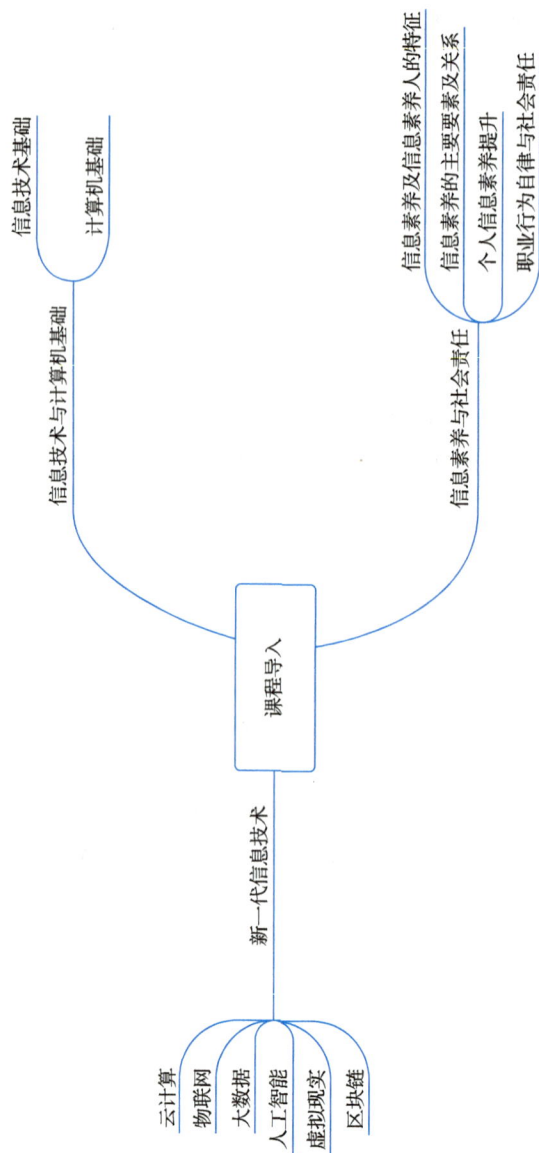

0.1 信息技术与计算机基础

信息技术（information technology，IT）涵盖信息的获取、表示、传输、存储、加工和应用等，已成为经济社会转型发展的主要驱动力，是建设制造强国、网络强国、数字中国、智慧社会的基础。作为一名大学生，要不断提高信息化应用能力，增强信息技术素养，为今后的学习和工作打下坚实的基础，不断提升在信息社会中的适应力与创造力，从而成长为一名合格的信息社会数字公民。

通过学习，了解信息的存储与表现形式，掌握各种数制之间的转换方法；熟练掌握计算机的硬件及软件组成，能够简单组装并配置计算机。

1. 信息技术基础

（1）信息的存储形式

1）数制。在日常生活中，我们常用十进制进行计数，但在计算机中采用的是二进制。计算机是由逻辑电路组成的，并采用二进制数表示信息，通常用 1 表示高电平，用 0 表示低电平。

数制也称为进位计数制，是用固定的符号和统一的规则来表示数值的方法，通常包含数码、基数、位权 3 个要素。

数码是数制中用来表示基本数值大小的不同数字符号。例如，十进制由 0、1、2、…、8、9 十个数码组成。

基数是数制使用的数码的个数。例如，二进制的基数为 2，十进制的基数为 10。

对于多位数来说，处在某一位上的 1 所表示的数值大小称为该位的位权；对于 N 进制数来说，第 i 位的位权为 N^{i-1}。

① 十进制数。十进制由 0、1、2、…、8、9 十个数码组成，即基数为 10，其特点为：逢十进一，借一当十。十进制的各位权值为 10^{i-1}。书写十进制数时，通常在数的右下角注上基数 10，或在后面加 D 表示（后缀 D 一般可省略）。D 是十进制对应英文 decimalism 的首字母。

② 二进制数。二进制的数码是 0、1，基数为 2，其特点为：逢二进一、借一当二。二进制的各位权值为 2^{i-1}。书写二进制数时，通常在数的右下角注上基数 2，或在后面加 B 表示。B 是二进制对应英文 binary 的首字母。

③ 八进制数。八进制由 0、1、2、3、4、5、6、7 八个数码组成，即基数为 8。八进制的特点为：逢八进一，借一当八。八进制的各位权值为 8^{i-1}。八进制用字母 O（octonary）表示。为避免字母 O 误认作数字 0，也可标识为 Q。

④ 十六进制数。十六进制数由 0、1、2、…、9、A、B、C、D、E、F 十六个数码组成（其中 A～F 分别对应十进制数中的 10～15），基数为 16。十六进制的各位权值为 16^{i-1}。十六进制用字母 H（hexadecimal）表示。

常用数制的表示方法如表 0.1 所示。

表 0.1　常用数制的表示方法

数制	基数	数码	位权
十进制	10	0、1、2、3、4、5、6、7、8、9	10^{i-1}
二进制	2	0、1	2^{i-1}
八进制	8	0、1、2、3、4、5、6、7	8^{i-1}
十六进制	16	0、1、2、3、4、5、6、7、8、9、A、B、C、D、E、F	16^{i-1}

常用数制间的转换方法如表 0.2 所示。

表 0.2　常用数制间的转换方法

十进制	二进制	八进制	十六进制
0	0	0	0
1	1	1	1
2	10	2	2
3	11	3	3
4	100	4	4
5	101	5	5
6	110	6	6
7	111	7	7
8	1000	10	8
9	1001	11	9
10	1010	12	A
11	1011	13	B
12	1100	14	C
13	1101	15	D
14	1110	16	E
15	1111	17	F

2）各种进制之间的转换。

① 将任意进制数转换为十进制数。将二进制数、八进制数和十六进制数转换为十进制数很简单，只要将其各位数码按位权展开相加即可，即按位权展开的多项式的和为十进制数。

【例 1】将二进制数 10011.101 转换为十进制数，转换过程如下。

$$(10011.101)_2 = 1\times 2^4 + 0\times 2^3 + 0\times 2^2 + 1\times 2^1 + 1\times 2^0 + 1\times 2^{-1} + 0\times 2^{-2} + 1\times 2^{-3}$$
$$= 16 + 0 + 0 + 2 + 1 + 0.5 + 0 + 0.125$$
$$= (19.625)_{10}$$

② 将十进制数转换为二进制数。将十进制数转换为二进制数，先采用"除 2 取余"对整数部分进行转换，再采用"乘 2 取整法"对小数部分进行转换。

【例 2】将十进制数 21.75 转换为二进制数。

先采用"除 2 取余法"对其整数部分进行转换，过程如下。

微课：二进制、八进制、十六进制数转化为十进制数

微课：十进制数转化为二进制数

即整数部分 21D=10101B。

再采用"乘 2 取整法"对小数部分进行转换，过程如下。

即小数部分 0.75D=0.11B。

将整数和小数部分组合，得出：21.75D=10101.11B。

（2）信息的表现形式

1）字符编码。所谓字符，是数字、字母及其他一些符号的总称。目前国际上在计算机、通信设备和仪器仪表中广泛使用 ASCII（American Standard Code for Information Interchange，美国信息交换标准代码）来表示西文字符信息，而对于我国的汉字字符则使用国标码来表示。

ASCII 是由美国国家标准委员会（American National Standards Committee，ANSC）制定的一种包括数字、字母、通用符号、控制符号在内的字符编码集，是目前微型计算机中使用最普遍的字符编码集。

2）汉字编码。汉字也是字符，只有进行适当的编码后，汉字才能被计算机接受。我国根据有关国际标准制定颁布了《信息交换用汉字编码字符集 基本集》（GB/T 2312—1980），也称为汉字交换码或国标码。

国标码规定对每个汉字用两字节的二进制编码来表示，每字节的最高位为 0，其余 7 位用于表示汉字信息。目前，大多数汉字信息处理系统以点阵方式和矢量方式形成汉字字形。

3）音频编码。声音的本质是介质的振动。音频文件的本质就是把介质振动情况保存下来。常见的介质振动情况保存方式有两种：一种是将每个细微时刻的声音幅值保存下来，相当于保存声音的原始波形；另一种是将声音在频域中进行分解，并将各时间段内各频域的声音幅值保存下来，等播放时再重新合成。音频文件在计算机中的存储要经过采样、量化、编码等过程。

4）图像编码。图像是人们的主要信息源之一。据统计，一个人获取的信息大约有 75%来自视觉。图像是对客观对象的一种相似性、生动性的描述或写真，是人类社会活动中常用的信息载体。按处理方式可以将计算机中的图像分为位图和矢量图。

2. 计算机基础

（1）计算机的起源与发展

1）计算机的起源。世界上第一台公认的计算机 ENIAC（electronic numerical integrator

and computer，电子数字积分计算机）于 1946 年诞生于美国宾夕法尼亚大学，它的主要研制者是莫克利（Mauchly）和埃克特（Eckert）。它使用了约 18800 个电子管，功率约为 150 千瓦，占地约 170 平方米，重达 30 吨，每秒可进行 5000 次运算。ENIAC 的出现奠定了电子计算机的发展基础，开辟了计算机科学技术的新纪元，被称为人类第三次产业革命开始的标志。

2）计算机的发展。根据计算机采用的主要元器件不同，可将计算机的发展划分为以下几代。

① 第一代计算机（1946～1957 年）。第一代计算机为电子管计算机（真空管计算机），主要元件是电子管，其体积大，运算速度慢，仅为每秒几千次，容量仅几千字节，采用机器语言和汇编语言进行程序设计。第一代电子计算机主要用于科学计算，代表机型有 EDVAC、UNIVAC、IBM 701 等。

② 第二代计算机（1958～1964 年）。第二代计算机为晶体管计算机，主要元件是晶体管，运算速度可达每秒几十万次，容量可达几十万字节，开始使用计算机算法语言，代表机型有 IBM 7094、Honeywell 800 等。

③ 第三代计算机（1965～1971 年）。第三代计算机为集成电路计算机，主要元件是中小规模集成电路，运算速度可达每秒几十万次到几百万次，出现操作系统和会话式语言，开始应用于多个领域，代表机型有 IBM 360 系列、DEC 公司的 PDP 系列小型机等。

④ 第四代计算机（1972 年至今）。第四代计算机为大规模和超大规模集成电路计算机，主要元件是大规模集成电路和超大规模集成电路，运算速度可达每秒上亿次。新一代计算机最突出的特点是智能化，具有推理、联想和学习等功能，如生物计算机、量子计算机、神经网络计算机等。

（2）计算机的分类

按照处理对象、用途和规模不同，可将计算机分为以下 3 种。

1）按处理对象分类，可分为模拟计算机（用于处理连续的电压、温度、速度等模拟数据的计算机）和数字计算机（用于处理数字信号的计算机）。

2）按用途分类，可分为通用计算机（用于解决一般问题的计算机）和专用计算机（用于解决某一特定方面问题的计算机）。

3）按规模分类，可分为巨型机、大型机、小型机、微型机和工作站等。

（3）计算机的应用

1）科学计算。科学计算是指科学和工程中的数值计算，是计算机应用最早的领域。目前，科学计算仍然是计算机应用的一个重要领域，如高能物理、工程设计、地震预测、气象预报、航天技术等领域。

2）过程控制。先利用计算机对工业生产过程中的某些信号进行自动检测，并把检测到的数据存入计算机，再根据需要对这些数据进行相应处理。

3）信息管理或数据处理。信息管理是目前计算机应用最广泛的一个领域。现在广泛利用计算机来加工、管理与操作任何形式的数据资料，如企业管理、物资管理、报表统计、账目计算、信息检索等。

4）计算机辅助。计算机辅助主要有计算机辅助设计（computer aided design，CAD）、计算机辅助制造（computer aided manufacturing，CAM）、计算机辅助测试（computer aided testing，CAT）和计算机辅助教育（computer aided instruction，CAI）等。

5）人工智能。人工智能主要研究智能机器所执行的通常与人类智能有关的功能，如判断、推理、证明、识别、感知、理解、设计、思考、规划、学习和问题求解等思维活动。

（4）计算机系统组成

一个完整的计算机系统由硬件系统和软件系统两大部分组成。现代计算机系统的构造遵循"存储程序"工作原理。

"存储程序"工作原理就是在计算机中设置存储器，将用二进制编码表示的计算步骤和数据一起存放在存储器中，使机器启动后能按照程序指定的逻辑顺序依次取出存储内容并进行处理，自动完成程序所描述的处理工作，如图0.1所示。

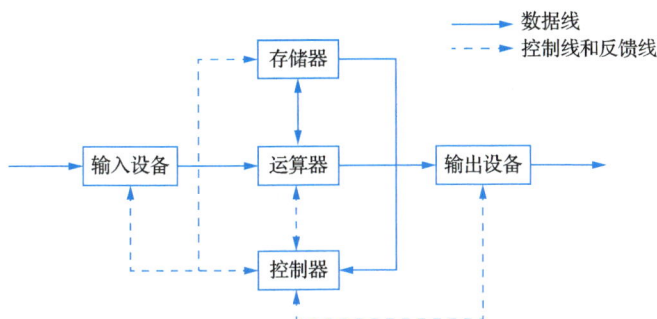

图 0.1　计算机工作原理示意图

1）计算机硬件系统。计算机硬件是指计算机系统中由电子、机械和光电元件等组成的各种计算机部件和计算机设备。这些部件和设备依据计算机系统结构的要求构成一个有机整体，称为计算机硬件系统。计算机硬件系统是计算机完成工作的物质基础，它主要由以下五大部分组成。

① 输入设备。输入设备是外界向计算机输入信息的装置。输入设备的主要功能是：把原始数据和处理这些数据的程序转换为计算机能识别的二进制代码，并将其通过输入接口输入计算机的存储器中，以供中央处理器（central processing unit，CPU）调用和处理。常见的输入设备有键盘、鼠标、扫描仪、数码摄像机、条形码识别器、数码相机、模/数（analog/digital，A/D）转换器等。

② 运算器。运算器的主要功能是对数据和信息进行运算和加工。运算器包括通用寄存器、状态寄存器、累加器和算术逻辑单元。运算器可以进行算术计算（加、减、乘、除等）和逻辑运算（与、或、非、异或、同或等）。

③ 控制器。控制器是计算机的管理机构和指挥中心，负责协调计算机各部件自动工作，并使整个处理过程有条不紊地进行。控制器从内存储器中顺序取出指令，并对指令代码进行翻译，然后向各部件发出相应的命令，完成指令规定的操作。逐一执行一系列的指令，能使计算机按照这一系列指令组成的程序的要求自动完成各项任务。通常把控制器和运算器合称为CPU。

④ 存储器。计算机在运算之前，会将程序和数据通过输入设备送入存储器。计算机开始工作后，存储器既要为其他部件提供信息，也要保存中间结果和最终结果，因此存储器的存入和取出速度是计算机系统一项非常重要的性能指标。存储器分为内部存储器和外部

存储器两大类，分别简称内存和外存。内存又称主存储器，外存又称辅助存储器。

⑤ 输出设备。输出设备是指从计算机中输出信息的设备，其功能是将计算机处理的数据、计算结果等内部信息转换成人们习惯接受的信息形式（如字符、图形、声音等），然后将其输出。常见的输出设备有显示器、打印机、投影仪、音箱、绘图仪、数/模（D/A）转换器等。

2）计算机软件系统。软件是指计算机运行所需的程序、数据和有关文档的总和，其作用是对计算机硬件资源进行有效控制与管理。计算机软件系统负责协调计算机各组成部分的工作，并能扩展计算机的功能，提高计算机实现各类应用任务的能力。计算机软件系统主要包括以下两大类。

① 系统软件。系统软件是围绕计算机系统本身开发的软件，是管理、监控和维护计算机软硬件资源、开发应用软件的软件，主要包括操作系统（operating system，OS）、语言处理程序、系统支撑和服务程序、数据库管理系统（database management system，DBMS）等。

② 应用软件。为解决计算机各类应用问题而编写的软件称为应用软件。应用软件（如办公类软件、图形处理类软件、三维动画类软件等）具有很强的实用性。

（5）微型计算机的硬件系统

1）CPU。CPU 也称为微处理器，是将运算器、控制器和高速缓存集成在一起的超大规模集成电路，是计算机的核心部件。CPU 外观如图 0.2 所示。

目前，CPU 的生产厂家有 Intel 公司和 AMD 公司等。目前 CPU 主流产品有 CORE（酷睿）系列、锐龙系列等。

2）主板。主板也称为母板或系统板，是计算机的主体，主要用于管理和协调计算机系统，支持系统中各部件的正常运行，使各种外部设备与计算机紧密连接在一起，形成一个有机的整体。

图 0.2　CPU 外观

主板上主要有 CPU 插槽、芯片组、内存插槽、IDE 插槽、AGP（accelerated graphics port，加速图形端口）总线扩展槽、PCI 插槽、BIOS（basic input output system，基本输入输出系统）芯片、外部设备接口等。其中，核心组成部分是芯片组。主板芯片组决定主板的功能，主要由北桥芯片和南桥芯片组成。目前，能够生产芯片组的厂家有 Intel、AMD、NVIDIA 等公司。目前，市场上的主板品牌有很多，如华硕、微星、技嘉、磐英、精英、昂达、华擎、翔升等。

3）存储器。存储器用于存放计算机运行时要执行的指令及需要的数据。其中的内存由大规模集成电路组成，可分为随机读写存储器（random access memory，RAM）、只读存储器（read-only memory，ROM）和高速缓冲存储器（cache）。内存外观如图 0.3 所示。

相比内存，外存具有读写速度慢、容量大、价格低、可长期保存数据的特点。常用的外存有硬盘、U 盘和光盘等。硬盘是微型计算机重要的外部存储器，分为固态硬盘、机械硬盘、混合硬盘 3 种。硬盘外观如图 0.4 所示。

4）总线。总线是计算机各功能部件之间传送信息的公共通信干线，是由导线组成的传输线束。计算机内部信息的传送是通过总线进行的，各功能部件通过总线连在一起。计算机中的总线一般分为数据总线、地址总线和控制总线。

图 0.3 内存外观

图 0.4 硬盘外观

5）输入输出设备。微型计算机常用的输入设备有键盘和鼠标等，常用的输出设备有显示器、打印机等。

6）其他外部连接设备。

① 无线路由器。随着信息化社会的快速发展，Wi-Fi 已经成为企业、学校、商场等场所的基本配置。无线路由器是实现 Wi-Fi 覆盖的重要设备。无线路由器可以看作一个转发器，能够将宽带网络信号通过天线转发给附近的无线网络设备。常见的无线路由器一般有 1 个 RJ45 口为 WAN（wide area network，广域网）口，也就是 UPLink 到外部网络的接口；其余 2～4 个口为 LAN（local area network，局域网）口，用来连接普通局域网；内部有一个网络交换机芯片，专门处理 LAN 口之间的信息交换。通常无线路由器的 WAN 口和 LAN 口之间采用 NAT（network address translation，网络地址转换）工作模式。

a. WAN 口。无线路由器的 WAN 口连接着宽带调制解调器，是网络的输入端口，它的速率决定着无线路由器的最大上网速率。例如，无线路由器的 WAN 口速率是 300MB/s，宽带速率是 500MB/s，那么无线路由器的上网速率最大为 300MB/s。

b. LAN 口。无线路由器的 LAN 口连接着计算机、电视机等设备，是网络的输出端口，它的速率同样决定着使用的网络速率。例如，无线路由器的 WAN 口速率是 300MB/s，宽带速率是 200MB/s，LAN 口速率是 100MB/s，那么无线路由器的上网速率最大为 100MB/s。

上网速率不仅取决于无线路由器的信号强弱，还取决于无线路由器的硬件和固件性能。因此，要兼顾宽带、WAN 口及 LAN 口的速率。

② 外围扩展设备。目前，笔记本式计算机大多向轻薄化方向发展，外接接口较少。要想实现计算机与其他设备的连接，就需要使用外围扩展设备。例如，新型笔记本式计算机只有高清多媒体接口（high definition multimedia interface，HDMI），而投影仪往往是 VGA（video graphics array，视频图形阵列）接口，二者无法直接相连，此时可采用转接器等外围扩展设备来进行连接。

a. HDMI 转 VGA 转换器。HDMI 转 VGA 转换器可以将投影仪端的 HDMI 连接到计算机端的 VGA 接口上，从而实现投影，如图 0.5 所示。

b. 扩展坞。扩展坞又称端口复制器，是专门为移动终端设计的一种外置扩展设备。现在笔记本式计算机自身所带的接口数量少、接口类型少，在通常情况下无法满足多个设备与计算机之间连接的需求。使用扩展坞可将计算机端的一个接口扩展出多个不同类型的接口，满足不同接口类型设备的连接需求。

如图 0.6 所示，采用该扩展坞可将扩展坞的输入端 Type-C 与笔记本式计算机相连，扩展出多个接口，如 HDMI、VGA、USB，使电源线、鼠标、U 盘等多个配件或外置扩展设备与计算机相连接。

图 0.5　HDMI 转 VGA 转换器

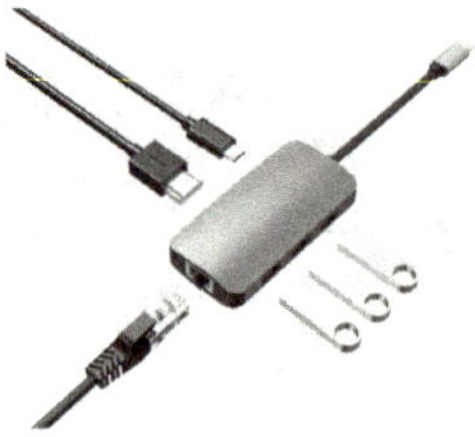

图 0.6　扩展坞示意图

（6）微型计算机操作系统

1）操作系统的概念。操作系统是管理和控制计算机系统中各种硬件和软件资源、合理组织计算机工作流程的系统软件，是用户与计算机之间的接口。

为了便于用户操作计算机，操作系统提供了一个用户与系统交互的操作界面。用户根据实际情况选择恰当类型和版本的操作系统，可以提高工作效率。

2）主流操作系统。当前市场上的主流操作系统如图 0.7 所示。

| Windows | 鸿蒙 OS | Mac OS | Android | iOS |

图 0.7　主流操作系统

① Windows。该操作系统是美国微软公司开发的应用于计算机和平板电脑的操作系统。本书以 Windows10 操作系统为基础进行介绍。

② 鸿蒙 OS。2019 年 8 月 9 日，华为正式发布操作系统鸿蒙 OS。鸿蒙 OS 的英文名是 Harmony OS。截至 2023 年 5 月，华为鸿蒙系统升级至 Harmony OS 3.1 版本。

③ Mac OS。该操作系统是运行在苹果 Macintosh 系列计算机上的操作系统。

微课：认识 Windows
操作系统

④ Android。该操作系统主要用于移动设备，如智能手机和平板电脑。

⑤ iOS。它是由苹果公司开发的移动操作系统，最初用于 iPhone 系列产品，后来陆续应用到 iPod touch、iPad 产品上。

（7）计算机组装

1）装机前的准备。安装前准备各种尺寸的磁性十字螺钉旋具及防静电环或绝缘手套，认真阅读主板说明书或用户使用说明书，并对照实物熟悉部件，如 CPU 插座、电源插座、PCI（personal computer interface，个人计算机接口）插槽、内存插槽、IDE（integrated drive electronics，集成设备电路）接口、PS（personal system，个人系统）/2 接口、USB（universal serial bus，通用串行总线）接口、串行/并行口的位置及方向（即 1 脚所在的方位）、跳线的位置、机箱面板按钮和指示灯接口等。

2）常规的装机顺序。常规的装机顺序为：主板→CPU→散热器→内存→电源→显卡→

声卡→网卡→硬盘→光驱→软驱→数据线→键盘→鼠标→显示器。具体步骤如下。

步骤 1：观察计算机硬件系统组成。一台计算机包括主机箱、显示器、键盘、鼠标，有时还需配备音箱、打印机等外部设备。

步骤 2：观察主机正面。在主机正面可以看到 CD-ROM 驱动器、电源开关、复位开关、电源指示灯、硬盘指示灯等。

步骤 3：观察主机背面。主机背面接口如图 0.8 所示。

步骤 4：打开主机侧板，观察并了解主机箱内部部件。

主机箱中的主要部件有 CPU、主板、内存、硬盘、显卡、光驱、电源等。

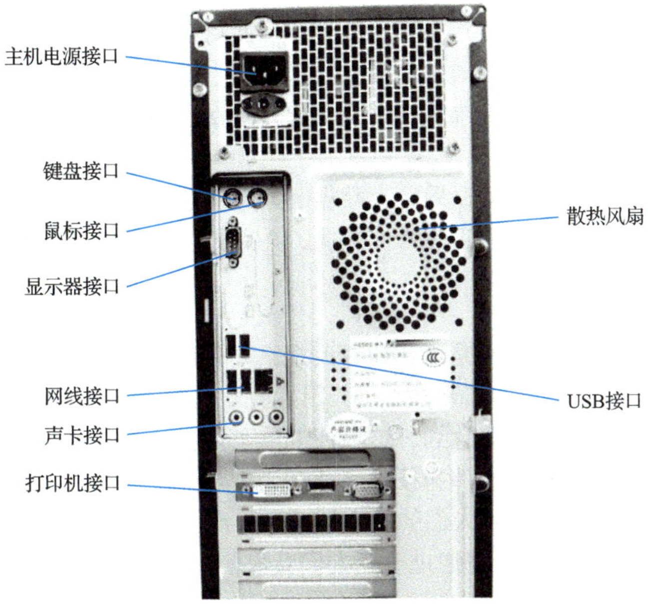

图 0.8　主机背面接口

（8）操作系统的安装

下面以 Windows10 操作系统为例，操作如下。

1）准备一个容量至少为 8GB 的 U 盘。

2）在 Microsoft 官网上下载 Windows10 操作系统的原版镜像（如果计算机的内存大于4GB，则需要下载 Windows10 操作系统的 64 位版本）。

3）下载 U 盘驱动程序，并安装到计算机上。

4）将 Windows10 操作系统的镜像解压到 U 盘上。

5）将制作好的 U 盘插入需要安装操作系统的计算机。

6）进入计算机的 BIOS 设置，使其能够经 U 盘启动。需要注意的是，不同类型计算机的设置方法会有差别。

7）计算机启动完成后，启动安装程序 setup.exe。设置语言、时间和货币格式、键盘和输入法等，建议选择默认值。

8）选择将操作系统安装到哪个分区，分区的大小推荐为 50～80GB，后续还会在操作系统上安装很多应用程序，如果容量太小，则会导致计算机性能变差。

0.2 新一代信息技术

数字化、网络化、智能化是新一轮科技革命的突出特征，也是新一代信息技术的核心。以大数据、云计算、人工智能等为代表的新一代信息技术影响着社会各领域的发展和布局，将对人们的工作、生活、学习等产生积极的影响。新时代的青年应深刻认识到大数据、云计算、人工智能等技术在科技强国中的重要性，面向世界科技前沿和国家重大需求，在今后的学习和工作中直面问题、迎难而上，肩负起时代赋予的重任，为实现我国高水平科技的自立自强贡献力量。

通过学习，了解云计算、物联网、大数据、人工智能、虚拟现实和区块链的概念、特征及应用；坚定理想信念，树立正确的价值观，自立自强，勇挑时代重任。

1. 云计算

2006 年，Google 公司首次提出云计算的概念。2007 年，Google 公司和 IBM 公司（International Business Machines Corporation，国际商业机器公司）在麻省理工学院、斯坦福大学等美国大学校园推广云计算计划。这项计划的主要目的是以分布式计算技术为美国常春藤盟校在学术研究上提供软硬件和技术支持，为大学师生提供可以开展各项研究的工作平台。此后，云计算越来越受到人们的关注，并融入商业领域。

在"互联网+"时代，云计算通过改变人们获取信息、软件资源甚至硬件资源的方式，成为制造、信息等产业发展的动力源。

（1）云计算的概念

云计算是一个新概念，发展至今尚没有统一的定义和标准。不同的人、不同的组织从不同的视角对云计算有不同的理解。具体如下。

1）美国国家标准与技术研究院（National Institute of Standards and Technology，NIST）对云计算的定义：云计算是一种按使用量付费的模式，它使用户能够通过便利的网络访问按需共享可配置的计算资源（如网络、服务器、存储、应用和服务等），而这些计算资源具有可伸缩性，即能够被服务商快速地供应和回收。

2）中国云计算网对云计算的定义：云计算是分布式计算、并行计算和网格计算（grid computing）的发展，或者说是这些科学概念的商业化实现。

云计算是一种新的技术，也是一种服务，它对大量用网络连接的计算资源进行统一管理和调度，使其构成一个计算资源池并向用户提供按需服务。云计算服务提供商是云计算服务的提供者，它以软件即服务（software as a service，SaaS）、平台即服务（platform as a service，PaaS）、基础设施即服务（infrastructure as a service，IaaS）的模式将云计算资源组织起来并提供给用户。云计算服务如图 0.9 所示。

云计算服务的用户可以是大型企业、政府、事业单位、科研单位，也可以是中小型企业，甚至是个人。云计算服务提供商把云计算以多种模式进行组织，以服务的形式提供给用户使用。

（2）云计算的部署模式

云计算的资源池是由数以万计的计算机组成的，并通过计算机网络对外提供云计算服务，其云端使用的计算资源可以随时随地进行扩展和压缩，使所有的计算机硬件资源都能充分发挥各自的效能，最大限度地减少硬件资源的不合理使用，降低成本。

云计算有四种部署模式，分别是公有云、社区云、私有云和混合云，如图 0.10 所示，每种部署模式都具备独特的功能，可满足用户不同的需求。

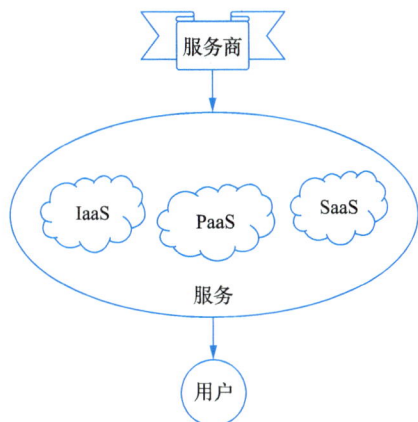

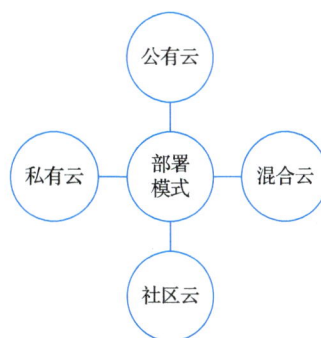

图 0.9　云计算服务　　　　　　图 0.10　云计算四种部署模式

1）公有云是一种对公众开放的云计算服务，由云计算服务提供商运营，为最终用户提供各种 IT 资源，可以支持大量用户的并发请求。

2）社区云是指在一定的地域范围内，由云计算服务提供商统一提供计算资源、网络资源、软件和服务能力所形成的云计算形式。

3）私有云是指组织机构建设的专供组织机构内部使用的云平台。与公有云不同，私有云部署在企业内部网络上，可以支持动态灵活的基础设施应用，减小 IT 架构的复杂度，降低企业 IT 运营成本。

4）混合云是由私有云及公有云计算服务提供商构建的混合云计算模式。使用混合云计算模式，可以在公有云上运行非核心应用程序，而在私有云上支持其核心程序及内部敏感数据。在混合云部署模式下，公有云和私有云相互独立，但在云的内部又相互结合，可以发挥多种云计算模式的优势。

（3）云计算的应用

如今，云计算已成为关系国计民生的重要行业，并以各种应用形式融入人们的日常生活。各式各样依托云计算的服务让人们的生活变得更加便利，如 5G、地图导航、云会议、云课堂、云医疗、云政务等。

2. 物联网

物联网（internet of things，IoT）最初于 1999 年由美国麻省理工学院提出，简言之就是物物相连的互联网。物联网作为继计算机、互联网之后世界信息产业发展的第三次浪潮的标志，正以极快的速度在世界范围内得到普及，改变着各行各业。作为互联网的延伸，物联网利用各种通信技术将传感器、控制器等关联在一起，形成人与物、物与物之间的相互连接。

（1）物联网的概念及特征

物联网是一种通过感知设备，按照约定的协议，连接物、人、系统和信息资源，实现对物理和虚拟世界的信息处理并作出反应的智能服务系统，其目的是实现物与物、物与人、所有物品与网络的连接、智能化识别和管理，它也是智能感知识别技术与普适计算、泛在网络的融合应用。

物联网具有以下三大特征。

1）全面感知。物联网可以利用射频识别技术、传感器、二维码等随时随地获取物体信息。

2）可靠传递。物联网可以通过各种电信网络与互联网的融合，对物体的信息进行实时准确的传递。

3）智能处理。物联网可以利用云计算、模糊识别等智能计算技术，对海量的数据信息进行处理分析，对物体实施智能化的控制。

（2）物联网的体系结构

物联网由感知层、网络层和应用层组成。

1）感知层主要实现对物理世界的智能感知识别、信息采集处理和自动控制，并通过通信模块将物理实体连接到网络层和应用层。

2）网络层主要实现信息的传递、路由和控制，包括延伸网、接入网和核心网。网络层可依托公众电信网和互联网，也可依托行业专用通信网络。

3）应用层包括应用基础设施/中间件和各种物联网的应用。应用基础设施/中间件为物联网应用提供信息处理、计算等通用基础服务设施、能力及资源调用接口，并以此为基础实现物联网在众多领域的应用。

物联网的体系架构如图 0.11 所示。

（3）物联网的关键技术

1）感知层技术，包括 RFID（radio frequency identification，射频识别）技术、条码技术、传感器技术、WSN（wireless sensor network，无线传感器网络）技术。

2）网络层技术，包括 ZigBee 技术、Wi-Fi 技术、蓝牙技术、GPS（global positioning system，全球定位系统）技术。

3）应用层技术，包括云计算技术、软件和算法、信息和隐私安全技术、标识和解析技术。

（4）物联网的应用

目前，物联网已经广泛应用于环境、交通、物流、安保等基础设施领域，有效推动了这些领域的智能化发展，使有限的资源得到更加合理的使用分配。物联网在家居、医疗健康、教育、金融与服务业、旅游业等与人们生活息息相关领域的应用，极大地改善了服务方式和服务质量，提高了人们的生活质量；在涉及国防军事的领域，虽然物联网的应用还处于研究探索阶段，但其应用带来的影响不可小觑，大到卫星、飞机、潜艇等装备系统，小到单兵作战装备，物联网技术的嵌入有效提升了军事智能化、信息化、精准化，极大提升了军事战斗力，是未来军事变革的关键。

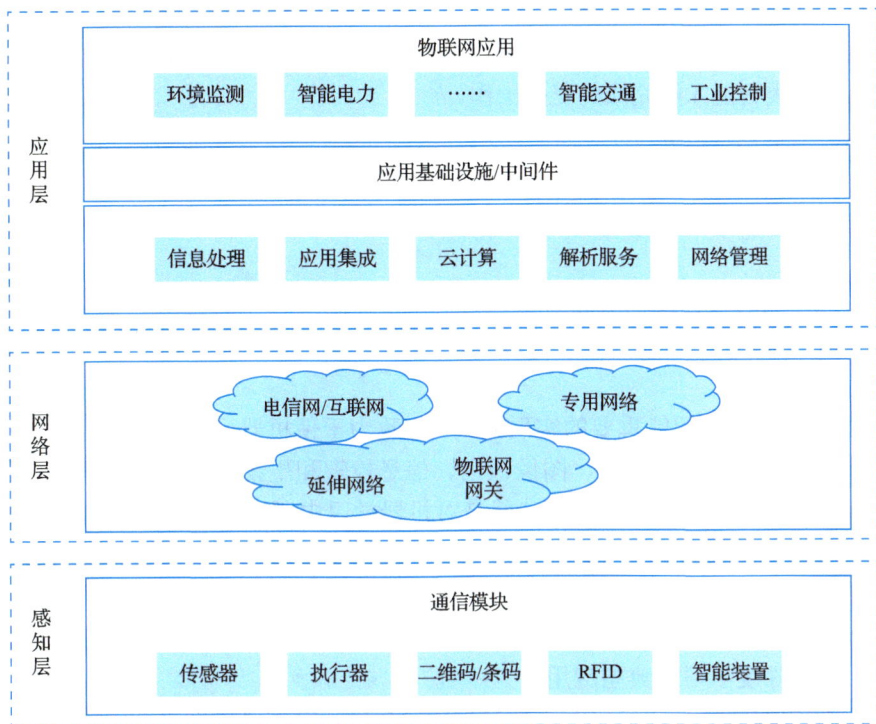

图 0.11　物联网的体系架构

3. 大数据

随着信息技术的飞速发展，大数据（big data）越来越受到人们的关注，它的快速发展无时无刻不在影响着人们的生活。

顾名思义，"大数据"指的就是"大量的数据"。咨询机构麦肯锡咨询公司首先提出了"大数据时代"，该机构指出，大数据所涉及的数据规模已经超过了传统数据库软件获取、存储、管理和分析的能力。这是一个被故意设计成主观性的定义，并且是一个关于多大的数据集才能被认为是大数据的可变定义。随着技术的不断发展，符合大数据标准的数据集容量也会增长，并且其定义会因行业不同而变化。

现在所说的大数据实际上更多是从应用的层面来体现的。例如，某公司搜集、整理了大量的用户行为信息，然后通过数据分析手段对这些信息进行分析，从而得出对该公司有利用价值的结果。新闻头条、热搜就是在对海量用户的阅读信息的搜集、分析基础上产生的。关于大数据的特征，认可度较高的观点是"5V"，即 volume（规模）、velocity（高速）、variety（多样）、veracity（真实）和 value（价值）。

4. 人工智能

（1）人工智能的概念

人工智能（artificial intelligence，AI），是解释和模拟人类智能、智能行为及其规律的学科，是计算机科学的一个分支。人工智能利用计算机模拟人类的智力活动，其研究目的是促使智能机器会听（语音识别、机器翻译等）、会看（图像识别、文字识别等）、会说（语音合成、人机对话等）、会思考（人机对弈、定理证明等）、会学习（机器学习、知识表示等）、会行动（机器人、自动驾驶汽车等）。人工智能研究的一个主要目标是使机器能够胜任一些通常需要借助人类智能才能完成的复杂工作。

（2）人工智能的三要素

数据、算法和算力是人工智能的三要素，也是其核心驱动力，用来支撑人工智能核心技术的应用。现阶段，数据、算法和算力生态条件日益成熟，人工智能将迎来新一轮的发展机遇。

（3）人工智能的关键技术及应用

人工智能的关键技术包括机器学习、知识图谱、自然语言处理、人机交互、计算机视觉、生物特征识别等。

1）机器学习是人工智能重要的实现方式，它致力于使机器通过学习获得进行预测和判断的能力。机器学习在语音识别、图像识别、信息检索和生物信息等计算机领域获得了广泛应用，其中今日头条的资讯推荐算法就是对机器学习中逻辑回归算法的典型应用。

机器学习分为传统机器学习和深度学习。传统机器学习不涉及深度神经网络，是基于传统的统计学和算法技术；而深度学习是建立深层结构模型的学习方法。典型的深度学习算法包括深度置信网络、卷积神经网络、受限玻尔兹曼机和循环神经网络等。黑白照片变彩色照片就是对深度学习的典型应用。

2）知识图谱本质上是结构化的语义知识库，是揭示实体之间关系的语义网络。通俗地讲，知识图谱就是把所有不同种类的信息连接在一起而得到的一个关系网络，具备从"关系"的角度分析问题的能力。对知识图谱最典型的应用是智能搜索，它为互联网上海量、异构、动态的大数据的表达、组织、管理及利用提供了一种更为有效的方式，使得网络的智能化水平更高、更接近人类的认知思维。

3）自然语言处理是实现人与计算机之间用自然语言进行有效通信的各种理论和方法。它的应用主要包括机器翻译、机器阅读理解和问答系统等。

4）人机交互主要研究人与计算机之间的信息交换，是人工智能领域的重要外围技术，包括语言交互、情感交互、体感交互及脑机交互等技术。常见的人机交互应用有百度导航的小度语言助手等。

5）计算机视觉是指使计算机模仿人类的视觉系统，让计算机拥有类似人类提取、处理、理解和分析图像及图像序列的能力。换言之，计算机视觉就是让机器拥有和人一样的视觉系统，从"看"到的场景中获取信息。常见的计算机视觉应用有自动驾驶、机器人和智慧医疗等。

6）生物特征识别是指通过个体的生理特征或行为特征对个体身份进行识别认证的技术。这些特征是每个人独一无二的，因此可以用于确保身份安全和访问控制。智能手机中的指纹识别和人脸识别就是生物特征识别技术常见的应用。目前，生物特征识别作为重要的智能化身份认证技术，在金融、公共安全、教育、交通等领域得到了广泛的应用。

5. 虚拟现实

（1）虚拟现实的概念

虚拟现实（virtual reality，VR），即将本来没有的事物和环境通过各种技术虚拟出来，让人感觉如真实的一样。

虚拟现实又称灵境技术，是一种可以创建和体验虚拟世界的计算机仿真系统。它综合利用了计算机图形学、仿真技术、多媒体技术、人工智能技术、计算机网络技术、并行处理技术和多传感器技术，模拟人的视觉、听觉、触觉等感官功能，使人能够沉浸在计算机生成的虚拟环境中，并能够通过语言、手势等自然的方式与计算机进行实时交互，创建了一种适人化的多维信息空间。

（2）虚拟现实的特征

虚拟现实主要有三个特征，即沉浸感（immersion）、交互性（interaction）和构想性（imagination）。

1）沉浸感，要求虚拟现实系统能使用户真切地感受到虚拟环境的存在，真正实现人与虚拟环境的"融合"，最理想的情况是虚拟环境达到让用户真假难辨的程度。

2）交互性，是指虚拟现实系统能够提供方便的、丰富的、自然的人机交互手段，使用户能对虚拟场景中的对象进行自然和谐的交互操作，并能从虚拟环境中得到反馈信息。它是人机和谐的关键因素。

3）构想性，是指针对某一特定的领域，不仅要解决用户应用的需要，还要有丰富的想象力，使人沉浸在虚拟环境中并能获取新的知识，提高感性和理性的认识，从而达到深化概念、萌发新意的目的。

这三者都与人密切相关。虚拟现实技术是计算机图形学和人机交互技术的发展产物，以三维可视化的直观展示形式实现人与对象的交互。

（3）虚拟现实在各领域的应用

虚拟现实技术已成为21世纪先进的主流技术之一，以其独特的沉浸感、交互性、构想性在商业、工业、军事、医疗、教育、传媒、娱乐等领域得到广泛应用。

6. 区块链

（1）区块链的概念及特点

区块链（blockchain）概念最早诞生于2008年，是一项由多方共同维护，使用密码学保证传输和访问安全，同时能保证数据一致存储、难以被篡改并防止抵赖的分布式共享账本技术。区块链整合了点对点网络、密码学、共识机制、智能合约等多种技术，提供一种在不可信网络中进行信息与价值传递交换的可信通道。2015年，《经济学人》杂志中将区块链的构建称为"构建信任的机器"。

区块链的设计理念体现了超出传统业务系统框架的鲜明优势，它所具有的去中心化、开放透明、不可篡改、匿名、可追溯等特点在众多领域具有广泛的应用空间。

1）去中心化。区块链技术不依赖额外的第三方管理机构或硬件设施，没有中心管制，自成一体的区块链本身通过分布式核算和存储，使各节点实现信息自我验证、传递和管理。

2）开放透明。区块链技术是开源的，除交易各方的私有信息被加密外，区块链数据对所有人开放，任何人都可以通过公开接口查询区块链上的数据和开发相关应用，整个系统高度透明。

3）不可篡改。任何人都无法篡改区块链里面的信息，除非控制了51%的节点，或者破解了加密算法，而这两种方法都是极难实现的。

4）匿名。区块链各节点之间的数据交换必须遵循固定的、预置的算法，因此区块链上各节点之间不需要彼此认知，也不需要实名认证，而是基于地址、算法的正确性进行彼此识别和数据交换。

5）可追溯。区块链是一个分布式数据库，每个节点数据都被其他人记录，因此区块链上每个人的数据或行为都可以被追溯和还原。

（2）区块链的分类

区块链包括公有链、联盟链和私有链三种，其中公有链是指完全开放的区块链应用，公众不用经过任何许可即可在公有链中发布消息，其特点是去中心化、完全透明，因此难以被监管。在联盟链和私有链中，要得到一定授权许可才能参与区块链应用，由特定联盟和部门进行运营管理，因此它们并不是完全去中心化的，而是一种可控、可信的区块链。由于私有链较为封闭，因此其应用场景受到一定局限。

（3）区块链系统架构

一般来说，区块链系统由数据层、网络层、共识层、激励层、合约层和应用层组成。

1）数据层。数据层封装了底层数据区块及相关的数据加密和时间戳等基础数据与基本算法。

2）网络层。网络层包括分布式组网机制、数据验证机制和数据传播机制等。

3）共识层。共识层主要封装网络节点的各类共识算法。

4）激励层。激励层将经济因素集成到区块链技术体系中，主要包括经济激励的发行机制和分配机制等。

5）合约层。合约层主要封装各类脚本、算法和智能合约，是区块链可编程特性的基础。

6）应用层。应用层主要封装了区块链的各种应用场景和案例。

区块链技术分层系统架构如图 0.12 所示。

图 0.12　区块链技术分层系统架构

（4）区块链的应用

区块链技术发展至今，从最初应用于加密数字货币，到如今广泛应用于医疗、政务、司法等领域，展现出了极大的发展潜力和广阔的应用前景。

0.3 信息素养与社会责任

随着以"信息和知识"为基础的新经济社会的到来，信息日益成为社会各领域最活跃、最具决定性意义的因素。信息素养已成为信息社会中每个社会成员的基本生存能力，更是学习化社会中实现"学会学习"及"终身学习"的必备素质。

通过学习，了解信息素养的基本概念及主要要素；掌握信息伦理知识，了解相关法律法规与职业行为自律的要求；掌握利用信息设备从信息资源中获取所需信息的方法；了解信息社会特征并遵循信息社会规范；拥有良好的职业精神，具备独立思考和主动探究的能力。

1. 信息素养及信息素养人的特征

自 1974 年美国信息产业协会主席保罗·泽考斯基（Paul Zurkowski）提出信息素养的概念以来，随着研究的不断深入，人们对信息素养的认识也不断深化。1987 年，信息学专家布雷威克（Brevik）将信息素养概括为一种能了解提供信息的系统、鉴别信息的价值、选择获取信息的最佳渠道、获取和存储信息的基本技能。1989 年，美国图书馆协会下属的信息素养总统委员会正式提出，要成为一个有信息素养的人，必须能够确定何时需要信息，并具有检索、评价和有效使用所需信息的能力。1992 年，美国图书馆协会提出，信息素养是指人能够判断何时需要信息，并且能够对信息进行检索、评价和有效利用的能力。同年，道尔（Doyle）在《信息素养全美论坛的终结报告》中对信息素养做出了一个较为全面的定义：一个具有信息素养的人，能够认识到精确和完整的信息是做出合理决策的基础，能够确定对信息的需求，能够形成基于信息需求的问题，能够确定潜在的信息源，能够制订成功的检索方案，从基于计算机的信息源和其他的信息源中获取信息、评价信息、组织信息并用于实际的应用，将新的信息与原有的知识体系进行融合，在批判性思考和问题解决过程中使用信息。

目前，信息素养还没有一个统一的定义。虽然研究人员从不同的视角界定了信息素养的定义，但由于信息素养是一个动态发展、不断变化的概念，因此其内涵会随着信息技术的发展而不断发生改变。

有信息素养的人是指那些懂得如何学习的人，懂得如何学习是因为他们知道如何组织知识、找到信息、利用信息。美国国家信息素养论坛在 1990 年的年度报告中提出信息素养包括：了解自己的信息需求；承认准确和完整的信息是制定明智决策的基础；能在信息需求的基础上系统阐述问题；具有识别潜在信息源的能力，能制定成功的检索策略；能检索信息源，包括能利用以计算机为基础的信息技术或其他技术；具有评价信息的能力；能为实际应用而对信息进行组织；具有将新信息与现存的知识体系相结合的能力；能采用批判性思维利用信息并解决问题。

1994 年，澳大利亚格里菲斯大学信息服务处的布鲁斯（Bruce）总结出了信息素养人的七个关键特征，具体如下：①具有独立学习能力；②具有完成信息相关过程的能力；③能利用不同信息技术和系统；④具有促进信息利用的内在化价值；⑤拥有关于信息世界的充分知识；⑥能批判性地处理信息；⑦具有个人信息风格。

2. 信息素养的主要要素及关系

随着信息技术的不断突破、不断发展，信息传播的范围及其影响面会不断扩大，虽然信息素养的内涵在此过程中也会有所发展，但是它的主要要素一般总是由信息意识、信息伦理道德、信息知识及信息能力四部分构成。

（1）信息意识

信息意识表现为人们对所关心的事物的信息敏感力、观察力、分析判断力，是人们对信息的感知和需求的主观反映。信息意识主要包括以下几个方面。①能认识到信息在信息时代的重要作用，树立在信息时代尊重知识、终身学习、勇于创新的新观念。②对信息有积极的内在需求。每个人除了自身对信息的需求，还应善于将社会对个人的要求自觉地转化为个人内在的信息需求，这样才能适应社会发展的需要。③对信息具有敏感性和洞察力。能迅速有效地发现并掌握有价值的信息，并善于从在他人看来微不足道、毫无价值的信息中发现信息的隐含意义和价值，善于识别信息的真伪，善于将信息所反映的现象与实际工作、生活、学习迅速联系起来，善于从信息中找出解决问题的关键。

（2）信息伦理道德

信息伦理道德的兴起与发展根植于信息技术的广泛应用所引起的利益冲突和道德困境，以及建立信息社会新的道德秩序的需要。

信息伦理道德，是指涉及信息开发、信息传播、信息的管理和利用等方面的伦理要求、伦理准则、伦理规约，以及在此基础上形成的伦理关系。信息伦理道德是调整人们之间及个人和社会之间信息关系的行为规范的总和。它不是由国家强行制定和执行的，而是在信息活动中以善恶为标准，依靠人们的内心信念和特殊社会手段维系的。信息伦理道德的内容可概括为主观和客观两个方面：主观方面是指人类个体在信息活动中以心理活动形式表现出来的道德观念、情感、行为和品质，如对信息劳动的价值认同，对非法窃取他人信息成果的鄙视等，即个人信息道德；客观方面是指社会信息活动中人与人之间的关系及反映这种关系的行为准则与规范，如扬善抑恶、权利义务、契约精神等，即社会信息道德。

作为信息社会中的一员，我们应认识到信息和信息技术的意义及其在社会生活中所起的作用与影响，要有信息责任感，能抵制不良信息污染，遵循一定的信息伦理道德，规范自身的信息行为活动，主动参与理想信息社会的创建。

（3）信息知识

信息知识是指一切与信息有关的理论、知识和方法。信息知识是信息素养的重要组成部分，一般来说它包括以下几个方面。①基本文化素养。基本文化素养包括传统的读、写、算的能力。虽然进入信息时代后，读、写、算方式产生了巨大的变革，被赋予了新的含义，但传统的读、写、算能力仍然是人们文化素养的基础。信息素养是基本文化素养的延伸和拓展。在信息时代，人们必须具备快速阅读的能力，这样才能有效地在各种各样海量的信息中获取有价值的信息。②信息的基本知识。信息的基本知识包括信息的理论知识，对信息、信息化的性质、信息化社会及其对人类影响的认识和理解，信息的方法与原则（如信息分析综合法、系统整体优化法等）。③现代信息技术知识。现代信息技术知识包括信息技术的原理（如计算机原理、网络原理等）、信息技术的作用、信息技术的发展等。④多门语言素养。信息社会是全球性的，在互联网上有80%以上的信息是用英文来展现的，此外还有用其他语言展现的信息。要相互沟通，就要了解用不同语言传递的信息，这就要求信息素养人掌握1～2门外语，适应国际文化交流的需要。

（4）信息能力

信息能力是指人们有效利用信息设备从信息资源中获取信息、加工处理信息及创造新信息的能力。这就是终身学习的能力，也是信息时代重要的生存能力。它包括以下几个方面。①信息工具的使用能力，包括会使用文字处理工具、浏览器和搜索引擎工具、网页制作工具、电子邮件等。②获取识别信息的能力。它是个体根据自己特定的目的和要求，运用科学的方法，采用多种方式，从外界信息载体中提取自己所需要的有用信息的能力。在信息时代，人们生活在信息的"汪洋大海"中，面临着无数的信息选择，需要有批判性的思维能力，根据自己的需要选择有价值的信息。③加工处理信息的能力。个体应具有从特定的目的和新的需求的角度，对获得的信息进行整理、鉴别、筛选、重组，以提高信息的使用价值的能力。④创造、传递新信息的能力。获取信息是手段，而不是目的。个体应具备能站在新的角度对掌握的信息进行深层次加工处理并进行信息创新，从而产生新信息的能力。同时，有了新创造的信息，还应通过各种渠道将其传递给他人，与他人交流共享，从而促进更多新知识、新思想的产生。

构成信息素养的诸要素相互联系、相互依存，并构成一个统一的整体。信息意识在信息素养中起着先导作用，信息知识是基础，信息能力是核心，信息伦理道德是保证信息素养发展方向的指示器和调节器。它们之间特别是信息知识和信息能力之间的关系更为复杂。对信息的开发、利用和创造都需要一定的信息知识作为基本前提，因此信息知识是信息能力的基础；对信息知识的掌握有利于信息能力的形成和发展，而已形成的信息能力往往会影响对信息知识的掌握。在信息社会中，所有人都必须具备一定的信息知识和信息能力，否则就难以在信息社会中生存、发展。当然，信息知识和信息能力对不同层次、不同类型的人来说，有不同的标准和要求，这也是开展信息素养教育、提高公民信息素养的基本前提。不同层次信息素养的基本要求如表0.3所示。

表0.3　不同层次信息素养的基本要求

层次要素	信息意识	信息知识	信息能力	信息伦理道德
基础性信息素养	养成使用技术、信息和软件的习惯	了解计算机基本工作原理和网络基本知识	熟练地使用网上资源，学会获取、传输、处理、应用信息的基本方法	了解与信息技术有关的伦理道德、文化和社会问题，负责任地使用信息
自我满足性信息素养	积极利用信息技术，将信息技术作为工作生活的必要手段之一	了解各类信息技术工具的原理和使用技巧	能充分利用信息技术为自己的学习、生活、工作服务	关注与信息技术有关的伦理道德、文化和社会问题，自觉按照法律和伦理道德使用信息技术

层次要素	信息意识	信息知识	信息能力	信息伦理道德
自我实现性信息素养	信息技术成为实现自我价值的重要工具，成为工作、生活的重要内容	了解信息技术原理和知识，深入掌握某一领域或某方面的设计、开发、利用、管理和评价的知识	具有分析、加工、评价、创新信息的能力，具有设计和开发新的信息系统的能力	严格按照知识产权法等相关法规使用信息，做有知识、有责任感、有贡献的信息技术使用者、探求者、创造者

3. 个人信息素养提升

在信息社会，信息素养是每个公民必备的基本素质。应在掌握信息技术知识技能的基础上合理利用信息技术，不断提高自身的信息意识和信息能力，学会学习、思考、合作、创造，具备较强的社会责任感，养成终身学习的习惯，成为一个全面发展的人。

4. 职业行为自律与社会责任

职业行为自律是一个行业自我规范、自我协调的行为机制，同时也是维护市场秩序、保持公平竞争、促进行业健康发展、维护行业利益的重要措施。职业行为自律也是个人或团体完善自身的有效方法，是自身修养的必备环节，是提高自身悟性、净化思想、强化素质、改善观念的有效途径。

我国各行各业制定的职业公约，如商业等服务行业的"服务公约"、科技工作者的"科学道德规范"及企业的"职工条例"中的一些规定，都属于职业行为自律的内容，它们在人们的职业生活中发挥了巨大的作用。在《中国互联网行业自律公约》中，总则第一条就指出"遵照'积极发展、加强管理、趋利避害、为我所用'的基本方针，为建立我国互联网行业自律机制，规范行业从业者行为，依法促进和保障互联网行业健康发展，制定本公约"。该公约规定，互联网行业自律的基本原则是爱国、守法、公平、诚信。

在当今信息社会中，我们应自觉遵守相关法律法规及信息伦理道德，树立正确的职业理念，向身边的先进模范人物学习，时刻激励自己，自觉抵制拜金主义、享乐主义等腐朽思想的侵蚀，大力弘扬新时代的职业精神，不断提高参与信息社会的行为能力与社会责任感。

在个人的职业发展与行为自律方面，可充分发挥以下个人特质。

1）责任意识。具有强烈的责任感和主人翁意识，对自己的工作负责。

2）自我管理。培养自己良好的行为习惯，严于律己，为他人树立良好的行为榜样。

3）坚持不懈。面对激烈的竞争，尤其是在面临困境时，能够顽强坚持，不轻言放弃。

4）抵御诱惑。有较高的职业道德素养和优秀的品格，能够在各种利益诱惑下坚守本心。

信 息 检 索

模块导读

　　信息检索是人们获取信息的重要方法和手段，也是人们查找信息的主要方式。掌握网络信息的高效检索方法，是现代信息社会对高素质技术技能人才的基本要求。

模块目标

知识目标

● 熟悉信息检索系统基本流程。

● 掌握信息检索的基本术语和常用的检索语言、检索工具。

● 掌握检索途径和检索方法的基本类别。

● 掌握专利信息检索、学位论文信息检索及会议论文与会议信息检索的基本术语。

● 掌握搜索引擎、电子邮件等网络工具的使用方法。

能力目标

● 能利用中图分类法确定文献信息所属的学科领域。

● 能根据需要利用信息外部特征语言和内部特征语言进行信息检索。

● 能利用常用专利搜索平台进行专利信息检索。

● 能根据需要利用不同检索方式进行学位论文、会议论文及会议信息检索。

● 能利用搜索引擎在互联网上搜索信息。

素养目标

● 树立效率意识、规范意识，精益求精，讲求实效。

● 了解乡村振兴战略，助力美丽乡村建设，增强道路自信。

● 树立信息意识、安全意识、法治意识，合法合规地获取信息。

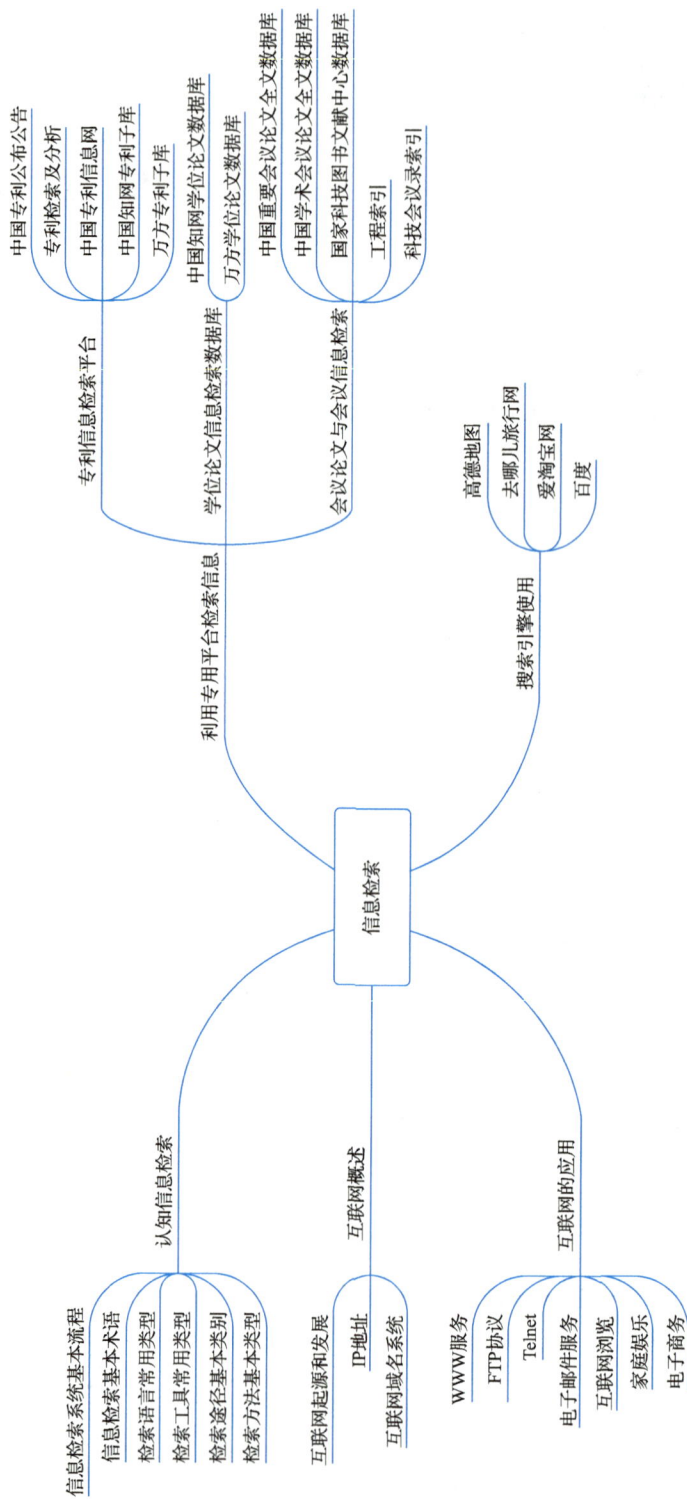

▌思维导图

中国专利公布公告
专利检索及分析
中国专利信息网
中国知网专利子库
万方专利子库
中国知网学位论文数据库
万方学位论文数据库
中国重要会议论文全文数据库
中国学术会议论文全文数据库
国家科技图书文献中心数据库
工程索引
科技会议录索引

专利信息检索平台
学位论文信息检索数据库
会议论文与会议信息检索

高德地图
去哪儿旅行网
爱淘宝网
百度

利用专用平台检索信息
搜索引擎使用

信息检索

认知信息检索
互联网概述
互联网的应用

信息检索系统基本流程
信息检索语言
检索语言常用类型
检索工具常用类型
检索途径基本类别
检索方法基本类型

互联网起源和发展
IP地址
互联网域名系统

WWW服务
FTP协议
Telnet
电子邮件服务
互联网浏览
家庭娱乐
电子商务

任务 1.1 认知信息检索

☞ **任务描述**

本任务要求检索"中国移动通信技术的发展演进历程",需要合理选用信息检索语言、检索工具、检索途径与检索方法,制订合适的检索方案,并将其填写在素材文件"中国移动通信技术的发展演进历程"的任务记录单上。本任务中检索的信息包括移动通信系统的发展阶段、移动通信系统名称、应用的主流技术、支持的相关业务、带宽和速率、容量和覆盖能力等。

☞ **任务目标**

1. 熟悉信息检索系统基本流程。
2. 掌握信息检索的语言、工具、途径与方法。
3. 具备逻辑分析、系统设计等计算思维。
4. 掌握正确的信息获取方法与途径,具备基本的信息意识和法治意识。

💻 **任务实施**

1. 围绕任务要求,灵活构建搜索词,进行一次信息检索

1)打开搜索引擎,如百度、搜狗、360 搜索等,搜索"中国移动通信技术的发展演进历程"。核心检索词的选取决定了信息检索的目标精准度。根据搜索标题"中国移动通信技术的发展演进历程",可以提取核心检索词"移动通信技术""移动通信技术发展演进历程"。

2)从标题中提取的核心检索词搜索范围过大、针对性不强、指向性比较弱,因此可以根据实际任务要求,提取关键的信息节点,构成核心搜索词。核心搜索词的搜索范围仍然存在搜索集过大的情况,可先利用组合构词法进一步收缩搜索范围。确定核心搜索词后,再根据搜索标题和任务要求,提取系列的次搜索词并与核心搜索词进行组合,从而缩小搜索范围。例如,本任务中可以提取的次搜索词有"移动通信技术发展历程""移动通信技术主流技术"等。

3)动态构词法可以帮助我们通过平台大数据优选组合构词中的次搜索词。在信息检索网站上,输入构造的组合搜索词,根据搜索结果记录中的相关词和搜索框中平台自动推荐的搜索长尾词,及时调整、优化组合搜索词的选取及序列,使信息检索结果与检索目标更接近,通过动态构词的迭代优选,最终检索到需要的信息。

2. 进行二次信息检索

分别以移动通信系统的每个发展阶段构建搜索词进行二次信息检索，确定移动通信系统的发展阶段、移动通信系统名称、应用的主流技术、支持的相关业务、带宽和速率、容量和覆盖能力等。

3. 进行移动通信技术发展阶段的研究热度调研

打开中国知网或万方数据知识平台，分别以移动通信技术的每个发展阶段作为主题词，进行事件相关研究热度的调研。在信息检索框中输入事件名并进行文献检索。在检索结果页，从信息检索结果的相关度、发表时间、引用量、下载量等维度进行综合判断，找出人气最高的作者及文献，并把作者名、文献的中图分类号写入时间轴信息图中的相应位置。

4. 使用中图分类法查询信息对应的学科领域

中图分类法是以目录索引形式编制文献信息的综合性分类法，可以通过在线中图分类号查询，快速确定信息所属学科领域，同时也可以通过目录检索确定信息的中图分类号。中图分类号如图 1.1 所示。

A 马克思主义、列宁主义、毛泽东思想、邓...	B 哲学、宗教	C 社会科学总论
D 政治、法律	E 军事	F 经济
G 文化、科学、教育、体育	H 语言、文字	I 文学
J 艺术	K 历史、地理	N 自然科学总论
O 数理科学和化学	P 天文学、地球科学	Q 生物科学
R 医药、卫生	S 农业科学	T 工业技术
U 交通运输	V 航空、航天	X 环境科学、安全科学
Z 综合性图书		

图 1.1　中图分类号

相关知识

1. 信息检索基本术语

（1）信息检索系统

信息检索系统（information retrieval system），是指根据特定的信息需求而建立的一种有关信息搜集、加工、存储和检索的程序化系统。信息检索系统具有信息存储与信息检索功能，是一种可以向用户提供信息检索服务的系统。信息检索系统如图 1.2 所示。

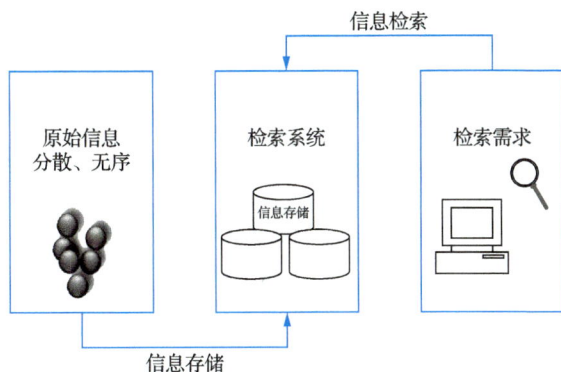

图 1.2　信息检索系统

（2）检索语言

检索语言，又称标引语言、索引语言，是信息存储与检索过程中用于描述信息特征和用户提问的一种专门的人工语言，是根据信息加工、存储和检索而编制的人工语言，是依据一定的规则对自然语言进行规范的一种受控语言。在信息检索领域，检索语言用来描述信息的外部特征和内部特征，并表达信息检索提问的专用语言。检索语言由语词与语法构成，语词即检索词，是检索的标识。

（3）检索工具

检索工具，是用于报道、存储和查找信息线索的工具和设备的总称。检索工具须具备三大功能：报道信息、存储信息、检索信息。与此相对应，检索工具具有三大特点：详细描述信息的内部特征、外部特征；每条信息记录必须有检索标识；信息条目按一定顺序形成一个有机整体，能够提供多种检索途径。

（4）检索途径

检索途径，又称检索点，是指通过信息的何种特征进行检索。检索途径的选择会影响检索的效果。

（5）检索方法

检索方法，是为实现检索方案中的检索目标而采用的具体操作方法和手段的总称。

2.　检索语言类型

检索语言类型众多，按描述的信息特征，可分为描述信息外部特征的检索语言和描述信息内部特征的检索语言，如图 1.3 所示。

描述信息外部特征的检索语言，可分为题名语言、著者语言、代码语言和引文语言。描述信息内部特征的语言是检索语言的重点部分，可分为分类语言、主题语言。

分类语言，是以号码为基本字符，用分类号和类目表达信息主题概念的检索语言。分类语言具有很好的层次性、系统性和较强的族性查全功能。分类语言的这种结构称为分类目录，是一种可供用户按照知识关系直观查找信息的科学分类系统。影响力较大的分类语言有中图分类法、国际十进制分类法、杜威十进分类法、国际专利分类法等。

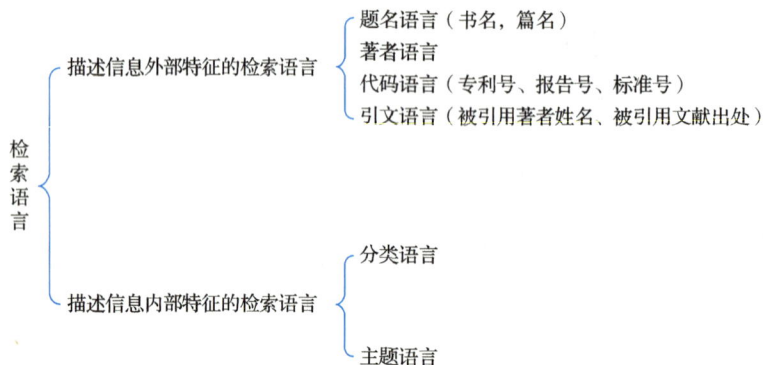

检索语言
├─ 描述信息外部特征的检索语言
│   ├─ 题名语言（书名，篇名）
│   ├─ 著者语言
│   ├─ 代码语言（专利号、报告号、标准号）
│   └─ 引文语言（被引用著者姓名、被引用文献出处）
└─ 描述信息内部特征的检索语言
    ├─ 分类语言
    └─ 主题语言

图 1.3　检索语言类型

主题语言，是一种以语词为概念标识，普遍使用的，直接面向具体对象、事实或概念的信息组织方法和信息检索途径。根据语词的选词原则、组配方式、规范方法，可将主题语言分为标题词语言、关键词语言、叙词语言，如图 1.4 所示。

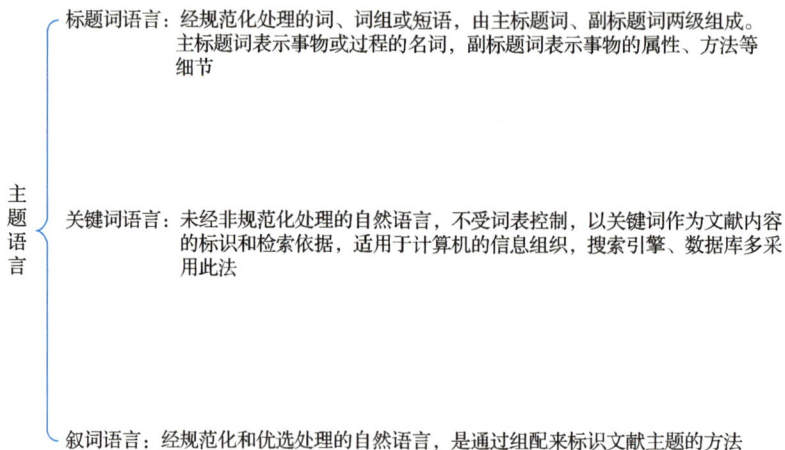

主题语言
├─ 标题词语言：经规范化处理的词、词组或短语，由主标题词、副标题词两级组成。主标题词表示事物或过程的名词，副标题词表示事物的属性、方法等细节
├─ 关键词语言：未经非规范化处理的自然语言，不受词表控制，以关键词作为文献内容的标识和检索依据，适用于计算机的信息组织，搜索引擎、数据库多采用此法
└─ 叙词语言：经规范化和优选处理的自然语言，是通过组配来标识文献主题的方法

图 1.4　主题语言分类

3. 检索工具类型

根据特征的不同，可将检索工具分为不同的类型，分类依据有设备类型、检索词类型、信息载体形态、收录范围、时间范围、编制范围等。检索工具分类依据及对应类型如表 1.1 所示。

表 1.1 检索工具分类依据及对应类型

分类依据	检索工具类型
设备类型	手工检索工具、机械检索工具、计算机检索工具
检索词类型	目录型检索工具（如馆藏目录、联合目录、国家书目、出版社与书店目录等检索工具）、题录型检索工具、文摘型检索工具（如知识型文摘、报道型文摘等检索工具）、索引型检索工具
信息载体形态	书本式检索工具（如期刊式、单卷式和附录式等检索工具）、卡片式检索工具、缩微式检索工具、磁性材料式检索工具
收录范围	综合性检索工具（如中国知网 CNKI、维普、万方等）、专科性检索工具（如化学文摘、生物学文摘、工程索引等）、专题性检索工具、全面性检索工具、单一性检索工具
时间范围	预告性检索工具、现期通报性检索工具、回溯性检索工具
编制范围	目录、文摘、索引、年鉴等

4. 检索途径类别

可将检索途径分为外部类、内部类与其他类三大类，如表 1.2 所示。

表 1.2 检索途径类别

检索途径大类	外部类	内部类	其他类
检索途径类别	著者途径、题目途径、机构途径、代码途径	分类途径、主题途径	号码索引-专利号、报告号等，专用符号代码索引-元素符号、分子式、结构式等，专用名词术语索引-地名、机构名、商品名、生物属名等

5. 检索方法类型

检索方法包括直接法、追溯法、综合法三大类。

1）直接法，直接利用检索工具检索信息，按检索信息的时间特征，分为顺查法、逆查法和抽查法。

① 顺查法，是按时间由远及近的顺序进行查找的方法。首先确定相关研究的最早时间，然后从这一时间开始检索，一直检索到当前日期相关信息为止。此法查全率、查准率都较高，但费时费力。

② 逆查法，又称倒查法，是按时间由近及远的逆时间顺序查找的方法，其检索重点是

近期信息，查到基本满足需要的信息为止。此法可以使用户快速获得最新资料，较为省时省力。

③ 抽查法，是抽取信息发表较多的时间段（信息高峰期），通过顺查法或逆查法进行逐年检索的方法。此法费时较少，获得信息较多，检索效率较高，但成功率与有效性依赖学科发展的熟识度、敏感度。

2）追溯法，利用已掌握的文献末尾所列的参考文献，进行逐一追溯查找，是一种极为简便的扩大信息来源的方法，可以实现文献的多级追溯。

3）综合法，又称循环法，综合上述两种方法，分期分段交替使用。

6. 外部特征检索操作

外部特征检索操作可以利用文献的题名语言、著者语言、代码语言、引文语言实现信息检索。

7. 内部特征检索操作

内部特征检索操作可以利用文献的分类语言、主题语言实现信息检索。

8. 中图分类法基本构成

中图分类法是中国目前图书情报界广为使用的一部综合性分类法。它依据科学分类组织类目体系，按知识门类、中国国情和文献分类特点，分为五个基本部类和 22 个基本大类，主要由分类表和标识符构成。分类表的构成是基本部类、大类、简表、详表。具体见中图分类号查询网站等。可通过分类号 K257、K828、N092 体验中图分类号的含义。

📖 任务拓展 ▬▬▬▬▬▬▬▬▬▬▬▬▬▬▬▬▬▬▬▬▬▬▬▬▬▬▬▬▬▬▬ ■

1. 任务要求

请合理利用搜索引擎、专业的数据知识服务平台进行信息检索，并绘制人类信息处理技术发展谱系图。要求谱系节点数在 10 个以上。

2. 任务实施

1）创建"人类信息处理技术发展谱系图.docx"文档，并编辑设计其格式。
2）设置页眉为"人类信息处理技术发展谱系图"。
3）设置系列检索词，如"人类信息技术发展""古代信息传播""文字发展""信息技术发展"等，通过互联网进行信息检索，并按阶段、年代进一步检索该阶段的信息技术。
4）优化整体布局，美化图形、字体及色彩。
5）将文档保存为"人类信息处理技术发展谱系图_学号姓名.docx"。

任务 *1.2* 利用专用平台检索信息

☞ **任务描述**

　　本任务要求通过中国知网、中国重要会议论文全文数据库、中国学术会议网，进行"旅游企业助力乡村旅游的现状、问题和对策"的信息检索，并将检索结果填入相应表格中，完成局部信息的分析，然后对整体进行布局、格式优化。

☞ **任务目标**

1. 掌握专利信息检索的基本术语，能够利用常用专利搜索平台进行专利信息检索。
2. 掌握学位论文检索的基本术语，能够应用不同检索方式进行学位论文检索。
3. 掌握会议论文与会议信息检索的基本术语，能够应用不同检索方式进行会议论文及会议信息检索。
4. 了解乡村振兴战略，助力美丽乡村建设，增强道路自信。

💻 **任务实施**

　　通过专用平台完成"旅游企业助力乡村旅游的现状、问题和对策"的信息检索。任务实施的工作流程如图 1.5 所示。

```
┌──────┐      ┌──────┐      ┌──────┐
│ 工作 │ ───► │ 工作 │ ───► │ 工作 │
│ 准备 │      │ 计划 │      │ 实施 │
└──────┘      └──────┘      └──────┘
```

图 1.5　任务实施的工作流程

1. 工作准备

　　1）通过查询相关资料，收集专用平台信息检索基本操作的相关知识，熟悉专用平台信息检索语言、常用的检索工具，以及常用检索途径与检索方法。

　　2）熟悉中国知网的专利检索操作，确定选用的专利检索平台，并熟悉该平台的基本操作。

　　3）熟悉中国知网的学位论文检索操作，确定选用的学位论文检索平台，并熟悉该平台的基本操作。

　　4）熟悉中国重要会议论文全文数据库的会议论文检索操作，确定选用的会议论文检索平台，并熟悉该平台的基本操作。

5）熟悉中国学术会议网的会议信息检索操作，确定选用的会议信息检索平台，并熟悉该平台的基本操作。

6）阅读工作任务书，结合目前所熟悉的专用平台信息检索基本操作的相关知识，分析该任务中可能遇到的重点、难点问题。

2．工作计划

根据检索语言、工具、途径、方法等，制订一份简单的工作计划。

"旅游企业助力乡村旅游的现状、问题和对策"检索工作计划如下：

_____

_____

_____

_____

_____

3．工作实施

（1）进行相似专利信息的检索及数据分析比对

1）进行专利检索。打开中国知网首页，选择"专利"数据库入口，在"主题"文本框中输入检索词，记录相应数据，如检索到的结果数量；可视化分析数据（主要主题分布、次要主题分布、专利类别分布、学科分布）；将数据记录在附表1中。

2）进行专利检索数据分析。根据专利信息检索结果，分析总结乡村旅游领域的专利热区，从主要主题分布、次要主题分布、学科分布等维度展开分析，将内容记录在"可视化分析"表格框中。

根据检索标题"旅游企业助力乡村旅游的现状、问题和对策"，确定第一核心词为"乡村旅游"、第二核心词为"旅游企业"、第三核心词为"对策"。三词序列有优先，但都无法完整表达搜索主题，需要以不同的核心词为词根，构造不同维度的近似词，通过信息检索数据分析，形成信息热点或热区，筛选出进一步进行信息检索的近似检索词、复合检索词、句式检索词。

信息检索平台一般会提供可视化分析数据的接口，有免费与收费两种。中国知网提供的免费可视化分析数据有主要主题分布、次要主题分布、专利类别分布、学科分布等。用户可以通过可视化分析数据直观地看到检索结果收敛的热词，以便精准地进行第二次信息检索。

📋 知识窗

检索式构成及输入注意事项

检索式是由检索项、检索词、数据运算符、逻辑关系运算符等组成的检索表达式。检索式的基础是检索项，检索项是文献信息的特征数据。文献信息特征不同，可用的检索项也不同。检索项与检索词通过数据运算符构成单检索条件，多个检索条件通过逻辑关系运算符构成检索式。单检索条件是简单形式的检索式。逻辑运算符 AND、OR、NOT

分别表示"与""或""非"关系的运算。专业检索常用语法如表 1.3 所示。

表 1.3　专业检索常用语法

运算符	检索功能	检索含义	示例	适用检索项
='str1'*'str2'	并且包含	包含 str1 和 str2	TI=转基因*水稻	所有检索项
='str1'+'str2'	或者包含	包含 str1 或者 str2	TI=转基因+水稻	
=str1−str2	不包含	包含 str1 不包含 str2	TI =转基因−水稻	
=str	精确	精确匹配词串 str	AU='袁隆平'	作者、第一责任人、机构、中文刊名&英文刊名
='str /SUB N'	序位包含	第 N 位包含检索词 str	AU='袁隆平/SUB 1'	
%'str'	包含	包含词 str 或 str 切分的词	TI %'转基因水稻'	全文、主题、题名、关键词、摘要、中图分类号
='str'	包含	包含检索词 str	TI ='转基因水稻'	
=' str1 /SEN N str2'	同段，按次序出现，间隔小于 N 句	FT='转基因/SEN 0 水稻'		主题、题名、关键词、摘要、中图分类号
=' str1 /NEAR N str2'	同句，间隔小于 N 个词	AB='转基因/NEAR 5 水稻'		
=' str1 /PREV N str2'	同句，按词序出现，间隔小于 N 个词	AB='转基因/PREV 5 水稻'		
=' str1 /AFT N str2'	同句，按词序出现，间隔大于 N 个词	AB='转基因/AFT 5 水稻'		
=' str1 /PEG N str2'	全文，词间隔小于 N 段	AB='转基因/PEG 5 水稻'		
=' str $ N'	检索词出现 N 次	TI ='转基因 $ 2'		
BETWEEN	年度阶段查询		YE BETWEEN ('2000'，'2013')	年、发表时间、学位年度、更新日期
=xls('str')	中英文扩展	扩展该检索词的中文或英文同义词与该检索词一起检索	KY=xls('区块链')	主题、题名、关键词、摘要、全文、参考文献、基金

检索式输入注意事项如下。

1）所有符号和英文字母，都必须使用英文半角字符。

2）"AND""OR""NOT"可自由组合，须用英文半角圆括号"()"确定优先级。

3）"AND""OR""NOT"前后要空一个英文字节。

4）中英文扩展 xls('str')中'str'被视为单一检索词，不支持多词组合扩展。

5）使用"同句""同段""词频"时，须用一组西文单引号将多个检索词及其运算符括起来，如'乡村#旅游'。

示例如下。

1）要求：检索张成法在中北大学或潍坊工程职业学院时发表的文章。检索式为

AU='张成法' 'and(AF='中北大学' or AF='潍坊工程职业学院')

2）要求：检索张成法在中北大学期间发表的题名或摘要中都包含"太阳能"的文章。检索式为

AU='张成法'and AF='中北大学'and(Tl='太阳能'or AB='太阳能')

（2）快速进入某个领域，实现该领域的文献检索

1）学位论文检索。打开中国知网首页，选择"学位论文"数据库入口，在"主题"文

本框中输入检索词"乡村旅游",并按"被引"降序排序。记录检索到的记录数;将最多被引学位论文的基本信息填在附表 2 中序号 1 处。若最新论文基本信息、年份相同,则取被引多者,若被引相同,则取下载多者,填在附表 2 中序号 2 处。

2)学位论文检索引文情况。分别进入附表 2 两条记录对应的摘要关键词页,截取该论文的引文网络图片,放置在附表 3 中。引文网络可以提供信息检索目标领域的研究脉络,提供参考文献、二次参考文献、节点文献、引证文献、二次引证文献的五级引证关系,同时提供共引文献、间被引文献的同期研究情况。引文网络可以帮助信息检索者快速进入相应领域。

(3)实现某个方向的学位论文检索

1)学位论文检索。打开中国知网首页,选择"学位论文"数据库入口,在"主题"文本框中输入检索词"乡村旅游",并按"被引"降序排序。记录检索到的记录数;将最多被引学位论文基本信息填在附表 2 中序号 1 处。若最新论文基本信息、年份相同,则取被引多者,若被引相同,则取下载多者,将信息填在附表 2 中序号 2 处。

2)学位论文检索引文情况。分别进入附表 2 两条记录对应的摘要关键词页,截取该论文的引文网络图片,放置在附表 3 中。

(4)实现特定检索条件的会议论文检索

1)会议论文检索。进入中国重要会议论文全文数据库,选择"文献检索"组的"标准检索"页,在"2.输入内容检索条件"区域选择"主题"检索,在"主题"文本框中输入"乡村旅游",包含关系选择"或者包含",在包含关系文本框中输入"旅游对策",单击"检索文献"按钮,进行文献检索。选择与乡村旅游对策相关的会议论文信息,记录相应数据于附表 4 中。

2)会议论文检索发文单位约束。在"1.输入检索控制条件"的"作者单位"文本框中输入"大学",检索并记录乡村旅游的相关信息于附表 5 中。

3)会议集检索。在"1.输入检索控制条件"的"会议名称"文本框中输入"2020/2021中国城市规划年会暨 2021 中国城市规划学术季",清除"作者单位"文本框中的信息,"2.输入内容检索条件"区域的输入内容保持不变,检索信息并记录信息于附表 6 中。

4)作者发文检索。在"1.输入检索控制条件"的"作者"文本框中输入作者姓名,在"作者单位"文本框中输入作者所在单位,在"2.输入内容检索条件"区域的"主题"文本框中输入"乡村旅游",检索信息并记录与乡村旅游发展相关的信息于附表 7 中。

5)会议全文检索。选择"句子检索"页,选择"在全文同一句"选项,含有的双成分检索词为乡村旅游……对策、旅游企业……乡村旅游、乡村旅游……问题、旅游企业……对策,检索并记录相关信息在附表 8 中。

(5)实现特定检索条件的会议信息的检索

1)来源会议检索,这里对会议时间和主办单位进行限定,具体如下。

会议时间检索:会议时间 2021-09-01 到 2022-09-01,记录分组信息于附表 9 中。

主办单位检索:浙江大学,湖北大学,记录相关信息于附表 10 中。

2)会议信息检索。首先浏览近期会议。打开中国学术会议网首页,浏览"推荐会议"和"即将召开"板块内容,选择会议召开时间距检索时间最近的 3 则会议信息,记录于附表 11 中。然后进行会议搜索:在页面上方的会议搜索栏左侧选择"论文集",进入检索条件页面，选择"高级检索"输入检索词旅游企业、乡村旅游、现状、对策，检索相应会议信息，并将会议召开时间距检索时间最近的一条会议信息记录于附表 12 中。

📖 相关知识 ━━━━━━━━━━━━━━━━━━━━━━━━━━━━━■

1. 专利信息检索基本术语

（1）专利

专利，通常是指一项发明创造的首创者所拥有的受保护的独享权益。专利在知识产权中有三重意思，即专利权、专利技术、专利证书或专利文献。

（2）专利类别

根据创新的层次不同，可以将专利分为发明专利、实用新型专利、外观设计专利。

1）发明专利。发明专利是指对产品、方法或者其改进所提出的新的技术方案，其特点是申请价值最高、申请通过最难。

2）实用新型专利。实用新型专利是指对产品的形状、构造或者其结合所提出的适于实用的新的技术方案，其特点是申请量最多、涉及领域最广。

3）外观设计专利。外观设计专利是指对产品的整体或者局部的形状、图案或者其结合，以及色彩与形状、图案的结合所做出的富有美感并适于工业应用的新设计，其特点是申请费用少、授权快、保护及时、授权率高。

（3）专利信息检索

专利信息检索，通常是指根据一项或数项特征，从大量的专利文献或专利数据库中挑选符合某一特定要求的文献或信息的过程。

（4）专利信息检索种类

专利信息检索包括专利技术信息检索、专利技术方案检索、同族专利检索、专利法律状态检索、专利引文检索、专利相关人检索。

2. 学位论文检索基本术语

（1）学位

学位是证明学生在相应学科的知识、能力和学术水平的重要标志。学位不是学历，有学位不一定有学历，有学历也不一定有学位。学位的等级可分为学士、硕士、博士。

（2）学位论文

学位论文是作者为获得某种学位而撰写的研究报告或科学论文。学位论文包括学士论文、硕士论文、博士论文。

（3）学位论文检索途径

学位论文检索途径主要有学科导航分类检索、学位论文外部特征检索、主题词检索等。

3. 会议论文与会议信息检索基本术语

（1）会议论文

会议论文是指在国内外学术会议等正式场合首次发表的论文，属于公开发表的论文。

会议主办单位或论文汇编单位汇集会议论文出版论文集。优秀论文会被相关数据库收录。收录是对论文质量的一种认可。

（2）会议信息

会议信息是学术会议的会议名称、召开地点、会议开始时间、论文集收录情况等信息。会议信息检索是根据会议的外部特征、主题、分类等进行会议信息的检索。

4. 专利信息检索基本操作

（1）常用搜索平台

常用专利信息检索平台如表1.4所示。

微课：专利检索

表1.4　常用专利信息检索平台

平台名	所有权人
中国专利信息网	国家知识产权局
国家重点产业专利信息服务平台	国家知识产权局
中国专利公布公告	国家知识产权局
专利检索及分析	国家知识产权局
中国专利信息中心	阿里云计算
专利信息服务平台	知识产权出版社
Patentics 专利智能检索分析平台	索意互动
Soopat 专利搜索引擎	苏州搜湃知识产权代理
IncoPat	北京合享智慧科技
上海知识产权（专利）服务平台	上海知识产权局
北京知识产权公共信息服务平台	北京知识产权信息中心
中国知网专利子库	清华同方
万方专利子库	万方

（2）检索方法

以中国知网专利信息检索平台为例，它提供了简单检索与高级检索两种方式。

1）简单检索。简单检索是单条件检索，包括主题、篇关摘、关键词、专利名称、摘要、全文、申请号、公开号、分类号、主分类号、申请人、发明人、代理人、同族专利项、优先权这15种检索途径。具体操作方法如下：确定检索项，输入检索词。操作数据为：第一组（申请人为浙江大学）—第二组（专利名称为个性化旅游）—第三组（发明人为陈岭），如图1.6～图1.8所示。

2）高级检索。高级检索为多条件检索，在简单检索基础上增加了逻辑关系运算符，可构造高级复杂的多条件检索，同时还提供了申请日、公开日、更新时间等条件限制。具体操作方法如下：确定检索项，输入检索词，选好运算关系。操作数据为：第一组（申请人为浙江大学；发明人为陈岭；检索方式为精确）—第二组（申请人为浙江大学；发明人为陈岭；检索方式为模糊）—第三组（申请人为浙江大学；专利名称为个性化旅游；检索方式为模糊），如图1.9～图1.11所示。

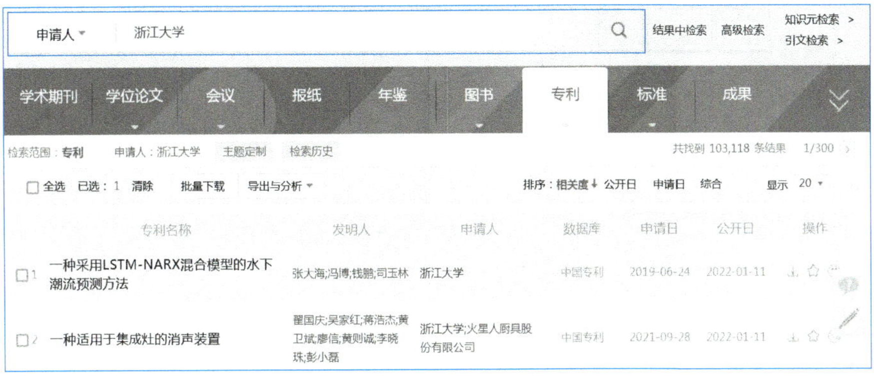

图 1.6 专利简单检索第一组

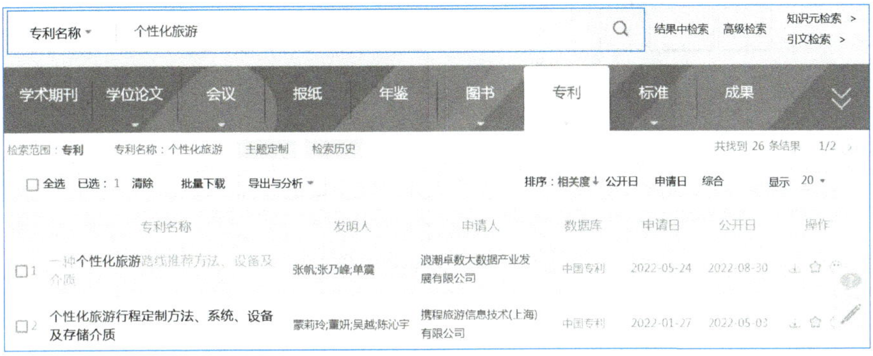

图 1.7 专利简单检索第二组

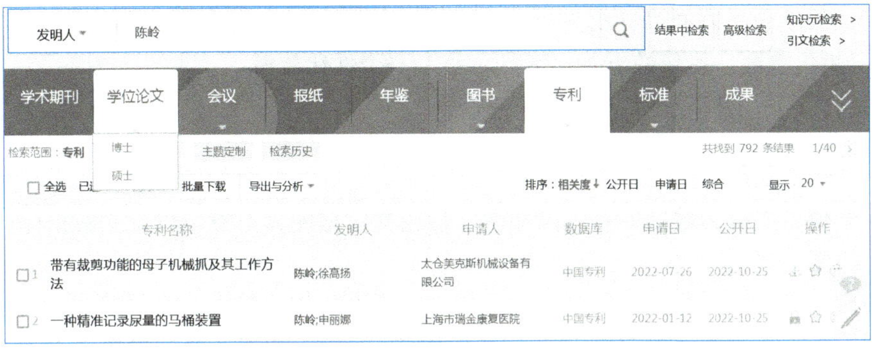

图 1.8 专利简单检索第三组

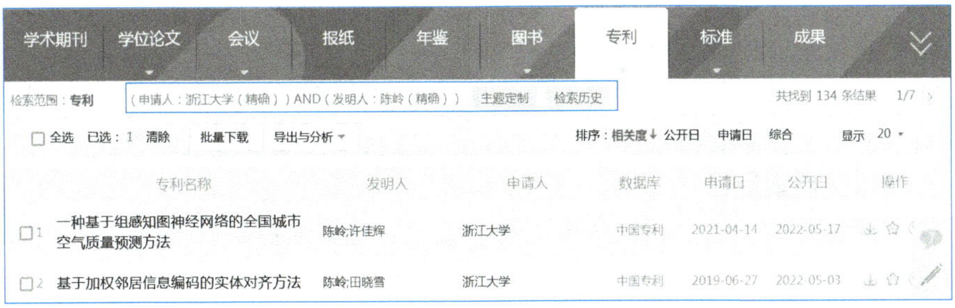

图 1.9 专利高级检索第一组

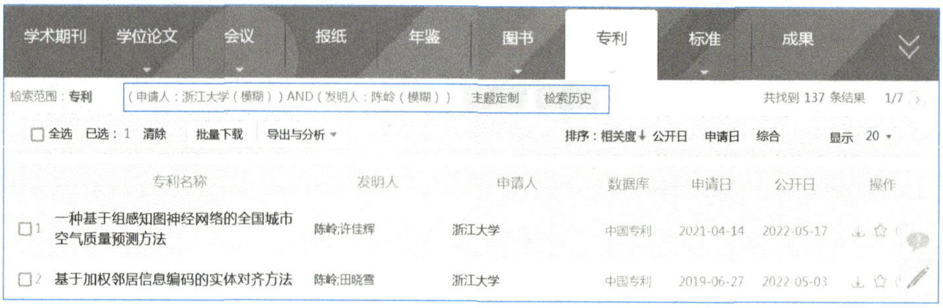

图1.10 专利高级检索第二组

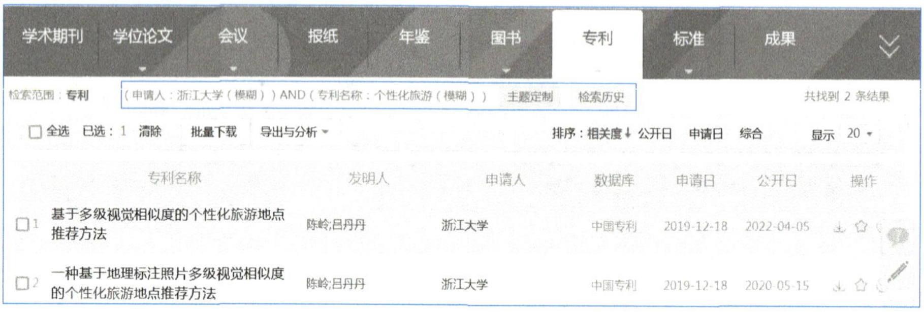

图1.11 专利高级检索第三组

（3）可视化分析

利用可视化分析工具可以查看专利发布的年度趋势，通过主要主题、次要主题、专利类别、学科四个维度的聚类图，可以直观地看到热词、热区的分布。具体操作方法如下：选择检索结果记录上方的"导出与分析"选项，选择"可视化分析"中的相应选项，打开"可视化分析"页面。操作数据为：专利名称——个性化旅游。

5. 学位论文检索基本操作

（1）常用数据库

常用学位论文检索数据库有中国知网学位论文数据库、万方学位论文数据库。

（2）检索方式

以中国知网为例，其提供的学位论文检索方式有一框式检索、高级检索、句子检索、专业检索。一框式检索属于简单检索，句子检索、专业检索属于复杂检索。

6. 会议论文与会议信息检索基本操作

（1）常用会议论文检索工具

常用会议论文检索工具有中国重要会议论文全文数据库、中国学术会议论文全文数据库、国家科技图书文献中心数据库、《工程索引》、《科技会议录索引》等。

（2）会议论文检索途径

会议论文检索提供了以主题检索为主的会议论文检索途径、以分类检索为主的会议论文集检索途径及与会议信息相关的外部特征检索途径，具体如下。

1）主题检索包括简单检索、高级检索、专业检索、句子检索。

2）分类检索包括学科导航、行业导航、党政导航。

3）外部特征检索包括作者发文检索、科研基金检索、来源会议检索。

📖 任务拓展

1. 任务要求

通过梳理中国旅游业高质量发展问题的形成演变过程，分析研究旅游业高质量发展的内涵概念、旅游业高质量发展的测评体系、旅游业高质量发展的提升对策，指出中国旅游业高质量发展研究取得的重要进展和不足。以"中国旅游业高质量发展研究综述.docx"为参考模板，通过专用平台体验多维度信息检索。

2. 任务实施

1）在"中国旅游业高质量发展研究综述.docx"中，根据各板块提供的操作数据，完成各专用平台的相关信息检索。

2）优化整体布局，美化图形、字体及色彩。

3）将文档保存为"中国旅游业高质量发展研究综述_学号姓名.docx"。

任务 *1.3* 利用互联网制订旅游方案

👉 任务描述

李先生一家非常热爱旅游，一家人经常自驾游。在旅行前，李先生需要根据行程计划查找到达目的地的旅行路线，提前预订酒店房间，并利用搜索引擎在互联网上采购旅行所需物品。李先生之前没有到过安徽省和云南省，对此次旅行所要去的这两个省份的旅游景点并不熟悉。本任务要求先利用高德地图搜索引擎确定两处目的地的具体位置并查找旅行路线，然后根据旅行路线估算到达所需时间及到达时间，根据预计时间提前预订酒店房间，最后利用购物网站采购旅行所需物品。

👉 任务目标

1. 掌握计算机网络的应用。

2. 掌握利用搜索引擎在互联网上搜索信息的方法。

3. 树立法治意识，合法合规地获取信息。

任务实施

1. 利用高德地图搜索引擎查询最佳自驾游行车路线

1）在互联网浏览器地址栏中输入高德地图搜索引擎的 URL（uniform resourse locator，统一资源定位符）地址 https://www.amap.com/。

2）在高德地图搜索引擎的搜索文本框中输入"山东省青州市"，找到山东省青州市的地图，然后在山东省青州市的地图中搜索"青州弥河国家湿地公园"，以此作为旅行起始点打开路线搜索，此时会出现三个选项：驾车、公交和步行。在此选择驾车，选择终点为"黄山风景区"，然后单击"开车去"按钮，此时高德地图搜索引擎会列出三种可到达目的地的方案供用户选择。李先生可以根据高德地图搜索引擎推荐的三种方案合理选择行车路线。

3）利用同样的方法在高德地图中搜索从"黄山风景区"到"西双版纳旅游度假区"的行车路线。

微课：利用高德地图搜索引擎查询最佳自驾车行车路线

2. 通过去哪儿旅行网预订酒店房间

1）打开互联网浏览器，在地址栏中输入去哪儿旅行网的官方 URL 地址 https://www.qunar.com/。

在去哪儿旅行网主页选择"酒店搜索"选项卡，选中"国内·港澳台"单选按钮，在"目的地"文本框中输入"西双版纳"，选择"入住"日期和"离店"日期，在"关键词"文本框中输入"西双版纳旅游度假区"，如图 1.12 所示。

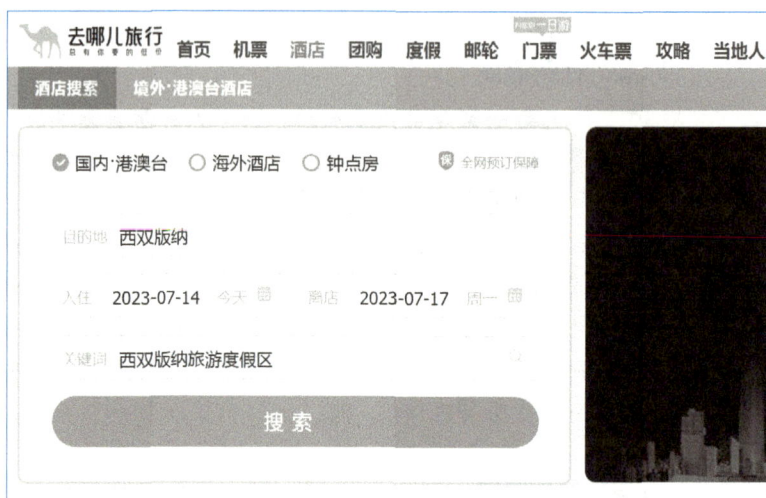

图 1.12　去哪儿旅行网页面

2）单击"搜索"按钮，在打开的页面中会显示所有符合检索条件的酒店，可以根据酒店位置、价格、星级等选择适合自己的酒店，如图 1.13 所示。

图 1.13 酒店信息页面

3. 利用爱淘宝网购买旅行所需物品

1）打开互联网浏览器，在地址栏中输入爱淘宝网的官方 URL 地址 https://ai.taobao.com/，在"搜索"文本框中输入旅行所需采购物品"旅行茶具"，如图 1.14 所示。

图 1.14 爱淘宝网首页

2）单击"搜索"按钮，在打开的页面中会显示所有符合检索条件的旅行茶具，可以根据品牌、材质、适用人数、产地等选择自己满意的茶具，如图 1.15 所示。

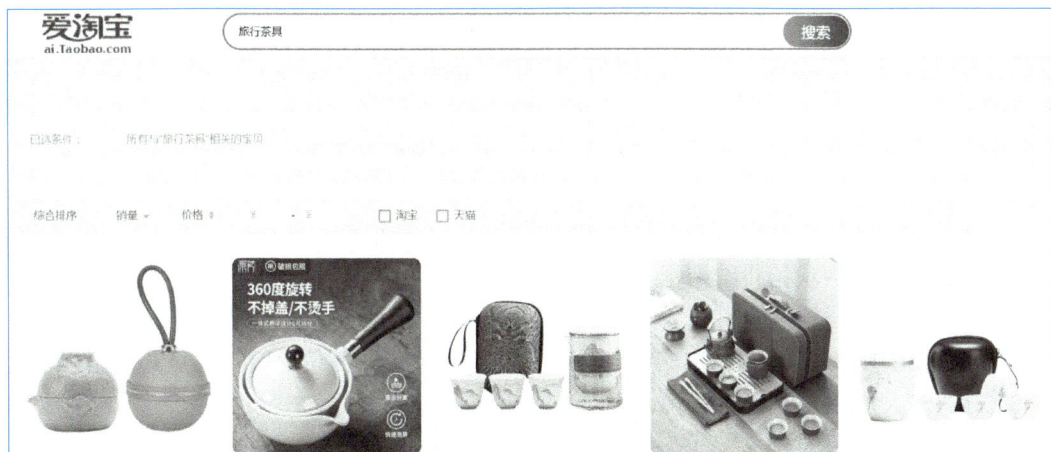

图 1.15 "旅行茶具"搜索页面

1. 计算机网络

计算机网络是将分布在不同地理位置的具有独立工作能力的计算机、终端及其附属设备用通信设备和通信线路连接起来并配置网络软件，以实现资源共享的系统。

计算机网络由通信子网和资源子网组成。通信子网由通信控制处理机、通信线路和其他网络通信设备组成；资源子网由主机系统、终端、终端控制器、连网外部设备、各种软件资源与信息资源组成。计算机网络结构如图 1.16 所示。

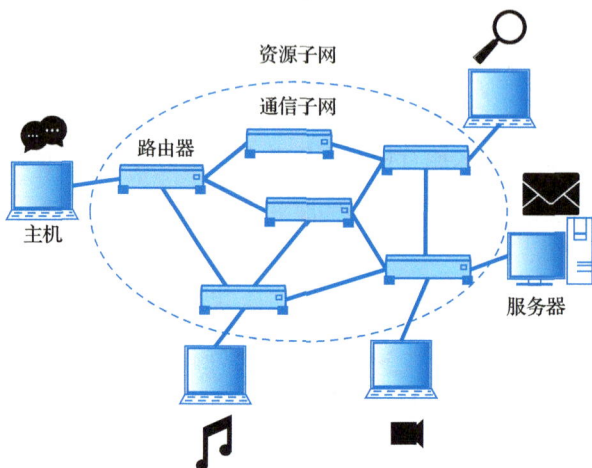

图 1.16　计算机网络结构

计算机网络发展的四个阶段如下：①面向单机的网络互联模式（20 世纪 50 年代中期至 60 年代中期）；②多区域主机网络互联模式（20 世纪 60 年代末至 70 年代末）；③体系结构标准化网络（20 世纪 70 年代末至 80 年代初）；④互联网普及应用（20 世纪 80 年代末至今）。

计算机网络按覆盖范围可分为局域网、城域网和广域网。局域网，是指在一个较小的范围（如一栋大楼、一所学校）内的计算机、终端和外部设备通过高速通信线路相连接形成的计算机网络。城域网的全称为城市区域网络（metropolitan area network，MAN），其覆盖范围为几千米到几十千米，是介于局域网和广域网之间的一种高速网络。广域网网络覆盖范围大，其覆盖范围从几十千米到几千千米。广域网可以覆盖若干国家和地区，甚至覆盖几个大洲。

计算机网络按拓扑结构可分为总线型拓扑结构网、星型拓扑结构网、环型拓扑结构网、树型拓扑结构网和网状拓扑结构网。

计算机网络按传输方式可分为广播式网络（broadcast network）和点到点式网络（point to point network）。广播式网络中的计算机或设备共享一条通信信道。点到点式网络以点对点的连接方式，把各节点连接起来。

2. 互联网概述

互联网是目前世界上最大的计算机网络，互联网通常又称因特网、网际网。互联网是由成千上万个不同类型、不同规模的计算机网络互联在一起所组成的、世界范围的、开放的全球性网络。

（1）互联网的起源和发展

互联网起源于美国国防部高级研究计划局（Defense Advanced Research Projects Agency，DARPA）于 1968 年主持研制的用于支持军事研究的实验网 ARPANET。在 ARPANET 的研制过程中，建立了一种网络通信协议，称为 IP（Internet protocol，互联网协议）。IP 的产生使异种网络互联的一系列理论与技术问题得到了解决，并由此产生了网络共享、分散控制和网络通信协议分层等重要思想。对 ARPANET 的一系列研究成果标志着一个崭新的网络时代的开启，并奠定了当今的网络理论基础。

1987 年 9 月，CANET（Chinese academic network，中国学术网）在北京计算机应用技术研究所内正式建成中国第一个国际互联网电子邮件节点，并利用该节点发出了中国第一封电子邮件"Across the Great Wall we can reach every corner in the world."（越过长城，走向世界。）这揭开了中国人使用互联网的序幕。互联网在中国的发展可以分为以下三个阶段。

第一阶段，以 Web 1.0 为特征。20 世纪 90 年代，人民网、新华网、三大门户网站（网易、搜狐、新浪）等问世，门户网站时代正式开启。门户网站时代成为中国互联网的启蒙阶段。

第二阶段，以 Web 2.0 为特征。21 世纪初，桌面应用软件兴起，互联网的可能性被深度开发。2000 年，三大门户网站陆续在美国纳斯达克上市，但紧接着便迎来全球互联网泡沫的破灭，中国互联网公司不得不开始探寻细分市场。腾讯是较早嗅到行业潮流的先行者。1998 年 11 月腾讯成立时，主打通信工具 OICQ，2000 年该软件更名为 QQ；1999 年创立的阿里巴巴深耕电子商务领域；2000 年 1 月创立的百度打造搜索引擎。如今的 BAT（百度、阿里巴巴、腾讯）都成长于这个阶段。也正是在这一阶段，互联网走进千家万户。

第三阶段，以移动互联网为特征。在 4G 通信技术的强力支撑下，智能化设备全面普及，接入互联网的门槛大幅降低，移动支付、网络租车、移动视频、移动阅读等海量应用覆盖了人们生活的方方面面，小米科技有限责任公司、美团科技有限公司等一批移动互联网公司因此诞生。移动互联网以其泛在、连接、智能、普惠等突出优势，有力推动了互联网和实体经济的深度融合，成为创新发展新领域、公共服务新平台、信息分享新渠道。

如今的中国互联网，在全球网络治理中扮演着越来越关键的角色，成为全球网络基础设施的重要建设者。未来中国互联网的第四阶段，将呈现以智能化为特性的新格局。中国作为全球 10 亿级用户同时在线的巨大市场，随着云计算、大数据、人工智能、虚拟现实、5G 等技术的不断突破，将迎来新的更大的发展契机。

（2）IP 地址的相关知识

1）IP 地址。连接到互联网上的设备必须有一个全球唯一的 IP 地址，该地址与链路类型、设备硬件无关，又称逻辑地址。

① IP 地址格式。在计算机内部，IP 地址采用 32 位二进制数表示，为了方便表示和记忆，通常采用点分十进制方式标识，即将 32 位的 IP 地址分成 4 段，每段 8 位二进制位，用一个十进制数表示，组间用"."分隔。IP 地址由网络号和主机号组成。网络号用于区分不同的 IP 网络，即该 IP 地址所属的 IP 网段，一个网络中所有设备的 IP 地址具有相同的网

络号。主机号用于标识该网络内的一个 IP 节点。在一个网段内部，主机号是唯一的。

② IP 地址分类。为了更好地管理和使用 IP 地址资源，IP 地址被划分为 A、B、C、D、E 五类，每类地址的网络号和主机号在 32 位地址中所占位数不同。A 类 IP 地址的第一个 8 位段从 0 开始，地址范围为 1.0.0.0～126.255.255.255，其中网络号为 127 的有特殊用途，如 127.0.0.1 用于主机环回测试。B 类 IP 地址的第一个 8 位段从 10 开始，地址范围为 128.0.0.0～191.255.255.255。C 类 IP 地址的第一个 8 位段从 110 开始，地址范围为 192.0.0.0～223.255.255.255。D 类地址的第一个 8 位段从 1110 开始，通常用于组播地址。E 类地址的第一个 8 位段从 11110 开始，保留用于研究。

③ 特殊用途的 IP 地址。虽然 IP 地址可作为一台主机或网络设备的唯一标识，但并不是每个 IP 地址都用于该目的。一些特殊的 IP 地址用于各种各样的用途，如表 1.5 所示。

表 1.5 IP 地址用途表

网络号	主机号	地址类型	用途
Any	全 0	网络地址	标识一个网段
Any	全 1	广播地址	特定网络的所有节点
127	Any	回环地址	回环测试
全 0		所有网络	路由器用于指定默认路由
全 1		全网广播地址	全部网络的所有节点

由于每个网段都会有一个网络地址和一个广播地址，因此每个网络实际可用于主机的地址数等于网段内的全部地址数减 2。

需要注意的是，转发网段广播和全网广播会对网络性能造成严重的不良影响，因此几乎所有的路由器在默认情况下均不转发广播包。

2）子网掩码。每个 32 位 IP 地址都被划分为由网络号和主机号构成的二级机构。为了区分 IP 地址的网络号与主机号，并判断任意两个 IP 地址是否处于同一网络，引入了网络掩码。网络掩码要求对应网络号部分的位全置 1，对应主机号部分的位全置 0。因此，一个标准的 A 类地址的网络掩码为 255.0.0.0，一个标准的 B 类地址的网络掩码为 255.255.0.0，一个标准的 C 类地址的网络掩码为 255.255.255.0。

3）IPv6。IPv4 是当前互联网广泛使用的网络层协议，在设计之初是为几百台计算机组成的小型网络准备的，随着互联网的发展，IPv4 已暴露出很多不足之处。其中最为严重的问题是，IPv4 可用地址日益缺乏，从而限制了 IP 技术应用的进一步发展。

IETF（Internet Engineering Task Force，互联网工程任务组）组织在 20 世纪 90 年代开始着手 IPng（Internet protocol next generation，下一代互联网协议）的制定工作，IPv6 应运而生。IPv6 继承了 IPv4 的优点，虽然与 IPv4 不兼容，但 IPv6 同其他所有 TCP/IP 协议簇中的协议兼容，因此 IPv6 可完全取代 IPv4。

IPv6 协议的最大特点就是具有超大的地址空间。IPv4 地址位数为 32 位，IPv6 的地址位数为 128 位，是 IPv4 地址空间的 2^{96} 倍。

（3）互联网域名系统

1）域名系统（domain name system，DNS）是在互联网内一个提供主机名和相关的 IP 地址之间对应关系的分布式数据库。DNS 的优势有以下两个。

① 方便记忆。虽然在地址栏中输入 IP 地址很简单，但是对于众多的网络服务器而言，用十进制表示的 IP 地址是很难记忆的，相比较而言，DNS 更方便记忆。

② 方便地址变更。采用域名表示 IP 地址，当 IP 地址发生变化后，只需要改变新 IP 地址与域名的映射关系即可，用户仍可以通过原先的域名进行访问。

2）DNS 域名空间结构。整个 DNS 域名空间像一棵倒过来的树，其最顶端被称为互联网的"根域"，用"."表示，紧随其后的是顶级域，之后是二级域、三级域，以此类推。DNS 域名空间结构如图 1.17 所示。

顶级域名是根域名下面的第一级域名，它不能单独分配给用户。我国注册并运行的顶级域名为 cn，这也是我国互联网的一级域名。目前，我国互联网也可以使用中文域名，其中一级域名为"中国"。

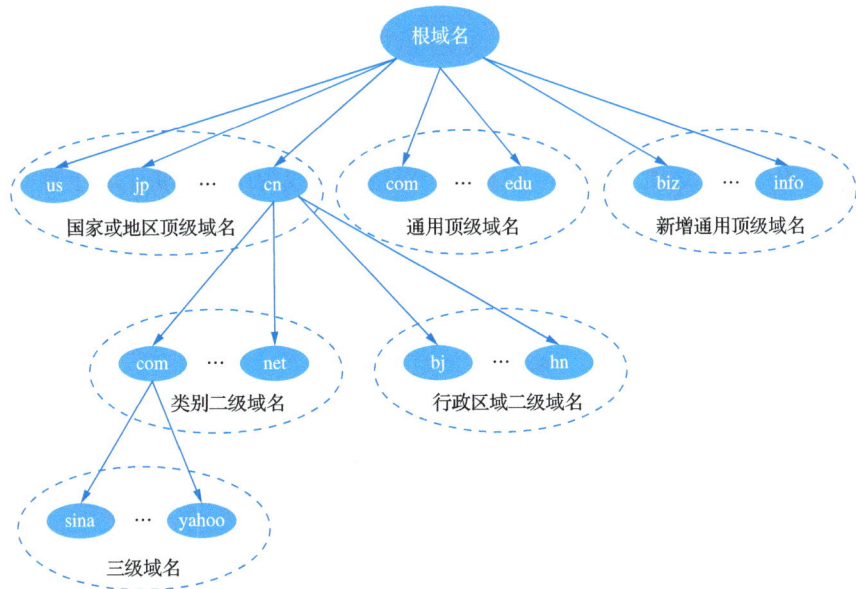

图 1.17　DNS 域名空间结构

我国互联网的二级域名包括类别域名和行政区域域名两类。类别域名有 6 个，分别是 ac、com、edu、gov、net、org。行政区域域名有 34 个，分别代表每个行政区。

三级域名是由用户自己申请注册的，可以采用字母、数字和连接符等来表示，各级域名之间用小圆点连接。三级域名长度不能超过 20 个字符。

DNS 域名书写方式为：将级别高的域名放置在后面，在每一级域名之间采用小圆点"."隔开。例如，hcit.edu.cn，其中 cn 为顶级域名，edu 为二级域名，hcit 为三级域名。在分级结构的域名系统中，每个域都对分配于其下的子域存在控制权，并负责登记其下所有的子域。要创建一个新的子域，必须征得其所属域的同意。新浪域名结构如图 1.18 所示。

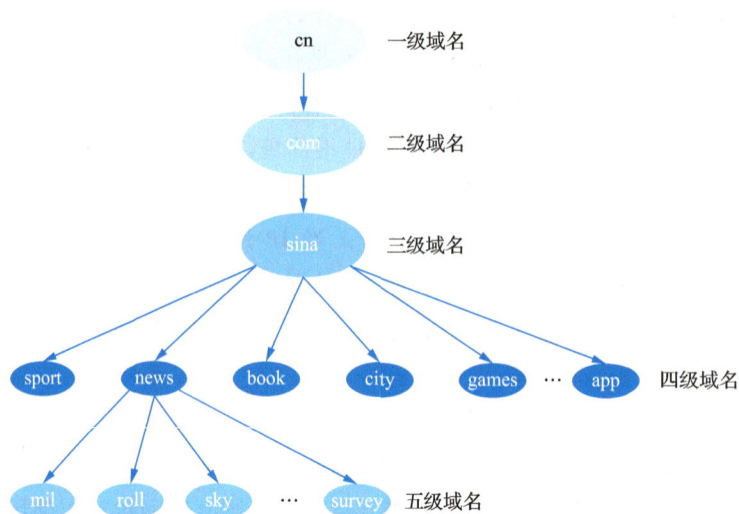

图 1.18 新浪域名结构

3. 互联网的接入方式

（1）ADSL

ADSL（asymmetrical digital subscriber loop，非对称数字用户线路）技术是运行在原有普通电话线上的一种高速宽带技术，它利用一对电话铜线为用户提供上、下行非对称的传输速率（带宽），如图 1.19 所示。

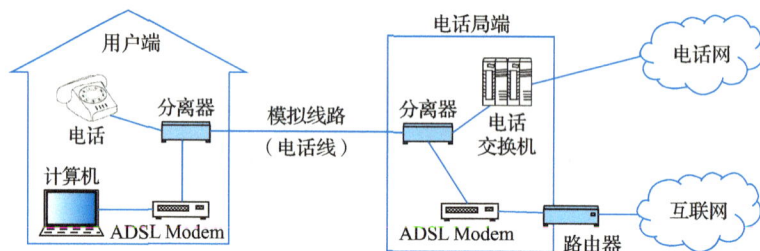

图 1.19 ADSL 图

（2）HFC

HFC（hybrid fiber-coaxial，混合光纤同轴电缆网）是一种经济实用的综合数字服务宽带网接入技术。HFC 传输容量大，易实现双向传输；频率特性好，在有线电视传输带宽内无须均衡；传输损耗小，可延长有线电视的传输距离，25 千米内无须中继放大；光纤间不存在串音现象，不受电磁干扰影响，能确保信号的传输质量。

（3）光纤接入

光纤接入具有传输距离远、带宽高、抗干扰能力强等特点，是一种非常理想的宽带接入方式。根据光纤向用户延伸的距离，光纤接入网主要有光纤到大楼（fiber to the building，

FTTB)、光纤到路边（fiber to the curb，FTTC）、光纤到户（fiber to the home，FTTH）三种应用形式。

（4）以太网接入与 EPON

以太网接入最常用的技术是光纤以太网（高速以太网接入技术），即 FTTx+LAN 接入。光纤以太网采用单模光纤连接的高速网络，可以实现千兆到社区或局域网、百兆到楼宇、十兆到用户的网络连接。

目前光纤接入中逐步实现了 EPON（ethernet passive optical network，以太网无源光网络）技术。EPON 是一种新兴的宽带接入技术，它通过一个单一的光纤接入系统，实现数据、语音及视频等综合业务的接入，并具有良好的经济性。

（5）无线局域网

无线局域网（wireless LAN，WLAN）是不使用任何导线或传输电缆连接的局域网。无线局域网利用无线电波作为数据传送的媒介，缺点是传送距离一般只有几十米，优点是在无线信号覆盖区域内的任何一个位置都可以连接到网络，连接到无线局域网的用户可以移动且能同时与网络保持连接。无线局域网的应用如图 1.20 所示。

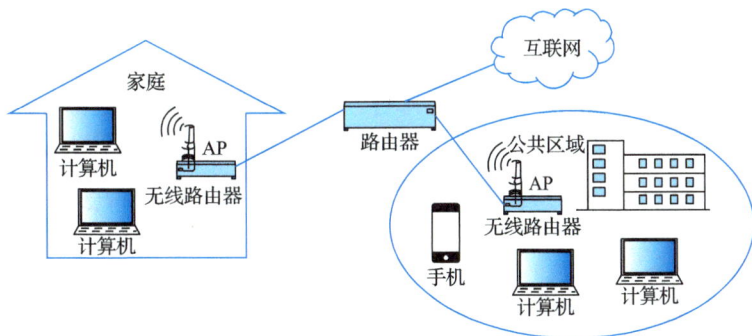

图 1.20　无线局域网应用图

4. 互联网的应用

互联网已在世界范围内得到了普及与应用，并且正在迅速地改变人们的工作和生活方式。利用互联网，人们真正感受到"世界变小了"：轻松访问世界上著名大学的图书馆；与远在地球另一端的人进行语音通信和视频聊天；看电影、听音乐、阅读各种多媒体杂志；不出门就可以买到所需要的商品。

（1）WWW 服务

WWW（world wide web，万维网）服务是指互联网提供给用户的浏览网页的服务，使用户可以通过浏览网页获得信息，是互联网上使用最广泛的服务。与传统的信息传递方式相比，WWW 服务可以通过多媒体（如文本、图片、音频、视频）传递信息，增强了信息的直观性和趣味性。

URL 是使用 IE 等浏览器访问 Web 页面时需要输入的网页地址，如 http://www.baidu.com 就属于 URL。

超文本传输协议（hyper text transfer protocol，HTTP）是用来在浏览器和 WWW 服务器之间传送超文本的协议。

超文本标记语言（hyper text markup language，HTML）是一种万维网标记语言，用于结构化信息，描述网页上的每个组件，如文本、表格或图像等。

超文本传输安全协议（hyper text transfer protocol secure，HTTPS）是超文本传输协议和 SSL（secure socket layer，安全套接层）/TLS（transport layer security，传输层安全协议）的组合，用于提供加密通信及对网络服务器身份的鉴定。

（2）FTP 服务

简单文件传输协议（file transfer protocol，FTP）是用于客户机与服务器之间进行简单文件传输的协议，提供不复杂、开销不大的文件传输服务。FTP 服务的实现需要借助 FTP 工具，主要的 FTP 工具有 TurboFTP、CuteFTP Pro、FlashFXP 等。利用 FTP 服务，客户机可以通过给服务器发出命令来下载、上传文件，也可以创建或改变服务器上的目录。

（3）Telnet 服务

Telnet（远程登录）可以使一台本地计算机通过网络与远程计算机相连，此时本地计算机如同远程计算机的终端，从而使远程计算机可以向本地计算机提供服务。

（4）电子邮件服务

电子邮件，简称 E-mail，是一种通过计算机网络与其他用户进行联系的快速、简便、高效、廉价的现代化通信手段。利用电子邮件，人们可以十分轻松地将所要寄发的信件通过互联网发送给收信人。从发信人发送信件到收信人收到信件的整个过程只需短短几秒。利用电子邮件不仅可以发送改善文本格式的文件，还可以通过添加附件的方法发送图片、音频、视频等文件。

（5）资源调用服务

可以使用 IE（Internet explorer，Internet 浏览器）、火狐浏览器浏览互联网，查找信息。这两款浏览器都是基于 WWW 技术的网络浏览客户端软件。当用户连入互联网后，运行 IE 等浏览器就可以使用 WWW 服务，并在 IE 等浏览器提供的菜单、选项按钮指引下，实现对互联网资源的调用。

（6）家庭娱乐

互联网上的高科技产品逐渐融入人们传统的家庭娱乐中，并为人们开辟了新的娱乐天地。互联网上的娱乐方式主要包括网上电影、网上游戏、网上聊天（QQ、微信）等。用户可以在视频网站在线浏览和上传视频，利用在线视频播放器等进行视频的播放，也可以利用在线音乐网站或在线音乐播放软件播放音乐，还可以在互联网上注册、管理、发布微博信息。

（7）电子商务

电子商务是指通过网上交易平台，采用基于浏览器/服务器的方式，进行网上营销、网上购物、在线电子支付的一种新型商业运营模式。电子商务可提供网上交易和营销等全过程的服务，它具有广告宣传、网上订购、网上支付、电子账户、交易管理等功能，与传统的商务形式相比，电子商务具有低成本、全球化、快捷化、精简化的优势，是商业发展的一种必然趋势。

任务拓展

1. 任务要求

小刘刚买了一台笔记本式计算机，想通过 QQ 软件把笔记本式计算机上的文件发给同事小赵。请帮小刘完成网络设置、QQ 软件安装和文件传输。

2. 任务实施

1）设置网络，完成笔记本式计算机的无线联网。

2）完成 QQ 软件在笔记本式计算机上的安装。

3）利用 QQ 软件完成文件的传输。

2 模块

文 档 处 理

▌模块导读

在日常工作中，办公软件已经成为人们必不可少的办公助手，尤其是文档处理软件。书信、论文、商业合同、报纸杂志等都需要利用文档处理软件进行排版和编辑。目前市场上有多款办公软件，如美国微软公司的办公软件、国内的金山办公软件等。本模块主要介绍 Word 2016 软件在文档编排中的应用。

▌模块目标

知识目标

- 掌握文档编辑、字符格式设置、段落格式设置的方法。
- 掌握插入选项卡的使用方法和页面部局的设置方法。
- 掌握表格的创建与编辑、文本与表格的转换、表格数据的运算等。
- 掌握图片、图序、图题、脚注、尾注、批注、题注的插入方法。
- 掌握文档目录的创建方法等。

能力目标

- 能够按要求制作学习计划书并打印。
- 能结合实际应用，设计制作图文并茂的招聘海报等文档。
- 能熟练制作各种表格类文档。
- 能熟练完成对长文档的目录提取、页码设置、图标编号等操作。

素养目标

- 强化效率意识和计划意识，讲求实效。
- 提升美学修养与艺术修养，兼顾设计的整体性与协调性、艺术性与装饰性。
- 实事求是，求真务实，勇于进行创新设计。
- 养成认真细致的工作态度和严谨的工作作风。

▌思维导图

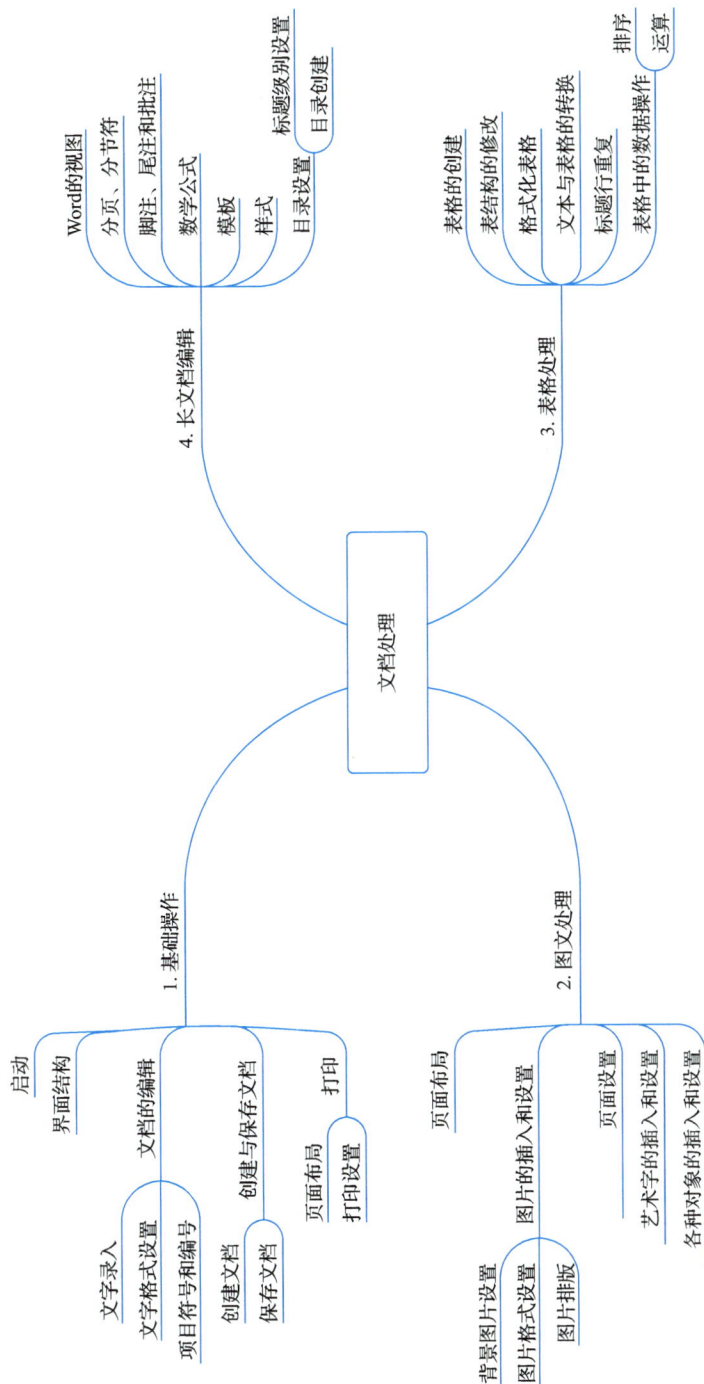

文档处理

1. 基础操作
- 启动
- 界面结构
- 文档的编辑
  - 文字录入
  - 文字格式设置
  - 项目符号和编号
- 创建与保存文档
  - 创建文档
  - 保存文档
- 页面布局
- 打印
  - 打印设置

2. 图文处理
- 页面布局
- 图片的插入和设置
  - 背景图片设置
  - 图片格式设置
  - 图片排版
- 页面设置
- 艺术字的插入和设置
- 各种对象的插入和设置

3. 表格处理
- 表格的创建
- 表结构的修改
- 格式化表格
- 文本与表格的转换
- 标题行重复
- 表格中的数据操作
  - 排序
  - 运算

4. 长文档编辑
- Word的视图
- 分页、分节符
- 脚注、尾注和批注
- 数学公式
- 模板
- 样式
- 目录设置
  - 标题级别设置
  - 目录创建

任务 2.1 制作学习计划书

☞ 任务描述

学习计划书是一份学习者确定学习方向、制定实施步骤的重要文件。本任务要求制作如图 2.1 所示的学习计划书并打印。要求如下：纸张大小为 A4；标题为小二宋体、居中；正文为四号仿宋、首行缩进 2 字符、1.5 倍行距；整体清晰、美观。

☞ 任务目标

1. 熟悉 Word 软件的界面组成及各部分功能。
2. 掌握 Word 软件的基本操作方法，如新建和保存文档等。
3. 掌握内容的输入编辑与格式化处理，如文本输入、字体与段落设置、图片插入、图片边框和底纹设置、页面布局设置、项目符号使用等。
4. 强化效率意识和计划意识，讲求实效。

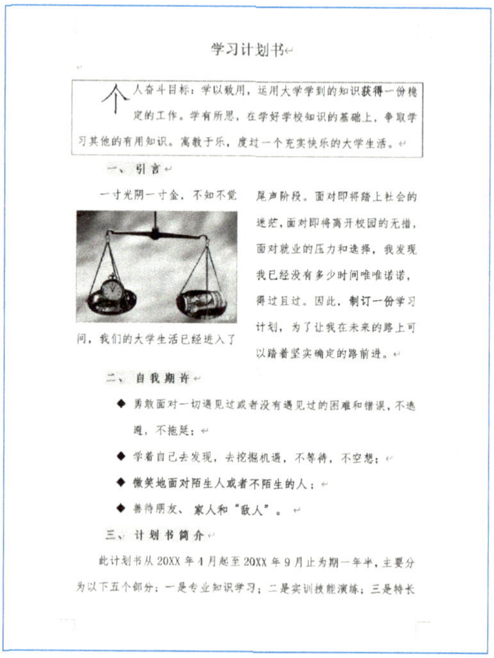
学习计划书

个人奋斗目标：学以致用，运用大学学到的知识获得一份稳定的工作。学有所思，在学好学校知识的基础上，争取学习其他的有用知识。寓教于乐，度过一个充实快乐的大学生活。

一、引言

一寸光阴一寸金，不知不觉间，我们的大学生活已经进入了尾声阶段。面对即将踏上社会的迷茫，面对即将离开校园的无措，面对就业的压力和选择，我发现我已经没有多少时间唯唯诺诺，得过且过。因此，制订一份学习计划，为了让我在未来的路上可以踏着坚实确定的路前进。

二、自我期许

- 勇敢面对一切遇见过或者没有遇见过的困难和错误，不逃避，不拖延；
- 学着自己去发现，去挖掘机遇，不等待，不空想；
- 微笑地面对陌生人或者不陌生的人；
- 善待朋友、家人和“敌人”。

三、计划书简介

此计划书从 20XX 年 4 月起至 20XX 年 9 月止为期一年半，主要分为以下五个部分：一是专业知识学习；二是实训技能演练；三是特长

图 2.1　学习计划书最后效果

任务实施

1. 新建文档和编辑文档

（1）新建 Word 文档

通常采用以下两种方式新建 Word 文档。

1）打开 Word 2016 软件，在默认打开的窗口中选择“空白文档”选项，即可新建 Word 文档，如图 2.2 所示。

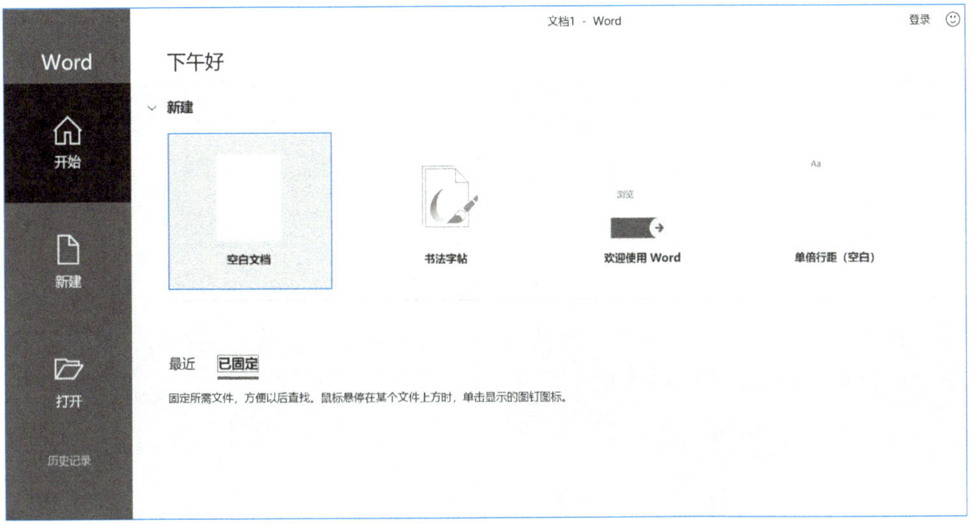

图 2.2　新建文档方法 1

2）在已经打开其他 Word 文档的情况下，选择“文件”→“新建”选项，打开如图 2.3 所示的“新建”窗口，选择“空白文档”选项即可。

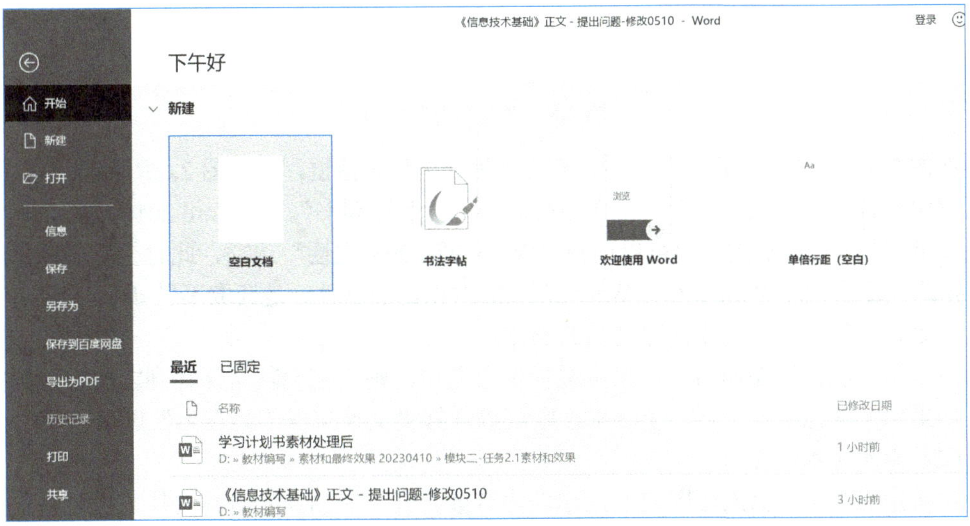

图 2.3　新建文档方法 2

　　除以上两种方式外，还可以采取其他方式新建 Word 文档。例如，在打开的 Word 文件中，按 Ctrl+N 快捷键；在桌面或者要存储文件的路径下，在空白处右击，在打开的快捷菜单中选择"新建"→"DOC 文档或 DOCX 文档"选项，将创建的文档保存在桌面或者相应文件夹下，同时还可以对其进行重命名。

　　新建文档后，单击文档打开界面左上角的"保存"按钮，如图 2.4 所示，或者按 Ctrl+S 快捷键，都能保存文件。另外，也可以通过选择"文件"→"保存"选项来保存文件。

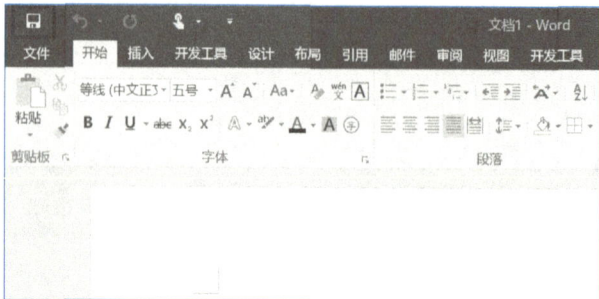

图 2.4　保存文件

　　在文档尚未保存在当前计算机中的情况下，也就是第一次进行保存时，执行保存操作会打开"另存为"窗口，如图 2.5 所示。

图 2.5　"另存为"窗口

　　在图 2.5 中，选择"浏览"选项，打开"另存为"对话框，在如图 2.6 所示的"另存为"对话框中设置文档的保存位置，将文档命名为"学习计划书"。在 Word 2016 软件，默认文档保存类型是 docx 格式，也可以选择"Word 97-2003 文档"选项，此时会将文档保存为 doc 格式，低版本的 Word 软件（Word 2007 版本以前的软件）是读取不了 docx 文档的。最后单击"确认"按钮，完成保存文档的操作。

　　完成第一次保存操作后，如果再进行保存操作，则文档会默认保存到之前设置好的位置。如果想在其他位置另存一个副本，则可以选择"文件"→"另存为"选项。

　　（2）输入文本内容

　　在新建的文档中输入如图 2.1 所示的内容或打开相应的原始素材文件，也可以根据自己的思路输入学习计划内容。

图 2.6　"另存为"对话框

（3）页面布局设置

在"布局"选项卡"页面设置"选项组中，可对页边距、纸张大小进行设置。将纸张大小设为 A4，将页边距设为常规型（上 2.54 厘米，下 2.54 厘米，左 3.18 厘米，右 3.18 厘米）。单击"页边距"下拉按钮，在下拉列表中选择"自定义页边距"选项，如图 2.7 所示。此时会打开如图 2.8 所示的"页面设置"对话框，在该对话框中可以切换选项，进行相应的设置。

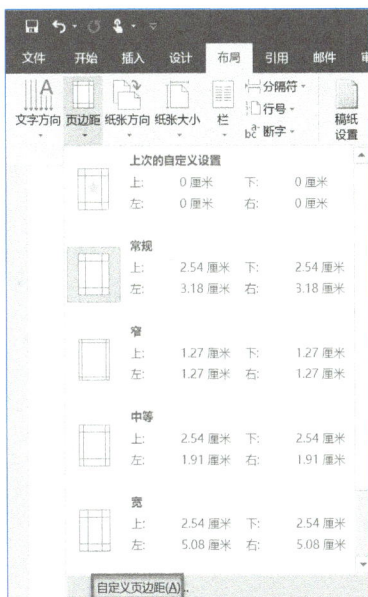

图 2.7　页边距设置

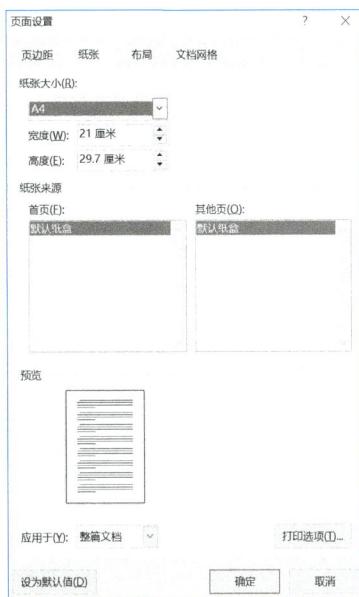

图 2.8　"页面设置"对话框

2. 编辑文字和段落的格式

（1）设置文档标题的格式

选中文档标题"学习计划书"，在"开始"选项卡"字体"选项组中设置字体为宋体、字号为小二，将光标定位在"学习计划书"这一行，在"段落"选项组中单击"居中对齐"按钮□。

（2）设置文档正文部分的格式

选中文档正文部分，字体设为仿宋、四号，保持选中状态，单击"开始"选项卡"段落"选项组右侧的对话框启动器按钮，如图 2.9 所示（也可以右击，在快捷菜单中选择"段落"选项，如图 2.10 所示），打开"段落"对话框，设置对齐方式为"两端对齐"、缩进为"首行，2 字符"、行距为"1.5 倍行距"，如图 2.11 所示。需要注意的是，"段落"的定义是两个回车符之间的内容。

图 2.9　"段落"对话框启动器按钮

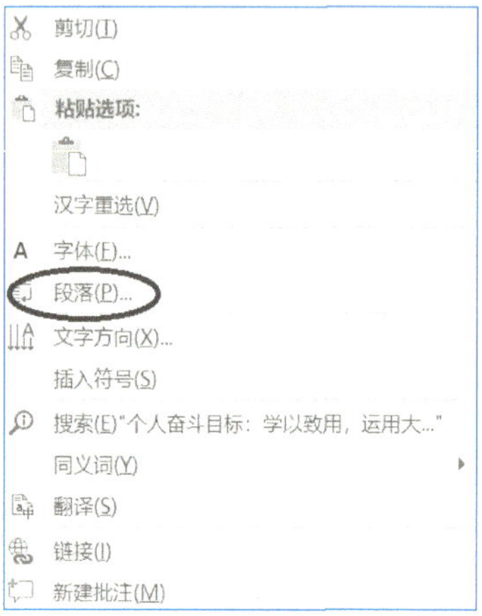

图 2.10　在快捷菜单中选择"段落"选项

图 2.11　设置段落格式

为了使文档中特定文字或段落更加突出，需要为其添加边框和底纹。在"学习计划书"文档中，为第一段文字添加虚线边框。在打开"边框和底纹"对话框前，首先把光标定位到第一段文字任何位置，或者整段全选。有多种方式可以打开"边框和底纹"对话框，具体操作如下。

1）单击"开始"选项卡"段落"选项组中的"边框"下拉按钮，在下拉列表中选择"边框和底纹"选项，如图 2.12 所示，打开"边框和底纹"对话框。

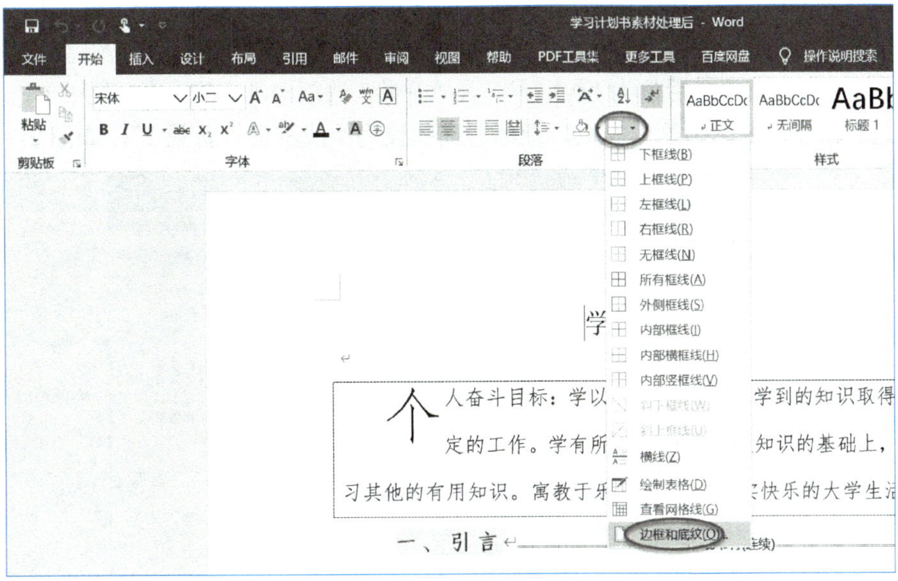

图 2.12　在"边框"下拉列表中选择"边框与底纹"选项

2）单击"设计"选项卡"页面背景"选项组中的"页面边框"按钮，也可以打开"边框和底纹"对话框。

在"边框和底纹"对话框中，选择"边框"选项卡，分别设置样式为"虚线"、颜色为"自动"、宽度为"0.5 磅"。在"预览"区域，可以直接单击段落的上、下、左、右四侧，显示设置效果，也可以单击段落周围的四个按钮来实现。需要注意的是，要在"应用于"下拉列表中选择"段落"选项，因为本任务只要求对第一段加边框。设置边框与底纹如图 2.13 所示。

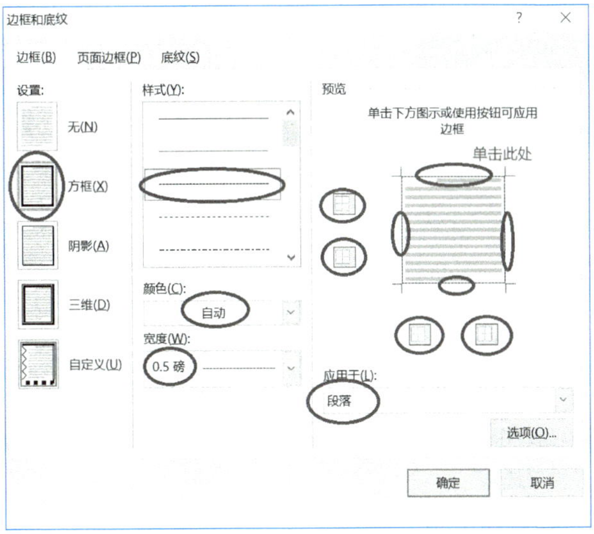

图 2.13　设置边框和底纹

（3）设置子标题的格式

按住 Ctrl 键的同时选中子标题"一、引言""二、自我期许"……"六、备注"，在"开始"选项卡"字体"选项组中单击对话框启动器按钮，打开"字体"对话框，把文字设为"仿宋、四号、加粗"，选择"高级"选项卡，把字符间距设为"加宽、2 磅"。保持子标题为选中状态，设置段落的段后值为"0.5 行"，在"开始"选项卡"段落"选项组中单击"底纹"下拉按钮，打开"主题颜色"面板，把标题底纹设为"浅灰色、背景2"，如图 2.14 所示。

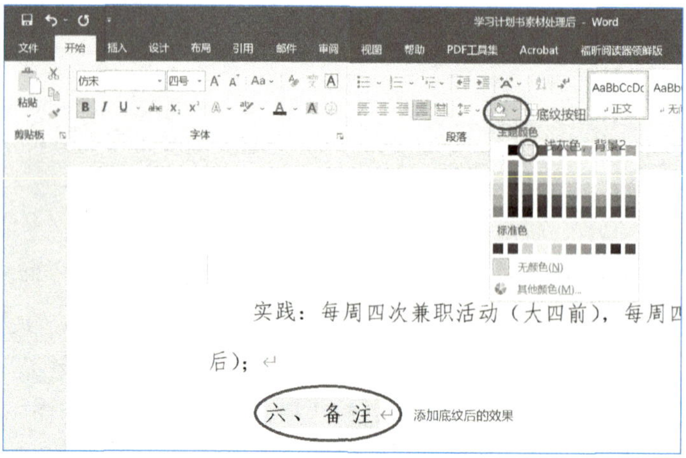

图 2.14　设置标题底纹

3．分栏和首字下沉

（1）把"一、引言"章节分栏

把"一、引言"章节分为两栏。首先选中整个章节，然后选择"布局"→"栏"选项，在"栏"下拉列表中选择"两栏"选项（也可以选择"更多栏"选项），打开"分栏"对话框，在该对话框中进行相应设置，如图 2.15 和图 2.16 所示。

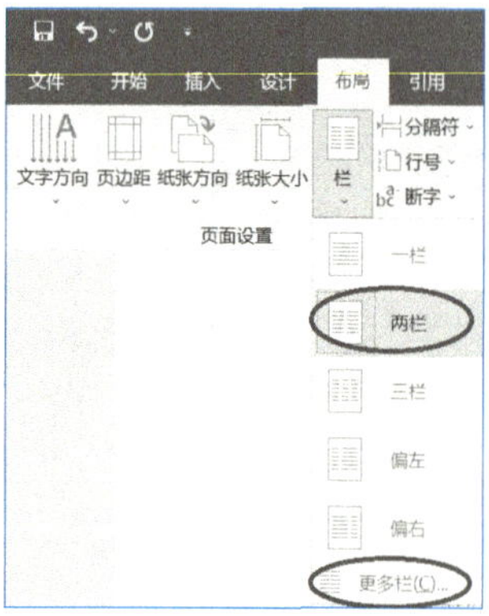

图 2.15　在"栏"下拉列表中选择"两栏"
或"更多栏"选项

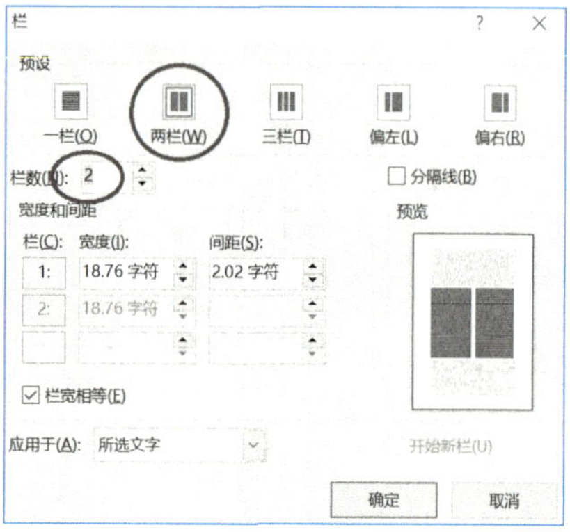

图 2.16　分栏设置

（2）为第一段落设置首字下沉

将光标定位到第一段落，为此段文本设置首字下沉 2 行效果，选择"插入"→"首字下沉"选项，在下拉列表中选择"首字下沉选项"选项，打开"首字下沉"对话框，修改参数如图 2.17 所示。

4. 插入图片和项目符号

（1）在"一、引言"章节左侧栏中插入图片

首先将光标定位到第二行头部，选择"插入"选项卡，在"插图"选项组中单击"图片"按钮，打开"插入图片"对话框，可以在本地存储中选择要插入的图片，如图 2.18 所示。

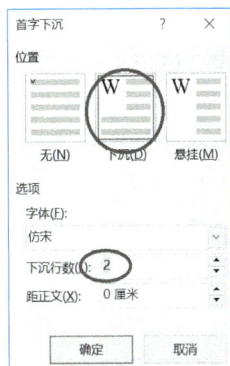

图 2.17　首字下沉设置

图 2.18　选择插入图片

（2）为"二、自我期许"章节添加项目符号

首先选中本章节所有段落内容，可以在"布局"选项卡"段落"选项组中提前设置"左缩进"值为"50 磅"或"2 字符"；然后在"开始"选项卡"段落"选项组中单击"项目符号"下拉按钮，在下拉列表中选择"定义新项目符号"选项，打开"定义新项目符号"对话框，单击"符号"按钮，如图 2.19 所示，在弹出的"符号"对话框中选中"◆"字符，然后依次单击"确定"按钮，如图 2.20 所示。

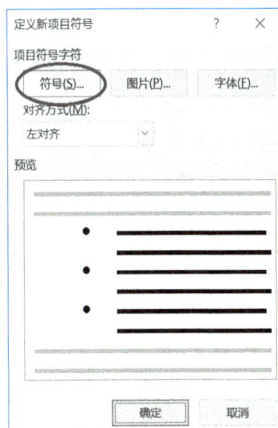

图 2.19　定义新项目符号

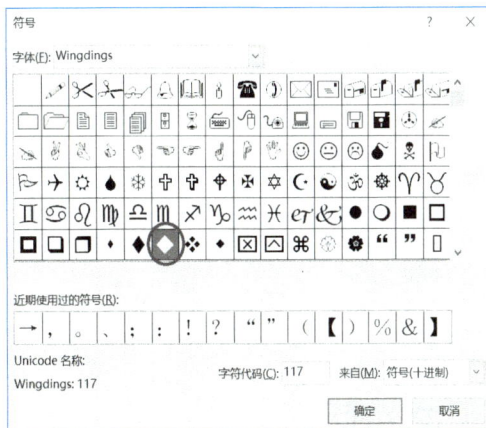

图 2.20　"符号"对话框

5. 打印设置

选择"文件"→"打印"选项，打开"打印"窗口，进行打印设置，如图 2.21 所示。

图 2.21　打印设置

相关知识

1. Word 2016 软件的启动

在计算机中安装好 Microsoft Office 2016 办公软件后，Word 2016 软件图标会出现在"开始"菜单中。以 Windows 10 操作系统为例，单击桌面左下角的"开始"按钮，在打开的"开始"菜单中选择"Word 2016"选项即可打开 Word 2016 软件，如图 2.22 所示。也可以在任务栏搜索框中直接输入"Word"进行搜索，如图 2.23 所示。

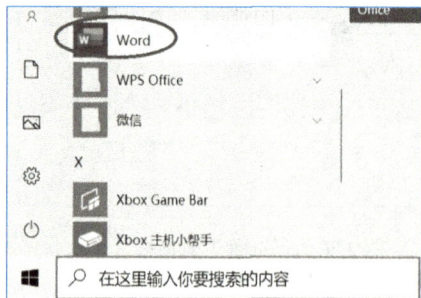

图 2.22　从"开始"菜单打开 Word 2016 软件

图 2.23　搜索"Word"

如果计算机上有 Word 文档，则打开它们时会自动启动 Word 软件。

2. Word 2016 软件界面结构

打开或新建一个文档后，会进入 Word 2016 软件操作界面，该界面主要由标题栏、功能区、文档编辑区和状态栏构成，如图 2.24 所示。

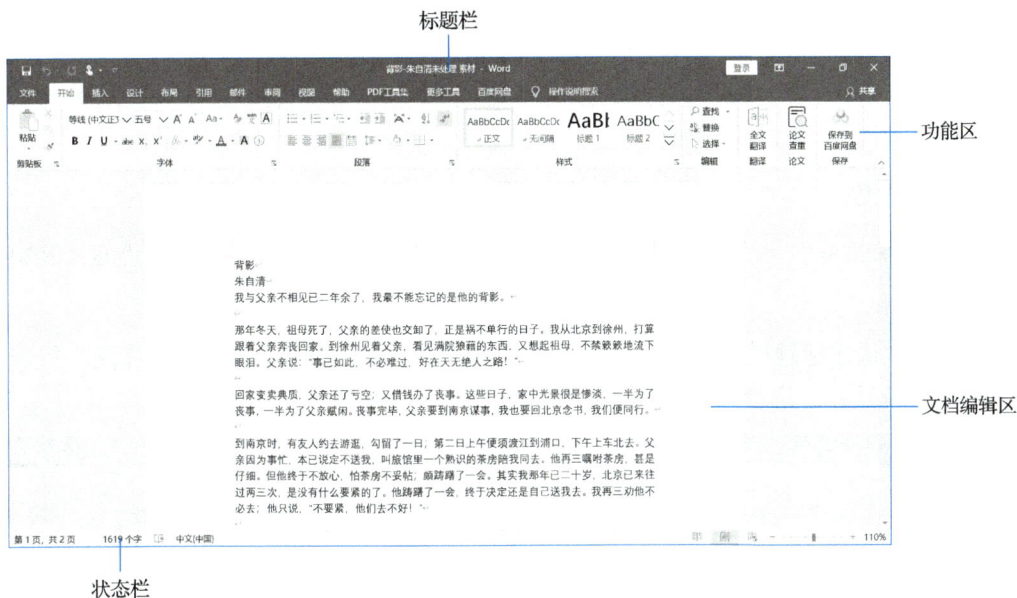

图 2.24 Word 2016 操作界面

（1）标题栏

标题栏在 Word 软件窗口最上方，从左到右依次为控制菜单图标、快速访问工具栏、正在操作的文档名、程序名、功能区显示选项按钮和窗口控制按钮，如图 2.25 所示。

图 2.25 标题栏

1）控制菜单图标区域：Word 2016 软件的控制菜单图标不显示，但是单击该区域时会打开一个窗口控制菜单，通过此菜单可以对窗口执行还原、移动、大小、最小化、最大化和关闭等操作，如图 2.26 所示。

2）快速访问工具栏：该区域默认显示常用的工具按钮，如保存、撤销和恢复；也可以单击该区域最右侧的倒三角按钮，自定义在此处显示的按钮，如图 2.27 所示。

3）功能区显示选项按钮：单击此按钮，在打开的下拉列表中有三个选项，根据选项说明进行设置即可，如图 2.28 所示。

4）正在操作的文档名：当前正在编辑的文档的名字。

5）程序名：用什么软件打开的文档，这里是 Word。

6）窗口控制按钮：包含三个按钮，分别为最小化（向下还原）、最大化、关闭。

单击此处

图 2.26 窗口控制菜单   图 2.27 自定义快速访问工具栏   图 2.28 功能区显示选项

（2）功能区

功能区默认在标题栏下方，通常包含"文件""开始""插入""设计""布局"等选项卡，如图 2.29 所示。选择其中任何一个选项卡都可以将其展开。

图 2.29 功能区

每个选项卡下面包含多个选项组，每个选项组包含多个选项。

选项卡分固定式和隐藏式两种，当选中图片、表格或文本框等对象时，功能区会出现新的选项卡。例如，选中一张图片，功能区会多出一个"图片工具/格式"选项卡，如图 2.30 所示。

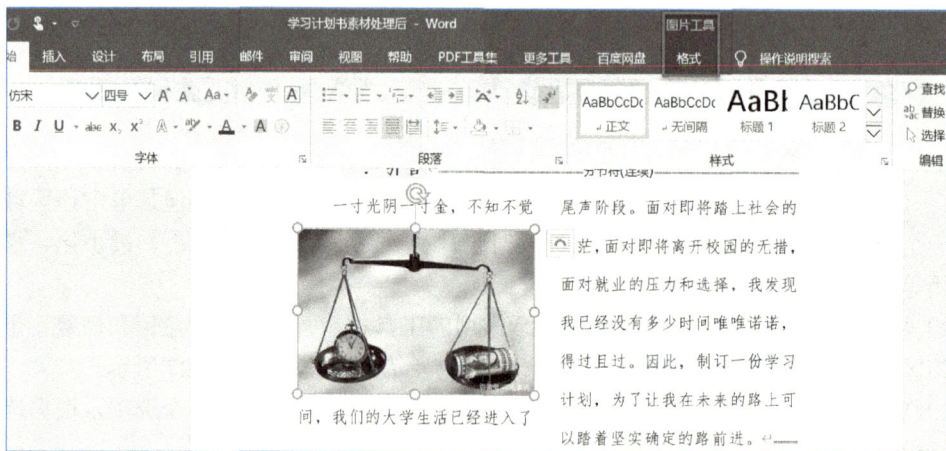

图 2.30 "图片工具/格式"选项卡

（3）文档编辑区

文档编辑区位于 Word 软件窗口中央，是进行文字输入与编辑、图片处理等的工作区域，其右侧往往有垂直滚动条，其下部有水平滚动条。

（4）状态栏

状态栏左侧显示页码、页数、字数、语法更正、输入语言等信息，右侧包含视图方式、显示比例等信息。

3．文档的编辑

（1）文字输入

将光标定位到需要输入文字的地方，按 Ctrl+Shift 快捷键可以在输入法之间进行切换，按 Shift 键可以在中英文之间切换。输入的文本满一行后会自动换行，若要未满换行，则按 Enter 键即可，这代表新的段落开始，通常每两个回车符之间代表一个段落。

（2）插入符号

往往可以通过键盘直接输入常用符号，但对于一些特殊符号需要用其他方法输入，具体如下：①在输入法软键盘上选择"特殊符号"选项，输入特殊符号。②在"插入"选项卡"符号"选项组中单击"符号"按钮，在打开的下拉列表中会显示使用过的符号，也可以在下拉列表中选择"其他符号"选项，如图 2.31 所示。打开"符号"对话框，查找更多的符号。

（3）选中文本

在对文本进行复制、剪切或格式设置等操作之前，应先将其选中，确定编辑的对象。选中方法如下。

1）按住鼠标左键并拖动，即可选中连续的文本，若要不连续选中文本，则按住 Ctrl 键的同时用鼠标选中不同段落的文字，选完后松开 Ctrl 键。

2）双击可以选中某个字符、词语等。

3）在页面左侧空白处单击可以对应选中一行。

4）在一个段落任何位置连续单击三次，可以选中整段（或者在页面左侧空白处双击）。

5）按住 Alt 键用鼠标拖动出一个矩形区域，即可选中这个区域内的文本。

6）将鼠标指针指向编辑区左侧空白处，连续单击三次即可选中整篇文档。

7）通过样式选中文本。对于应用了相同样式的所有文本，可以通过选择"开始"→"样式"选项，选择相应的样式，在本任务中右击选中的样式，在打开的快捷菜单中选择"选择所有 142 个实例"选项，即可选中所有样式相同的文本，如图 2.32 所示。

图 2.31　在"符号"下拉列表中
选择"符号"选项

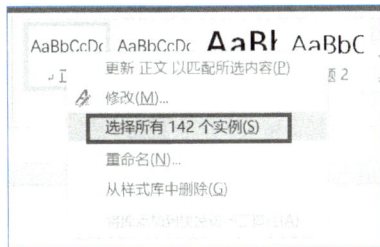

图 2.32　通过样式选中文本

（4）文本的复制、剪切和粘贴

首先选中需要移动的对象，选择"开始"→"剪贴板"选项，根据需要选择相应的选项，如图 2.33 所示。单击"剪切"按钮（或者按 Ctrl+X 快捷键），将选中的内容剪切到内存的剪贴板中。把光标定位到目的位置，可以直接单击"剪贴板"中的"粘贴"按钮（或按 Ctrl+V 快捷键），将内容移动过来；也可以单击"粘贴"下拉按钮，在下拉菜单中根据需要选择对应选项，如图 2.34 所示。完成粘贴操作后，一般会出现一个"粘贴选项"按钮，单击该按钮可打开"粘贴选项"菜单，如图 2.35 所示。

图 2.33　剪贴板　　　　图 2.34　选择"粘贴"选项　　　　图 2.35　打开"粘贴选项"菜单

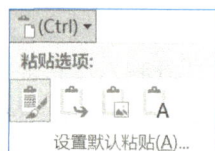

文本的复制操作如下：先选中需要复制的内容，再单击"开始"选项卡"剪贴板"选项组中的"复制"按钮（或者按 Ctrl+C 快捷键），把内容复制到内存的剪贴板中，最后把光标定位到目的位置，单击"粘贴"按钮即可。

4. 字符格式的设置

输入文本后，还需要修改文本的格式，包括修改字体、字形、字号、字符间距、突出显示、颜色、效果等。可以在"字体"对话框中实现这些设置，目的是让文档更美观。

（1）字体设置

选中需要修改格式的文本，这时会弹出字体设置工具栏，如图 2.36 所示。可以直接在该工具栏中进行字体的设置，也可以在"开始"选项卡"字体"选项组中进行设置，如图 2.37 所示。

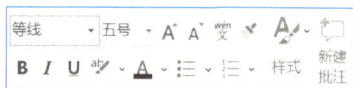

图 2.36　字体设置工具栏　　　　图 2.37　"字体"选项组

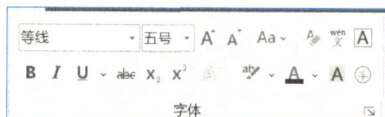

如果要进行字体的详细设置，则可以单击"开始"选项卡"字体"选项组中的对话框启动器按钮，打开"字体"对话框，在该对话框中可以进行字体的详细设置。

（2）字符间距设置

调整字符之间的距离，能使版面产生不同的效果。选中需要调整字符间距的文本，打开"字体"对话框，选择"高级"选项卡进行设置，如图 2.38 所示。

（3）文本效果和版式、突出显示和字体颜色设置

在"开始"选项卡"字体"选项组中选择相应的选项进行设置，如图 2.39～图 2.41 所示。

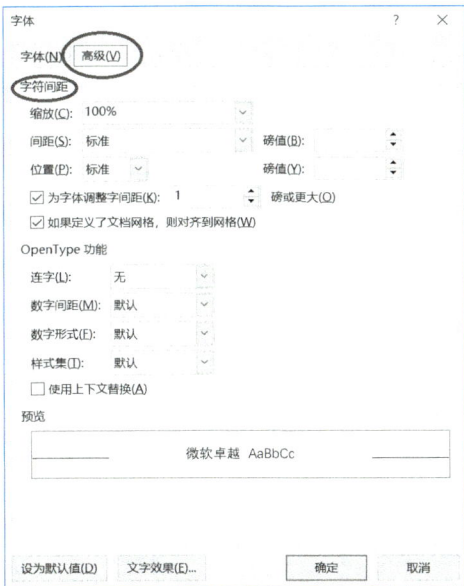

图 2.38　设置字符间距

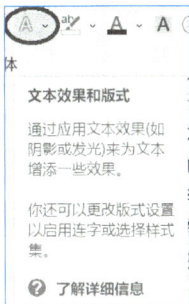

图 2.39　设置文本效果
和版式

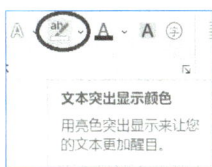

图 2.40　设置文本突出
显示

图 2.41　设置字体颜色

（4）格式刷和快速清除格式

格式刷按钮在"开始"选项卡"剪贴板"选项组中，形状像一把刷子 。应用格式刷可以迅速将某对象的格式复制到另一个对象上，特别是文本或者段落对象，非常实用，如图 2.42 所示。当需要将一种格式复制到多个文本对象上时，可以连续使用格式刷，此时双击"格式刷"按钮，使鼠标指针一直呈刷子形状。

对文本设置各种格式后，如果想清除所有已经设置的格式并恢复默认格式，则可通过选择"清除所有格式"选项来实现。先选中所要清除格式的文本，再在"开始"选项卡"字体"选项组中单击"清除所有格式"按钮即可，如图 2.43 所示。

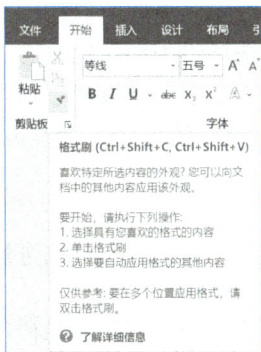

图 2.42　格式刷功能

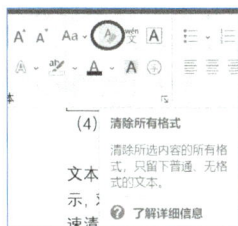

图 2.43　清除所有格式

5. 段落格式设置

通常从一个回车符开始至下一个回车符为止的所有内容，是一个段落。为使文档的布局更加合理、层次更加分明，往往需要为段落设置不同的格式。段落格式主要包括段落中行距的大小、左右两侧文字的缩进、换行和分页、对齐方式等。可以通过单击"开始"选项卡"段落"选项组中的相应按钮或者打开"段落"对话框来进行段落格式的设置，如图 2.44 和图 2.45 所示。

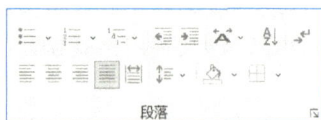

图 2.44　"段落"选项组

图 2.45　"段落"对话框

（1）段落对齐方式设置

在默认情况下，段落文本是两端对齐。首先选中要设置对齐方式的段落，或者将光标置于段落中任意位置，然后单击"开始"选项卡"段落"选项组中相应的对齐按钮，也可以打开"段落"对话框，选择"缩进和间距"选项卡，在"常规"区域的"对齐方式"下拉列表中选择相应的对齐方式。

（2）段落缩进设置

设置缩进可以增强文档的层次感，提高可阅读性。

1）左缩进。段落相对于左边距左右伸缩（缩进量为正值时向右缩短，缩进量为负值时向左伸展），但此时段落右侧相对于右边距没有变化。右缩进则相反。

2）首行缩进。选择该选项可设置段落首行第一个字符的起始位置距离其他行左侧的缩进量。

3）悬挂缩进。选择该选项可设置段落中除首行外的其他行距离左边距的缩进量。

设置段落缩进一般是在"段落"对话框中实现的。在图 2.45 所示的"缩进"栏中，"左侧"和"右侧"的微调框用来设置左右缩进量，在"特殊"下拉列表中选择"首行缩进"或"悬挂缩进"选项，在"缩进值"文本框中可以输入具体的值。

也可利用文档上的标尺或者单击"段落"选项组中的相应按钮来实现段落缩进。

（3）行距和段间距设置

行距是字体连续行的基线间的距离。在 Word 中，行距是选中一行文字时背景所占的高度。Word 中有两种行距：一种是倍数行距，如常用的单倍行距、1.5 倍行距等；另一种是磅数行距。在"段落"对话框"间距"区域、"行距"下拉列表中都可以设置行距，如图 2.46 所示。其中，"单倍行距""1.5 倍行距""2 倍行距""多倍行距"是倍数行距，"最小值"和"固定值"是磅数行距。使用倍数行距的优势是：无论倍数行距多小，都能保证文字或嵌入式图片显示完整。磅数行距是绝对行距，不受行网格的影响，也不受"如果定义了文档网格，则对齐到网格"选项的影响。如果磅数行距设置得过小，则文字或嵌入式图片会显示不全。

其中倍数行距与行网格有密切关系，行网格类似作业本的行线，就是对页面版心的均匀划分。此处页面版心的定义为除去上、下、左、右边距后的页面中间区域。如果要让页面网格线显示出来，则可以选择"布局"选项卡，在"排列"选项组中单击"对齐"下拉按钮，选择"查看网格线"或"网格设置"选项，进行详细设置，这时页面会出现网格线，如图 2.47 和图 2.48 所示。

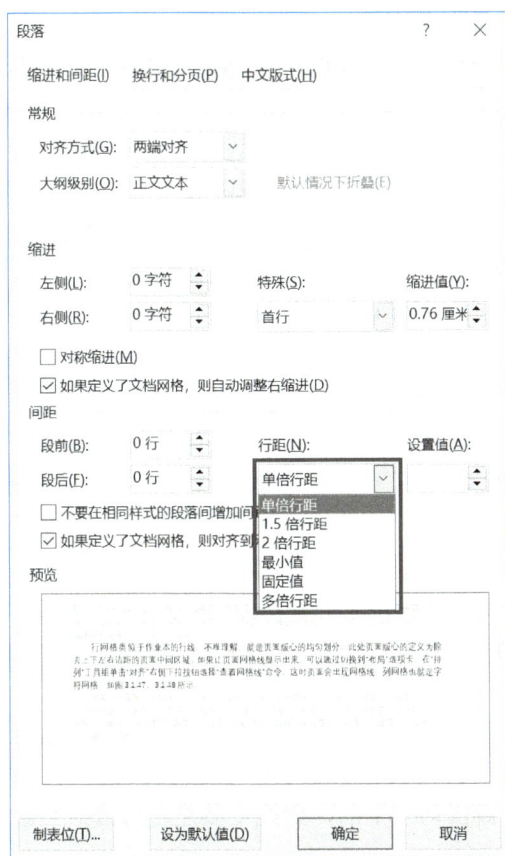

图 2.46　设置行距

图 2.47　查看网格线

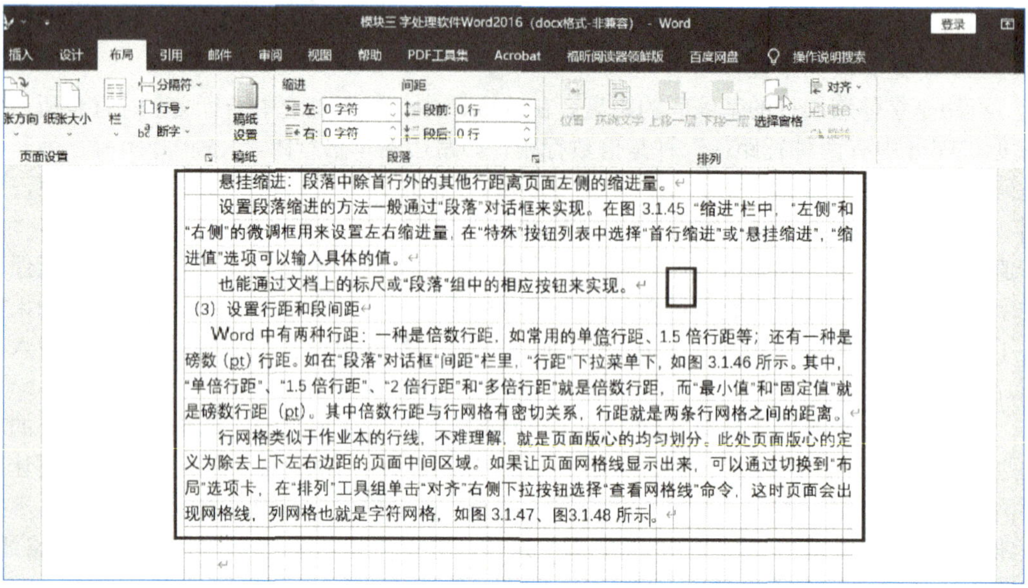

图 2.48　显示网格线

当页边距固定时，每页的最小行跨度取决于正文字体的大小，Word 软件会设置默认的值。以本任务文档为例，正文字号为四号，对应的磅值为 14，这个字号大小就是最小的行距（理论上），因为再小就无法显全文本，但实际上不可能把行距设为和字号相同，因为这样设置会使上下两行紧挨在一起。最小的行距值应该比字号大一些，这样行与行之间才会有一定的空隙。可以在"页面设置"对话框"文档网格"选项卡中查看和修改文档网格设置，如图 2.49 所示。可以看到，调整间距值，即当最小行距为 15.6 磅时，行数不会多于44，如果间距值变小，则最大行数会变多。从图 2.49 中还可以看到，行数可以为 1～48；同样，也可以调整"每页"值，也就是行数，这时间距值会相应改变。例如，当把"每页"值改为 30 时，效果如图 2.50 所示，可以将图 2.50 和图 2.48 进行对比。可以这样来算，首先把系统的度量单位调成磅，以方便查看和计算，用页面的高度（须减去上下边距 144 磅，剩下 697.9 磅）除以 10.5 磅，可以得出最多行数为 66 行，但这只是理论值，最小行距会比字号大些，如果用高度 697.9 除以 15.6，则结果约等于 44，就会得出如图 2.49 所示的参数效果。

如果在页面设置中未定义行网格（指定页面有多少行时，就会出现行网格）或者未勾选"段落"对话框中的"如果定义了文档网格，则对齐到网格"复选框，则行距=字号磅值×1.3=单倍行距。

如果定义了行网格，并且勾选了"如果定义了文档网格，则对齐到网格"复选框，则此时的行距大小就不等于字号磅值乘以 1.297，此时的行距通常称为行跨度。行跨度大于未定义行网格的行距，行跨度的大小是根据行数自动产生的，因此不要进行修改。当然，也可以指定字符网格，规定一行中显示多少个字符。

如果指定了行网格，且指定了字符网格，就会像稿纸，但没有格子线。设定文字对齐字符网格的好处是可以优先让字符进入网格，标点除外。在图 2.49 所示的"网格"选项组中依次单击"文字对齐字符网格（X）"单选按钮和"绘图网格"按钮，或选择如图 2.47 所示的"网格设置"选项，都可以打开"网格线和参考线"对话框。

图 2.49　文档网格设置

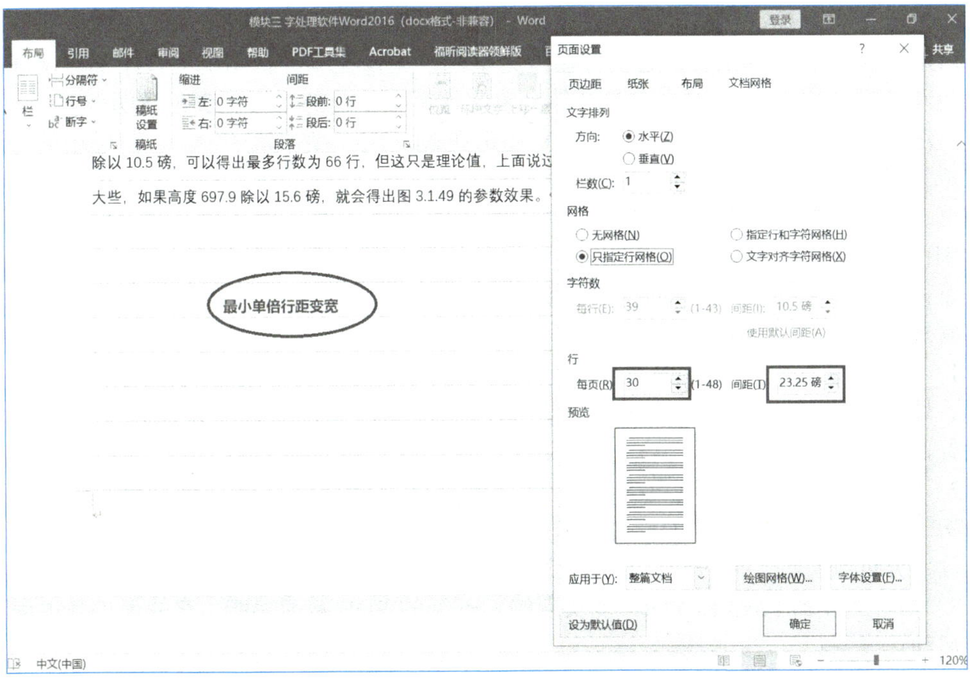

图 2.50　调整最小单倍行距

网格设置不会影响行网格和字符网格，但行网格和字符网格会影响绘图网格。

把网格设置中水平间距设为 1 字符（等于指定的字符网格宽度），垂直间距设为 1 行（等于行跨度的高度），也可以重新自定义。显示网格是以上面绘制的网格设置为单元，如果垂直间隔为 2、水平间隔为 2，那就表示在垂直和水平方向显示 4 个单元网格的大小。

段间距是指相邻两个段落之间的距离。选中一个段落或把光标定位到该段落任意位置，打开"段落"对话框，选择"缩进和间距"选项卡，在"间距"选项组中可以通过设置"段前""段后"参数值来调整段间距。此外，也可以单击"开始"选项卡"段落"选项组中的"行和段落间距"按钮来进行段间距调整。

6. 适当调整项目符号、编号和其后文字的间距

在给段落添加项目符号或者编号后，如果发现它和后面文字的间距不合适，就需要把光标定位到含有编号或项目符号的段落中，右击打开快捷菜单，选择"调整列表缩进"选项，在打开的"调整列表缩进量"对话框中进行调整即可。

微课：项目编号的应用

7. 快捷键的使用

快捷键也称热键或快速键，是指通过某些特定的按键、按键顺序或按键组合来完成相应操作。快捷键往往与 Ctrl 键、Shift 键、Alt 键、Fn 键及 Windows 键等配合使用。

在实际处理文字的工作中，用快捷键代替鼠标操作可有效提高工作效率。

8. 由 Word 文档生成 PDF 文件

工作中常见的文档，除 Word 创建的扩展名为.docx 的文件外，还有一种扩展名为.pdf 的文件。PDF（portable document format，便携式文档格式）文件如何打开？与 Word 文档相比，PDF 文件有什么优势？下面来进行分析。

PDF 文件以 Post Script 语言图像模型为基础，无论在哪种打印机上打印都可保证精确的颜色和准确的打印效果，即 PDF 文件会忠实地再现原稿的字符、颜色及图像。

PDF 文件无论是在 Windows、UNIX 还是在 Mac OS 操作系统中，都是通用的。这使得它成为在互联网上进行电子文档发行和数字化信息传播的理想文档格式。越来越多的电子图书、产品说明、公司文告、电子邮件开始使用 PDF 文件。对于普通用户而言，用 PDF 文件制作的电子文档具有纸质书的质感和阅读效果，可以逼真地展现纸质书的面貌，还可以任意调节显示大小，提供个性化的阅读方式。

常见的 PDF 阅读器如下。

1）Adobe Reader 中文版是 Adobe 官方出品的阅读器，用户使用该阅读器可以阅读 PDF 文档、填写 PDF 表格、查看 PDF 文件信息、快速编辑 PDF 文档。它的优点是稳定性和兼容性好，缺点是体积庞大、启动速度慢。

2）金山 PDF 是一款功能强大、操作简单的 PDF 编辑器。它支持快捷键编辑，快速修改 PDF 文档内容，并支持 PDF 文档和图片等多种文档格式的转换，还支持全文翻译、全屏阅读、分页预览等，同时提供高亮下划线、批注涂改液等功能。

3）福昕阅读器 Foxit Reader，能实现绝大部分的 PDF 阅读功能。它的优点是占用内存小、启动速度快。

PDF 文件的优势：不依赖操作系统的语言、字体及显示设备，不会出现排版错乱的问题；兼容性好，文件是只读模式的，安全性高。正是因为 PDF 文件具有这些优点，所以一般正式的文件均采用 PDF 格式。将文件先转换成 PDF 格式再打印，可以防止排版错乱。

在 Word 2016 软件中，有多种生成 PDF 格式文件的方法，具体操作如下：①选择"文件"→"另存为"→"浏览"选项，在打开的"另存为"对话框中选择保存位置，将"保存

类型"设为"PDF"即可,如图 2.51 所示;②当计算机上装有 PDF 阅读器或相关软件时,在 Word 2016 软件功能区会出现相关的选项卡(如果没有出现,则选择"文件"→"选项"→"自定义功能区"选项进行添加),如图 2.52 所示,选择任意一个选项卡,都有相应的"导出为 PDF"按钮。

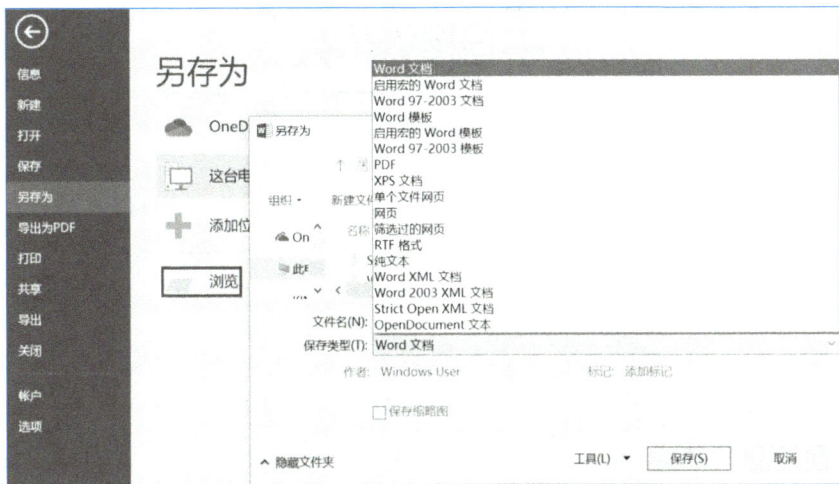

图 2.51 另存为 PDF 格式文件

图 2.52 PDF 相关选项卡

任务拓展

1. 任务要求

完成如图 2.53 所示的红头文件。

2. 任务实施

(1)设置标题格式

1)打开"中国数学会.docx"素材文件,设置发文单位"中国数学会"的格式为"方正小标宋简体、初号、红色、居中"。

2)设置公文标题"中国数学会关于数学学术评价的意见"的格式为"方正小标宋简体、小二号",设置段落格式为"居中""段前 2 行,段后 1 行",设置行距为"单倍行距"。注意,如果没有相应的字体,则需要安装字体后重启软件才能生效。

(2)设置正文部分格式

1)选中剩下的正文部分,先设置文本格式为"宋体、小四号",设置行距为"固定值、22 磅",再单独设置第一段格式为首行缩进 2 字符,最后的单位名称"中国数学会"和日期设为右对齐。

2）为列出的四条意见所在的段落添加编号，样式为"1.2.3."。

（3）插入红线

在发文单位下面插入一条直线，设置线条类型为"实线"，设置颜色为"红色"，设置宽度为"6 磅"，设置复合类型为"由粗到细"。

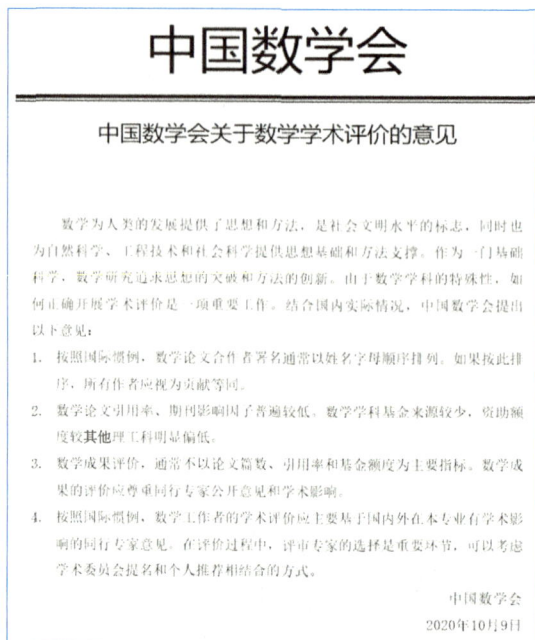

图 2.53　红头文件

任务 2.2　编辑"招聘"启事

📖 任务描述

"招聘"启事主要用于呈现招聘要求，是用人单位面向社会公开招聘有关人员时使用的一种应用文书。本任务要求制作如图 2.54 所示的"招聘"启事，通过插入背景图片，利用艺术字、文本框等实现内容突出、图文并茂的效果。

📖 任务目标

1. 掌握图片、艺术字、文本框等对象的使用方法和技巧。
2. 能够制作图文并茂、有视觉感染力的文档。
3. 提升美学修养与艺术修养，兼顾设计的整体性与协调性、艺术性与装饰性。

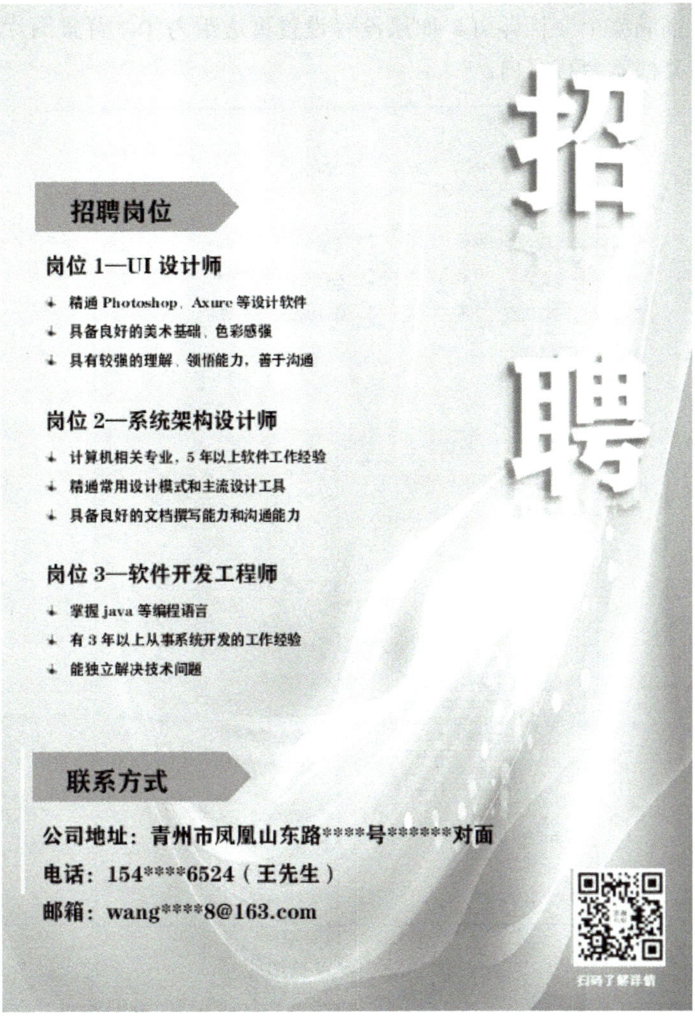

图 2.54　"招聘"启事最终效果

💻 **任务实施**

1. 设置页边距和插入背景图片

（1）设置页边距

新建 Word 文档，调整文档的页面设置，单击"布局"选项卡"页面设置"选项组中的"页边距"下拉按钮，在下拉列表中选择"自定义边距"选项，打开"页面设置"对话框，选择"页边距"选项卡，将上、下、左、右页边距都设置为 0，如图 2.55 所示。

（2）插入背景图片

单击"插入"选项卡"插图"选项组中的"图片"按钮，打开"插入图片"对话框，选中相应的背景图片素材，单击"插入"按钮即可，如图 2.56 所示。

此时，图片的高宽比不一定和 A4 文档一致，因此需要调整或裁剪图片，这里不再赘述，最终使图片铺满整个文档即可。如果没有设置页边距为 0，背景图片没有铺满文档，那么打印出来的文档就会有空白。

图 2.55　设置页边距

图 2.56　插入背景图片

2. 编辑招聘内容

（1）编辑"招聘"二字

首先插入一个文本框用于输入"招聘"二字，然后单击"插入"选项卡"文本"选项组中的"文本框"下拉按钮，在下拉列表中选择"内置"选项下的"简单文本框"即可，如图2.57和图2.58所示。

图2.57 插入"简单文本框"用于输入"招聘"二字

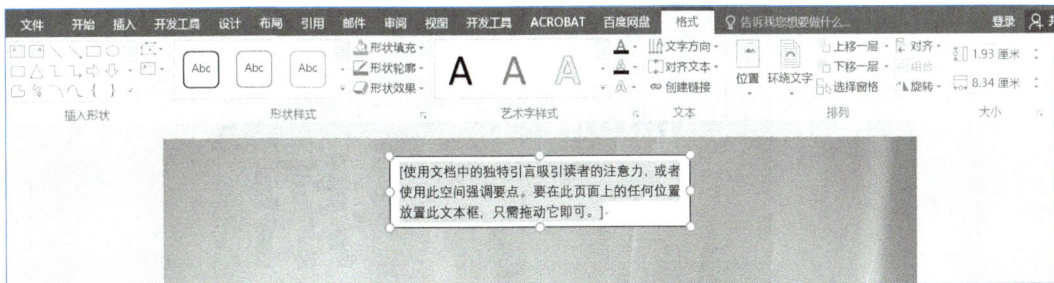

图2.58 插入的"简单文本框"

将图2.58中的文本框移动到合适的位置并调整大小，在文本框中输入"招聘"二字，每个字占一行，调整字体格式为"方正粗黑宋简体"，设置文字大小为"130"。这时需要调整文本框为透明，以显示出背景：首先选中文本框，在绘图工具/格式选项卡"形状样式"选项组中单击"形状填充"下拉按钮，然后在下拉列表中选择"无填充颜色"选项，即可显示出背景，如图2.59所示。在图中可以看到，文本框边框是黑细线，这时还需要把它去掉：首先在"绘图工具/格式"选项卡"形状样式"选项组中单击"形状轮廓"下拉按钮，然后在下拉列表中选择"无轮廓"选项，即可去掉边框黑细线，如图2.60所示。当然还可以设置文本框的"形状效果"，本任务中不作改动。还需要对"招聘"二字进行其他设置，以便实现如图2.54所示的最终效果。先选中"招聘"二字作为文本对象，在"绘图工具/格式"选项卡"艺术字样式"选项组中进行文本设置，先单击"文本填充"下拉按钮，选择主题颜色为"白色"，再单击"文本轮廓"下拉按钮，选择"无轮廓"选项，最后设置文本效果。

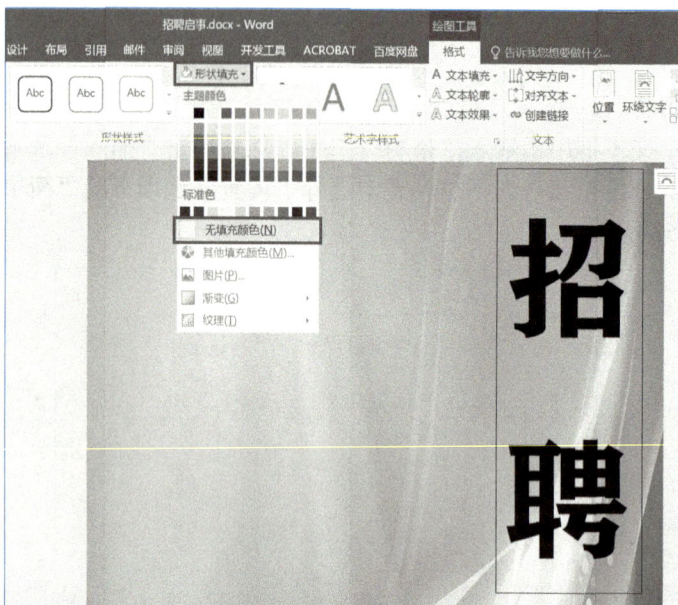

图 2.59 调整文本框为透明"无填充颜色"

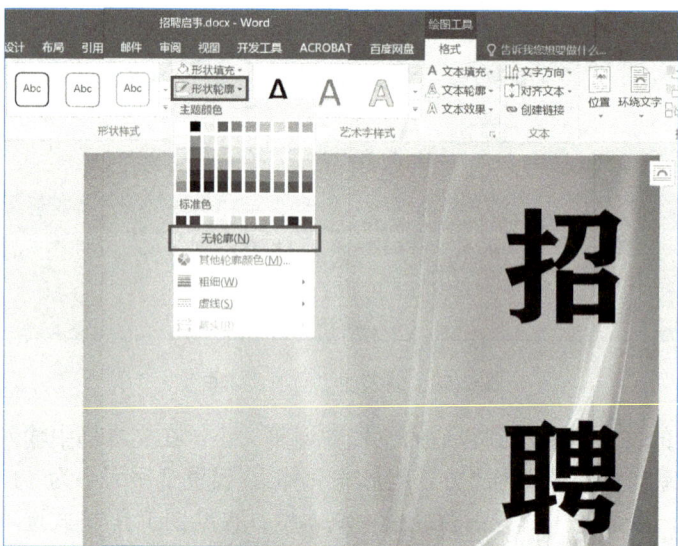

图 2.60 调整文本框为"无轮廓"

可以根据自己的喜好进行自主设置,这里的设置仅供参考。单击"文本效果"下拉按钮,在下拉列表中有多个子选项,如阴影、映像、发光、棱台等,每个子选项中都有预设的选项,值默认是固定的,也可以根据需要进行调整。现在以"阴影"子选项为例来进行说明,单击"文本效果"下拉按钮,在"阴影"选项中可以选择系统预设的选项,这里选择"外部"→"右下斜偏移"选项,可以看到文字有阴影变化。如果想要自己调整阴影,则选择"阴影选项"选项,如图 2.61 所示。在文档的右侧打开"设置形状格式"窗格,如图 2.62 所示。在图中可以看到,设置形状格式的详细界面包括"形状选项"和"文本选项",这里因为是在选中文本后选择了"阴影"选项,所以会自动展开"文本选项""文本效果"

下的"阴影"选项，这时可以对"阴影"选项进行详细设置。"预设"下拉列表中的每个阴影效果对应的"透明度""大小""模糊""角度""距离"等选项的默认值均是固定的，可以根据具体需要进行调整。在这里设置"预设"选项为"右下斜偏移"，然后按图中的值对细节进行改动，将"透明度""大小""模糊""角度""距离"选项的值分别改为60%、100%、4磅、138°、6磅。可以单独设置"颜色"选项，它对应的是阴影的颜色，这里设为红色。可以看到左侧文档中"招聘"二字的效果已十分接近最终效果。

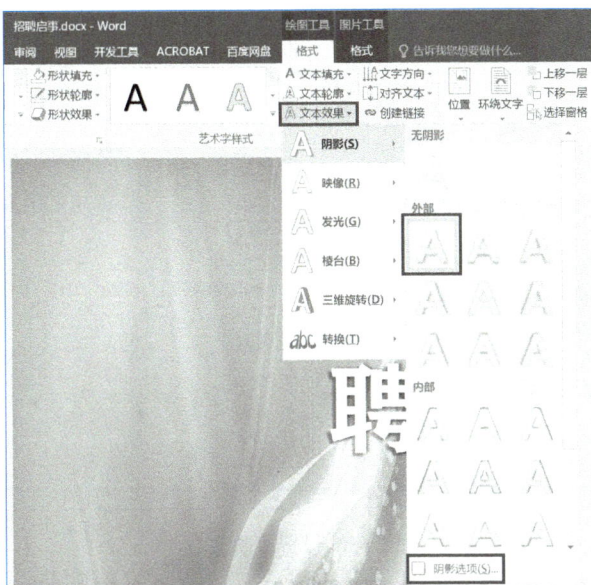

图 2.61　设置阴影

图 2.62　展开阴影详细设置界面

保持文本被选中的状态，依次在展开的阴影选项设置界面中设置"映像""发光""柔化边缘""三维格式""三维旋转"等选项的值，在"映像"选项中把"预设"设为"紧密映像：接触"，将"透明度""大小""模糊""距离"的值分别改为59%、56%、0磅、0磅，如图2.63所示。可以看到，左侧文档中的"招聘"二字出现倒影效果。

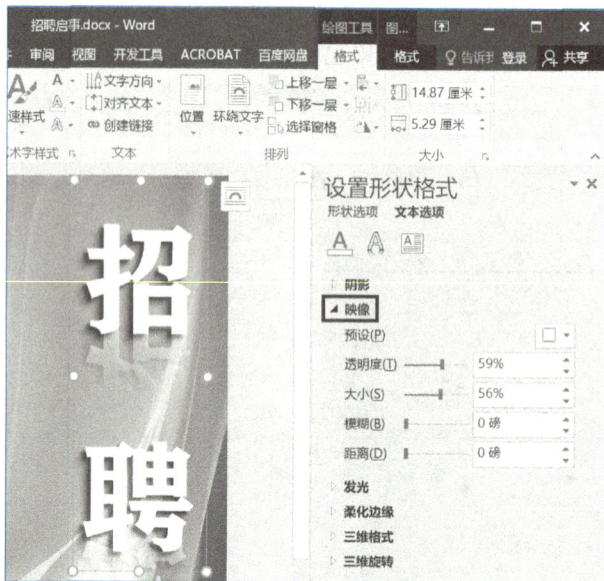

图 2.63　设置"映像"

可以根据自己的需求按照以上方法设置"发光"和"柔化边缘"两个选项，这里不再展开介绍。然后设置"三维格式"中的"光源"为"暖调：日出"，如图2.64所示。

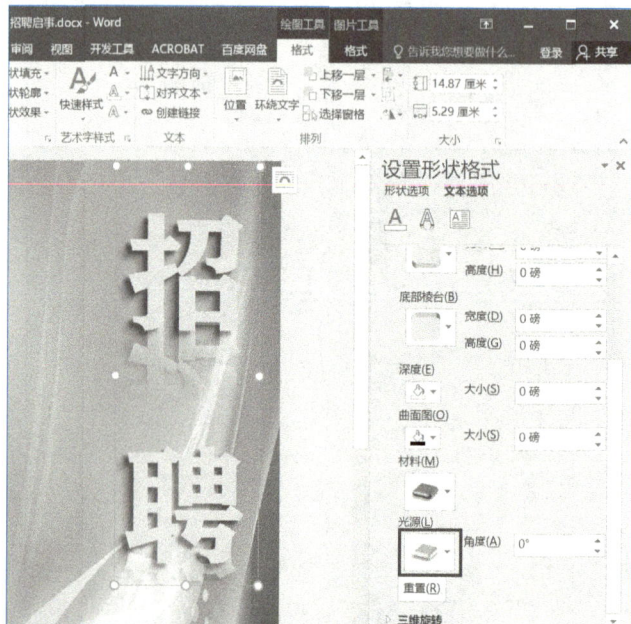

图 2.64　设置"光源"

在"三维旋转"区域设置"预设"为"右透视"，不再改动其他参数，如图2.65所示。

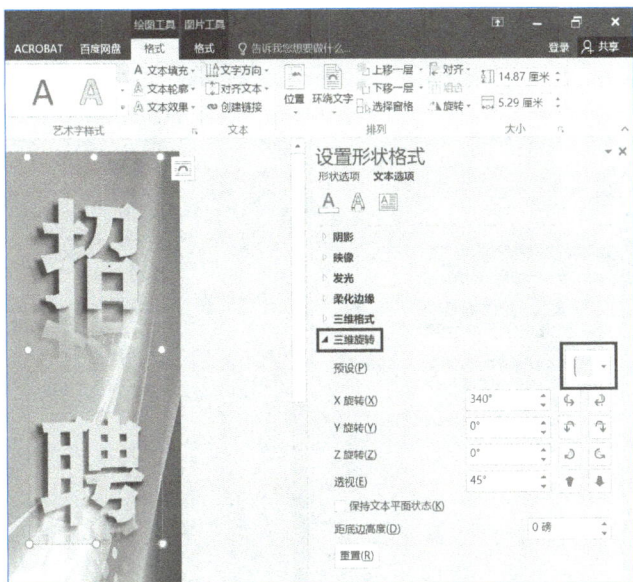

图 2.65　设置"三维旋转"

（2）编辑"招聘岗位""联系方式"的内容

编辑和美化"招聘"二字后，还须在文档背景图片的左下部分编辑"招聘岗位""联系方式"的内容。这里用文本框来实现，以上两个板块各需要插入一个文本框来实现，为方便起见，两个文本框选择相同的样式。在"插入"选项卡中，单击"文本框"下拉按钮，在内置文本框中选择"基本型提要栏"文本框，如图 2.66 所示，此时在背景照片上会出现一个文本框，如图 2.67 所示。

注意：添加文本框时，不要选中背景图片，不要选中任何对象，避免出现一些意外情况。

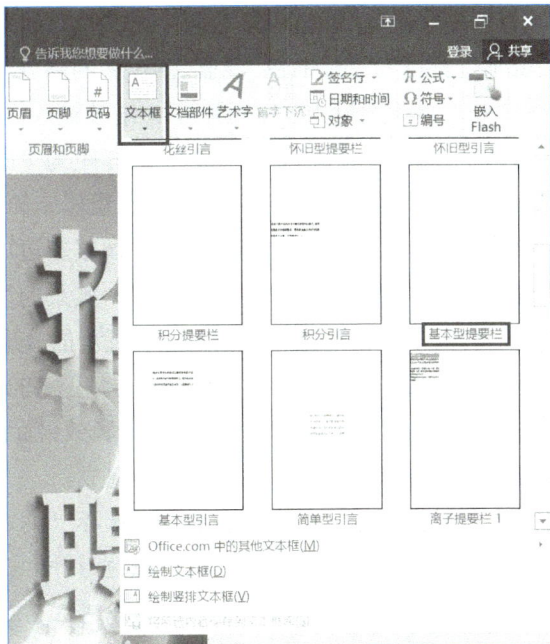

图 2.66　选择"基本型提要栏"文本框

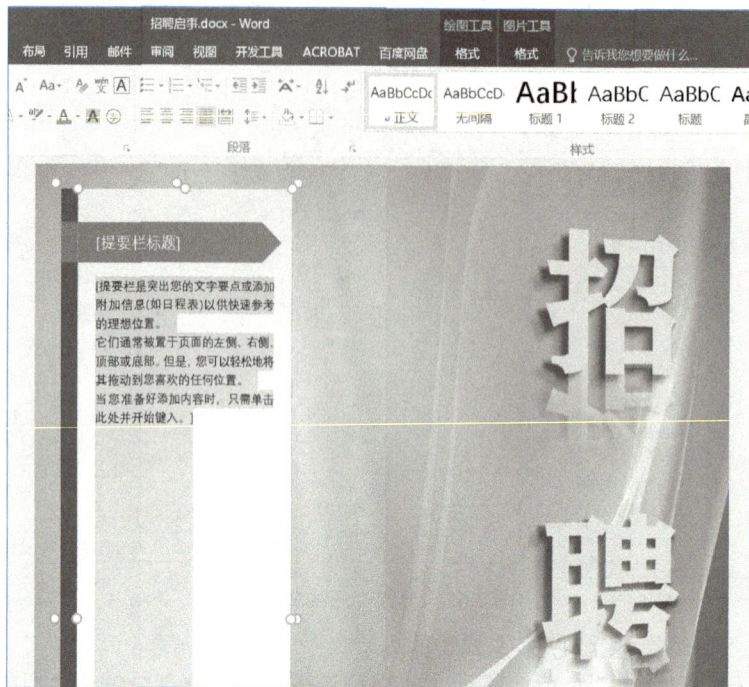

图 2.67 插入的"基本型提要栏"文本框

此时文本框的大小和位置都需要调整，调整文本框的方法与调整图片的方法类似。这里的文本框由三部分组成：最上边的部分是标签，在其中可以输入文本；中间部分也可以输入文本；最下面的部分是背景层。可以调整这三部分的大小及位置。首先编辑"招聘岗位"内容，在标签部分输入"招聘岗位"四个字，设置字号为"二号"、字体颜色为"黑色"，将标签部分设置"形状填充"颜色为"标准色 浅蓝"；在中间部分输入文本"岗位 1——UI 设计师"，设置字号为"小二"、字体颜色为"黑色"；继续输入"岗位 1——UI 设计师"的岗位要求，设置字号为"小四"、字体颜色为"黑色"、行距为"固定值，24 磅"，并设置项目符号为 ；设置中间部分所有文本的字体为"方正粗黑宋简体"；将中间部分设置成透明效果，设置"形状填充"格式为"无填充"即可；调整左边矩形框的大小，并设置"形状填充"格式为"金色 个性 4，淡色，60%"；继续输入其余的岗位及岗位要求，并按照"岗位 1——UI 设计师"的效果进行设置。完成上述设置后的效果如图 2.68 所示。

用相同的方法或者复制图 2.68 中的文本框，用于编辑"联系方式"的内容。复制时，要选中最下面一层的对象进行复制。"联系方式"具体内容和效果如图 2.54 所示。最后在文档右下角插入二维码，并在其下方标注。至此，本任务完成。

注意：如果不选择"基本型提要栏"文本框，则可以选择"插入"→"形状"→"箭头：五边形"选项，拖动鼠标实现相同效果，然后选中五边形并右击，在打开的快捷菜单中选择"添加文字"选项，把文字"招聘岗位"等添加到合适位置即可。

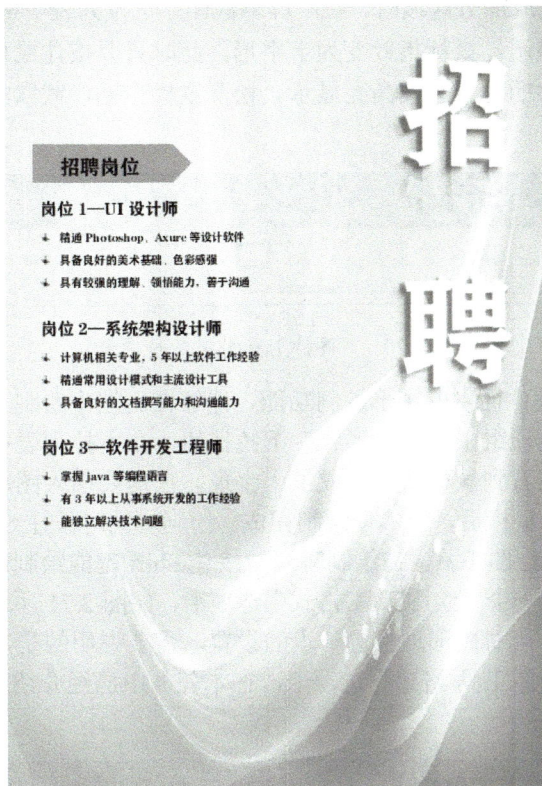

图 2.68 编辑"招聘岗位"内容

相关知识

1．插入对象

在"插入"选项卡下有多种选项组，如页面、表格、插图、加载项、媒体、链接、批注、页眉和页脚、文本、符号等，如图 2.69 所示。

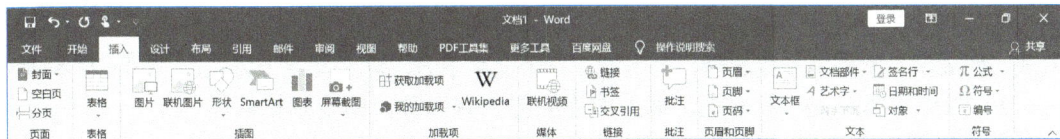

图 2.69 "插入"选项卡

在本任务的任务实施中已涉及很多选项的使用，它们的使用方法大同小异。例如，当插入图片后，在功能区会增加一个"图片工具/格式"选项卡，此选项卡下面包含很多选项组，利用这些选项组中的功能可对插入的图片进行进一步操作，如图 2.70 所示。

在"插入"选项卡"插图"选项组中有"屏幕截图"选项，使用该功能可以方便快捷地截取屏幕图像，并且将其直接插入文档定位点处。单击"屏幕截图"下拉按钮，在打开的下拉列表中有当前的活动窗口缩略图，选中其中一个缩略图，即可将此窗口截图插入文档定位点处。当需要截取部分区域时，在"屏幕截图"下拉列表中选择"屏幕剪辑"选项，使整个屏幕变为朦胧显示，鼠标指针变为十字形，此时只要按住鼠标左键并拖动选择相应的截取区域即可，选中的区域会被高亮显示。松开鼠标左键，截取的图像会自动插入文档定位点处。

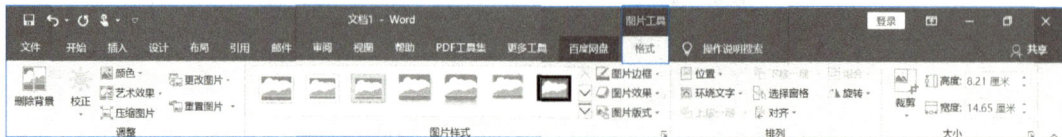

图 2.70 "图片工具/格式"选项卡

利用 Word 2016 软件提供的图形绘制功能，能够在文档中绘制各种图形形状。在"插入"选项卡"插图"选项组中单击"形状"下拉按钮，在下拉列表中选择一种形状的绘图工具，这时在文档中会看到鼠标指针变成了十字形，在需要插入图形的地方按住鼠标左键并拖动绘制即可，松开鼠标后，图形便绘制完成。绘制时同时按住 Shift 键，可绘制出特殊图形。例如，选择椭圆绘图工具，在绘制时同时按住 Shift 键能绘制出标准圆。绘制完图形后，在功能区中将增加一个"绘图工具/格式"选项卡，如图 2.71 所示。利用此选项卡中的相应选项组中的功能，可对图形进行进一步的设置。需要说明的是，在插入艺术字、文本框时，同样会出现"绘图工具/格式"选项卡，在本任务中已经介绍过文本框的使用方法，这里不再赘述。

图 2.71 "绘图工具/格式"选项卡

2. 图片排版

如何在 Word 2016 软件中排版图片？下面对此进行详细介绍。

1）图片的布局。插入图片并选中后，在"图片工具/格式"选项卡"排列"选项组中进行设置。按文字环绕方式一般可将图片的布局分为七种：嵌入式、四周型、紧密型、穿越型、上下型、衬于文字下方、浮于文字上方。

微课：图文混排

2）图片的插入。一般来说，插入图片的方式有四种，即复制粘贴图片、直接将图片拖动到文档、在"插入"选项卡中选择相应选项、复制图片再选择"粘贴"选项。这里采用后面两种方法。

3）图片的选中。有时需要将图片叠加在一起，或者将图片设置为"衬于文字下方"，如何方便地选中图片呢？可以选择"开始"→"选择"→"选择窗格"选项，在打开的"选择"窗格中会列出当前页面的图片，单击即可选中相应图片，若同时按住 Ctrl 键，则可以选中多张图片。

4）单张图片的移动。要想移动单张图片，需要把图片默认的嵌入型方式改成其他类型，即可拖动图片。按 Ctrl+方向键，可以微调图片的位置。拖动图片时，移动距离单位是网格线间距，因此将网格线垂直间距和水平间距设为最小值，这样在拖动图片时会很流畅。

　　注意：因为嵌入型图片相当于一个字符，它受制于行距，如果垂直间距和水平间距太窄，则图片会只显示一条边，因此要注意行距的设置。使用磅数行距时。还可以用复制粘贴方法来移动图片。

　　5）多张图片的移动。选中多张图片，按上述方法移动即可。需要注意的是，当文字环绕方式发生改变后，图片有可能改变位置。如果是复制多张图片，则需要先选中多张图片，再用图文场功能来移动图片，具体操作如下：同时选中多张图片，按 Ctrl+F3 快捷键，将所有图片存储在图文场中，将光标定位到目标位置，选择"插入"→"文档部件"→"自动图文集"选项，找到目标图片并选中。使用 Word 软件自带的剪贴板也可复制图片，具体操作如下：选中要移动的多张图片，把光标定位到目标处，单击"开始"选项卡"剪贴板"选项组中的对话框启动器按钮，在侧边栏中选择"全部粘贴"选项。

　　6）多张图片的一次相同操作。利用"查找和替换"功能可以一次对所有图片进行相同的操作，如把所有图片都居中，前提是所有的图片都必须是嵌入式的。把光标定位到文档中，不要选中其他对象，按 Ctrl+H 快捷键，打开"查找和替换"对话框，选择"查找"选项卡，在"查找内容"文本框中输入"^g"，或者单击"更多"按钮，在底部"特殊格式"下拉列表中选择"图形"选项，然后选择"替换"选项卡，将光标定位到"替换为"文本框中，在底部"格式"下拉列表中选择"段落"选项，设置对齐方式为"居中"，最后单击"全部替换"按钮即可实现所有图片的居中操作。

　　7）图编号的批量插入。文档中的图往往需要插入编号，当文档中的图片太多时，如果一个个地添加编号，则效率太低。此时可以利用"查找和替换"功能实现图片编号的批量插入。选中第一张图片，右击打开快捷菜单并选择"插入题注"选项，打开"题注"对话框，在系统提供的标签中选中一个标签，也可以新建标签，如新建"图 3."，则往后会按图3.1、图 3.2……编号，在编号后面加入图片介绍文字即可。给第一张图片加入编号"图 3.1"后，选中"图 3.1"，按 Alt+F9 快捷键或右击，在打开的快捷菜单中选择"切换域代码"选项，切换到域代码状态。选中域代码（这里不包含后面的图片介绍文字），按 Ctrl+C 快捷键进行复制，再按 Ctrl+H 快捷键打开"查找和替换"对话框。在"查找内容"文本框中输入"^g"，在"替换为"文本框中输入"^&^p^c"，最后单击"全部替换"按钮。此时，所有图片下方均添加了编号。按 Ctrl+A 快捷键全选所有内容，再按 F9 键刷新，最后按 Alt+F9快捷键或右击打开快捷菜单选择"切换域代码"选项，切换至正常状态，完成图片的编号设置。

　　代码解析：^g 表示图片；^& 表示要查找的内容；^p 表示换行符（也就是换一行）；^c表示剪切板的内容（即复制的代码内容）。

　　通过上述方法为图片批量添加编号后，图片的编号可以按照顺序自动更新。例如，如果想删除第二张图片及其题注，则原来的"图 3.3"应该变为"图 3.2"。删除第二张图片及其题注后，只需先按 Ctrl+A 快捷键全选，再按 F9 键或右击打开快捷菜单选择"更新域"选项，就可自动更新编号。

🔷 任务拓展

1. 任务要求

完成如图 2.72 所示的效果，以此来拓展和巩固本任务所涉及的知识。

【遗传学奠基人】

任何一门学科的形成与发展，总是与当时热衷于这门科学研究的杰出人物紧密相关，遗传学的形成与发展也不例外，孟德尔就是遗传学的奠基人。他揭示了遗传学的两个基本定律——分离定律和自由组合定律。他孤立于当时的科学界，取得突破性成果却终未被学界承认；他的工作几十年后尚不为同一学科的诺贝尔奖得主所理解；对于他发现的貌似简单的理论，大多数学过其理论的人都没意识到其高度；他是不为利益做研究的纯粹科学家，身后却被疑造假，遭遇不公。

【有准备的头脑】

1822 年出生的孟德尔，是动脑筋研究生物的典范。

孟德尔研究成功的关键是研究得法。他设计实验、选择性状、收集大量实验数据。而他看见 3∶1 的比例后，创造性地倒推出遗传的规律。

孟德尔之前的 Goss 和 Seton、孟德尔同代的达尔文（1809～1882 年）都做过同样的实验，甚至得到同样的结果，但只有孟德尔推出正确的遗传学规律，开创现代遗传学。

【幸遇伯乐】

孟德尔在科学研究过程中碰到了伯乐。

欣赏和支持孟德尔的人不止一位。但是，给予孟德尔最有力、最持久、最重要支持的，是修道院的院长纳泊（Napp，1792～1867 年）。

布尔诺奥古斯丁修道院，孟德尔创立现代遗传学的地方

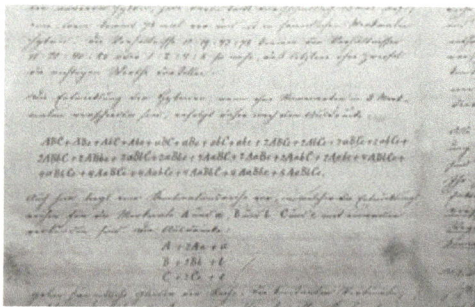

孟德尔论文手稿

在孟德尔第一次中学教师资格考试没通过后，纳泊送孟德尔到维也纳大学进修，早年孟德尔曾进入大学学习，但因家境变故而辍学，而这次孟德尔因考试不及格而获得进修机会。1851～1853 年，孟德尔在维也纳大学学了物理、数学、植物、动物等知识。进修的经历为其今后的研究打下了坚实的知识基础。

【孟德尔的精神遗产】

孟德尔以天生的才能、青年的果断和壮年的坚持，在困难中成长，在失败中坚守，最终在有限的环境中做出了超越时代的发现。

孟德尔的成就，一百多年来催生了多个现代科学学科。首先是开创了遗传学。20 世纪遗传学与生物化学结合，并与微生物、生物物理学交叉，在 1940 年催生了分子生物学。1970 年诞生的重组 DNA 技术，全面改观了生命科学，分子生物学深入从医学到农业各领域，带来多个学科的变革，而人类遗传学、基因组学、生物信息学是其直接传承。

在应用上，遗传学带来了 20 世纪绿色革命，对于解决全人类食物问题起了很大作用。遗传学、分子生物学和重组 DNA 技术奠定了现代生物技术的基础，催生了生物技术产业。

图 2.72　"孟德尔诞辰 200 周年——机遇不青睐没有准备的头脑"最终效果

2. 任务实施

（1）页面设置与标题、正文设置

打开"孟德尔诞辰 200 周年——机遇不青睐没有准备的头脑"素材文件，设置页边距

上、下、左、右均为"20磅"，在"遗传学奠基人""有准备的头脑""幸遇伯乐""孟德尔的精神遗产"章标题两侧插入符号【】，并设置文字格式为"宋体，小三"，设置段落格式为单倍行距。设置正文部分文字格式为"宋体，小四"，设置段落格式为单倍行距。

（2）插入艺术字并设置格式

1）插入艺术字，设置其样式为"填充：蓝色，主题色1；阴影"、文字方向为"垂直"、文本对齐方式为"右对齐"、环绕文字为"四周型"。在插入的艺术字文本框中输入"孟德尔诞辰200周年"和"机遇不青睐没有准备的头脑"。

2）选中文字"孟德尔诞辰200周年"，设置文字格式为"黑体，一号，加粗"，选中文字"200"，设置其样式为"填充：白色；轮廓：蓝色，主题色5；阴影"。

3）选中文字"机遇不青睐没有准备的头脑"，设置文字格式为"华文行楷，三号"。

4）选中艺术字区域，设置其边框的形状样式为"彩色轮廓-金色，强调颜色4"。

5）适当调整艺术字区域的位置和大小，实现如图2.72所示的效果。

（3）插入图片

1）在文档合适位置插入图片，设置环绕文字为"四周型"。

2）在"【遗传学奠基人】"等章标题右侧插入图片"豌豆"，调整其大小和位置，并设置为"浮于文字上方"，然后把该图片的背景色设为透明，只显示豌豆部分，最终实现效果如图2.72所示。

任务 2.3　制作个人简历

☞ **任务描述**

　　一份吸引人的个人简历是求职时的加分项，它能帮助求职者在面试时获得更多关注。本任务要求利用页面布局功能和表格功能制作如图2.73所示的个人简历表。

☞ **任务目标**

1. 理解表格、行、列、单元格的概念。
2. 掌握创建表格的方法。
3. 掌握表格的格式化、表格快速布局页面、表格与文本的转换、表格中数据的运算等方法。
4. 实事求是，求真务实，勇于进行创新设计。

个人简历表

个人基本信息

姓名	张××	性别	女	
出生年月	2001.01	民族	汉	
籍贯	山东××	身高	165cm	
婚姻状况	否	电子邮件	88**888@qq.com	
政治面貌	群众	联系电话	187****8888	
QQ 号/微信号	8888888/sky_cloud			
家庭地址	山东省 ××市××市××街××小区 1 号楼			

学历背景

毕业院校	××工程大学	毕业时间	20××.07
专　业	计算机科学与技术	学历/学位	本科/工学学士
主修课程	计算机网络技术、JavaScript+jQuery、数据库系统开发与设计、HTML5+CSS3、PHP动态网站技术、响应式网站开发Bootstrap		

求职意向

Web 前端开发/网页制作

工作经验

2021.09~2021.12 ××软件公司跟岗实习，从事网页制作工作。
2022.01~2022.06 ××软件公司顶岗实习，从事网站设计制作工作。

技能证书

证书名称	获取时间	证书等级	发证单位
Web 前端开发	20××.06	初级	工业和信息化部
电子商务师	20××.09	高级	山东省人力资源和社会保障厅

自我评价

　　本人性格开朗、稳重，有活力，待人热情、真诚。工作认真负责，积极主动，吃苦耐劳；喜欢思考，虚心与人交流，有较强的组织能力、沟通能力和团队写作能力。IT行业是一个具有挑战性的行业，随着科技的不断发展，IT行业也在不断更新，要求从业人员不仅会工作，还会学习。我喜欢接受这种挑战，也愿意从事这方面的工作。

图 2.73　个人简历表

1.设置页面布局

新建一个 Word 文档,在"布局"选项卡"页面设置"选项组中设置纸张大小为 A4、左右页边距均为 2.5 厘米、上下页边距均为 2.8 厘米,也可以根据自己设置的个人简历版面大小进行调整。

微课:表格快速实现
页面排版

2.插入表格

1)单击"插入"选项卡"表格"选项组中的"表格"下拉按钮,在下拉列表中选择"插入表格"选项,如图 2.74 所示。打开"插入表格"对话框,如图 2.75 所示。在该对话框中设置列数值为 5、行数值为 25,单击"确定"按钮,即可插入一个 25 行 5 列的表格。

图 2.74　单击"表格"下拉按钮打开下拉列表

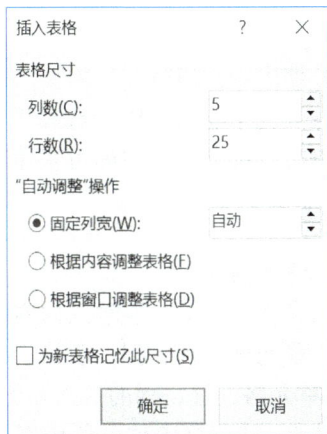

图 2.75　"插入表格"对话框

2)修改表格的结构。在创建的表格中,选中相应的单元格,在"表格工具/布局"选项卡"合并"选项组中选择"合并单元格"选项,合并单元格;也可以插入 2 列 25 行的表格,然后拆分单元格,实现对表格结构的更改;还可以在"绘图"选项组中利用"绘制表格"和"橡皮擦"工具实现对表格结构的更改。

3)设置背景颜色。选中要设置背景颜色的单元格,按住 Ctrl 键依次选中其他要设置背景颜色的单元格,在"表格工具/设计"选项卡"表格样式"选项组中选择"底纹"选项,填充"灰色,个性 3,淡色 60%",使单元格更加突出和醒目。

3.编辑简历内容

1)在相关模块输入文字内容,重点强调文字的加粗显示。
2)在右上角单元格中插入求职者的照片。

📖 **相关知识** ━━━━━━━━━━━━━━━━━━━━━━━━━━━━━━ ■

1. 创建表格

单击"插入"选项卡"表格"选项组中的"表格"下拉按钮，打开下拉列表，如图 2.74 所示。在列表中提供了创建表格的几种方式，具体如下。

（1）鼠标方式创建表格

在打开的下拉列表中，通过鼠标拖动的方式，选择需要插入表格的行数和列数，单击"确定"按钮即可。利用这种方式插入表格的行数和列数是有限制的，表格最大为 8 行 10 列。

（2）对话框方式创建表格

在打开的下拉列表中，选择"插入表格"选项，打开"插入表格"对话框，在该对话框中设置行数和列数后，单击"确定"按钮即可。

微课：表格的创建
与使用

（3）手动方式绘制表格

在打开的下拉列表中，选择"绘制表格"选项，鼠标指针会变成铅笔形状，此时按住鼠标左键并拖动，可以绘制表格的行、列和斜线。

（4）插入 Excel 电子表格

在打开的下拉列表中选择"Excel 电子表格"选项，可以插入空白的 Excel 电子表格。

（5）使用表格模板

在打开的下拉列表中，选择"快速表格"选项，在快速表格的级联列表中选择需要的样式，单击"确定"按钮即可快速建立带有样式的表格。

2. 编辑表格

（1）输入内容

插入表格后，单击要输入内容的单元格，即可输入内容。

（2）单元格、行、列、表格的编辑

1）单元格、行、列的插入与删除。

方法 1：将光标定位到要操作的单元格中，或者选中要操作的单元格、行或列，选择"表格工具/布局"选项卡，单击"行和列"选项组中相应的按钮，即可插入或删除单元格、行和列，如图 2.76 所示。

方法 2：单击"表格工具/布局"选项卡"行和列"选项组中的对话框启动器按钮，打开"插入单元格"对话框，在该对话框中进行相应的选择，可实现单元格、行、列的插入，如图 2.77 所示。

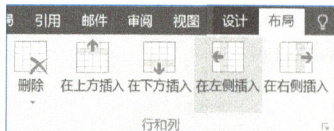

图 2.76　"行和列"选项组

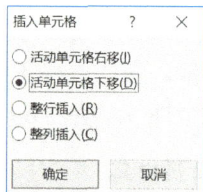

图 2.77　"插入单元格"对话框

方法 3：将光标定位到要操作的单元格中或者选中要操作的单元格、行、列，右击打开快捷菜单，在快捷菜单中选择对应的选项，同样可以实现单元格、行、列的插入或删除。

2）拆分单元格。

方法 1：将光标定位到要拆分的单元格中，右击打开快捷菜单，选择"拆分单元格"选项，打开如图 2.78 所示的"拆分单元格"对话框，在该对话框中设置需要拆分的行数和列数后，单击"确定"按钮即可。

方法 2：将光标定位到需要拆分的单元格中，单击"表格工具/布局"选项卡"合并"选项组中的"拆分单元格"按钮，如图 2.79 所示。打开"拆分单元格"对话框，在该对话框中设置单元格拆分成的行列数，单击"确定"按钮。

方法 3：将光标定位到表格中任意单元格中，单击"表格工具/布局"选项卡"绘图"选项组中的"绘制表格"按钮，如图 2.80 所示，光标变成铅笔形状后，按住鼠标左键在表格中拖动即可绘制线条，从而将单元格拆分成多个行或列。按 Esc 键或再次单击"绘制表格"按钮，可取消绘制状态。

3）合并单元格。

方法 1：在表格中选中需要合并的单元格，单击"表格工具/布局"选项卡"合并"选项组中的"合并单元格"按钮，如图 2.81 所示。

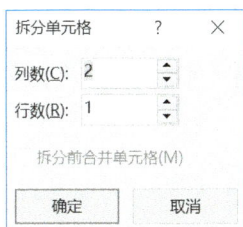

图 2.78　"拆分单元格"对话框　　图 2.79　单击"拆分单元格"按钮　　图 2.80　"绘图"选项组　　图 2.81　单击"合并单元格"按钮

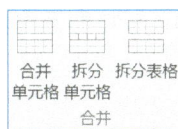

方法 2：在表格中选中需要合并的单元格并右击，在打开的快捷菜单中选择"合并单元格"选项。

方法 3：将光标定位到任意单元格中，单击"表格工具/布局"选项卡"绘图"选项组中的"橡皮擦"按钮，如图 2.80 所示，此时光标会变成橡皮擦的形状。这时在表格线上单击或者在表格线上拖动，可以把该线条擦除，从而实现单元格的合并。按 Esc 键或者再次单击"橡皮擦"按钮，可以取消擦除状态。

注意：在合并单元格时，如果单元格中没有内容，则合并后的单元格中只有一个段落标记；如果合并前每个单元格中都有文本内容，则合并后原来单元格中的文本将各自成为一个段落。在拆分单元格时，如果拆分前单元格中只有一个段落，则拆分后文本将出现在第一个单元格中；如果拆分前单元格中有多个段落，则拆分后文本将依次放置在各单元格中；如果段落超过拆分单元格的数量，则优先从第一个单元格开始放置多余的段落。

（3）拆分、合并表格

1）拆分表格。

方法 1：选中拆分位置所在行的任意单元格，单击"表格工具/布局"选项卡"合并"选项组中的"拆分表格"按钮。

方法 2：选中拆分位置所在行的任意单元格，按 Ctrl+Shift+Enter 快捷键即可。

2）合并表格。

合并表格比较简单，只需要将两个表格之间的空行删除即可。

（4）单元格设置

1）单元格大小的设置。

方法 1：选中要设置大小的单元格、行或列，在"表格工具/布局"选项卡"单元格大小"选项组中输入"高度"值和"宽度"值，也可以借助"高度"和"宽度"的微调按钮来改变单元格的大小。"单元格大小"选项组如图 2.82 所示。

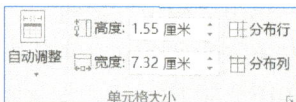

图 2.82　"单元格大小"选项组

方法 2：选中多行或多列，单击"表格工具/布局"选项卡"单元格大小"选项组中的"分布行"和"分布列"按钮来实现行高和列宽的均匀分布；另外，利用"自动调整"按钮也可以设置单元格的大小。

方法 3：单击"单元格大小"选项组中的对话框启动器按钮，或者将光标定位到单元格中右击打开快捷菜单，选择"表格属性"选项，打开"表格属性"对话框，在该对话框中选择"行""列""单元格"选项卡，也可以实现对行、列、单元格大小的设置。"表格属性"对话框如图 2.83 所示。

图 2.83　"表格属性"对话框

2）单元格中的文字设置。

单元格中的文字设置包含了文字的对齐方式、方向、边距的设置。具体操作如下：选中要设置文字所在的单元格、行或列，在"表格工具/布局"选项卡"对齐方式"选项组（图 2.84）

中设置文字的对齐方式和文字方向；单击"单元格边距"按钮，打开"表格选项"对话框（图2.85），利用上、下、左、右的微调按钮或者直接输入值的方式来调整单元格边距。

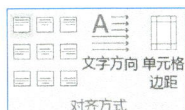

图2.84 "对齐方式"选项组

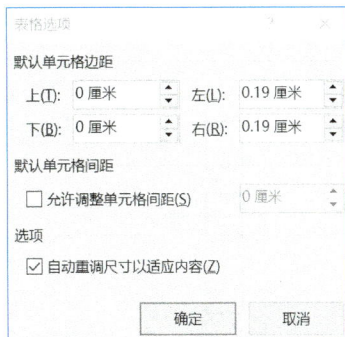

图2.85 "表格选项"对话框

（5）表格格式的设置

1）表格对齐方式和文字环绕的设置。打开"表格属性"对话框，在"表格"选项卡中可以设置表格的对齐方式和文字环绕方式。

2）表格边框和底纹的设置。

方法1：选中要设置大小的单元格、行或列，单击"表格工具/设计"选项卡"表格样式"选项组中的"底纹"下拉按钮，可以设置底纹的颜色，如图2.86所示；边框的样式、粗细、颜色可以在"表格工具/设计"选项卡"边框"选项组中进行设置，如图2.87所示。

图2.86 设置底纹颜色

图2.87 设置边框

方法2：选中要设置大小的单元格、行或列，单击"表格工具/设计"选项卡"边框"选项组中的对话框启动器按钮，打开"边框和底纹"对话框；也可以单击"边框"选项组中的"边框"下拉按钮，在下拉列表中选择"边框和底纹"选项，打开"边框和底纹"对话框。在该对话框中选择合适的底纹和边框后，在"应用于"下拉列表中选择"表格"选项，单击"确定"按钮即可。"边框与底纹"对话框如图2.88所示。

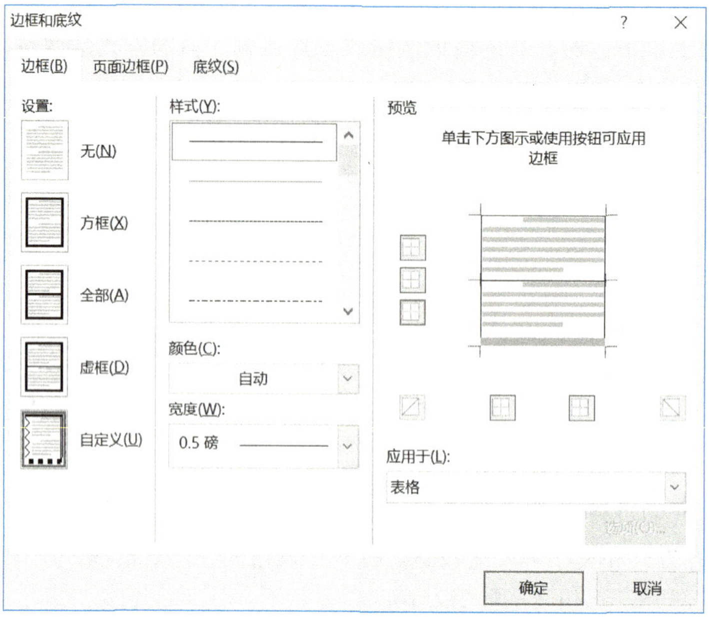

图 2.88　"边框和底纹"对话框

3）表格样式的应用。在"表格工具/设计"选项卡"表格样式"选项组中，选择样式库中的样式，即可快速格式化表格。"表格样式"列表如图 2.89 所示。

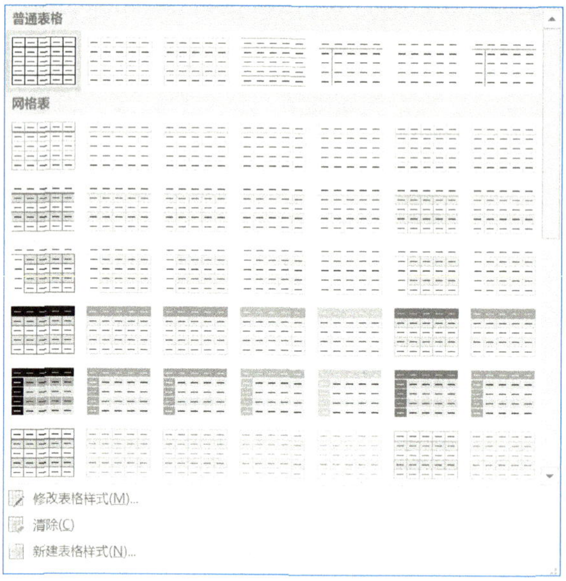

图 2.89　"表格样式"列表

3. 文本与表格的转换

（1）文本转换为表格

在 Word 文档中，用户可以很容易地将文本转换成表格。具体操作如下。

1）规范化文本。将要转换为表格的文本用分隔符进行分隔，Word 能够识别的常见分隔符有段落标记（用于创建表格行）、制表符和逗号（用于创建表格列）。

2）进行转换。选中要转换的文本，单击"插入"选项卡"表格"选项组中的"表格"下拉按钮，在下拉列表中选择"文本转换成表格"选项，如图 2.90 所示。打开"将文字转换成表格"对话框，如图 2.91 所示。根据文本内容，设置表格尺寸、文字分隔位置，单击"确定"按钮即可。

图 2.90 选择"文本转换成表格"选项

图 2.91 "将文字转换成表格"对话框

（2）表格转换为文本

在 Word 文档中，可以将指定单元格或整张表格转换为文本内容。具体操作如下。

1）选中需要转换为文本的单元格，如果要将整张表转换为文本，则只需将光标定位到表中任意单元格即可。

2）单击"表格工具/布局"选项卡"数据"选项组（图 2.92）中的"转换为文本"按钮，打开"表格转换成文本"对话框（图 2.93），在该对话框中设置文字分隔符，如果表格中有嵌套表格，则选中"段落标记"单选按钮，同时勾选"转换嵌套表格"复选框，单击"确定"按钮。

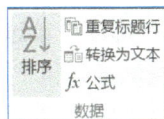

图 2.92 "数据"选项组

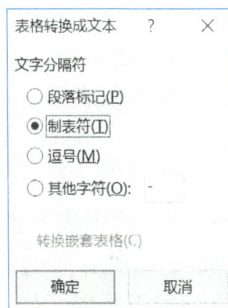

图 2.93 "表格转换成文本"对话框

4. 设置标题行重复

在编辑表格的过程中，经常会遇到多个页面的表格使用同一个标题行的现象，如果对每个表格的标题行都单独进行设置，则操作十分复杂，这时可以使用 Word 中的"自动重复标题行"功能来简化操作。

方法 1：在表格中选中标题行（必须是表格的第一行或者是含第一行的连续几行），单击"表格工具/布局"选项卡"表"选项组中的"属性"按钮，打开"表格属性"对话框，选择"行"选项卡，勾选"在各页顶端以标题行形式重复出现"复选框，单击"确定"按钮即可，如图 2.94 所示。

方法 2：单击"表格工具/布局"选项卡"数据"选项组中的"重复标题行"按钮，设置跨页表格标题行重复显示。"数据"选项组如图 2.95 所示。

图 2.94　在"表格属性"对话框中设置标题行重复　　　　图 2.95　"数据"选项组

5. 表格数据的运算

（1）排序

选中要进行数据排序的表格，单击"表格工具/布局"选项卡"数据"选项组中的"排序"按钮，打开"排序"对话框（图 2.96），单击"主要关键字"下拉按钮，在下拉列表中选择排序依据的主要关键字；单击"类型"下拉按钮，在下拉列表中有"笔画""数字""日期""拼音"四个选项，从中选择要排序的类型；在右侧"升序""降序"单选按钮中选中排序的方式；如果还有其他排序的参照物，则可以继续在"次要关键字"和"第三关键字"中进行设置。在"列表"区域，如果选中"无标题行"单选按钮，则意味着表格中的标题也会参与数据的排序。

图 2.96 "排序"对话框

（2）运算

可以使用运算符和 Word 2016 软件中提供的函数进行运算。

将光标定位到放置结果的单元格中，单击"表格工具/布局"选项卡"数据"选项组中的"公式"按钮，打开"公式"对话框（图 2.97），会根据表格中的数据和当前单元格所在位置自动推荐一个公式显示在该对话框中。可以单击"粘贴函数"下拉按钮，在下拉列表中选择合适的函数。完成后单击"确定"按钮，在光标所在的单元格中即可看到结果。

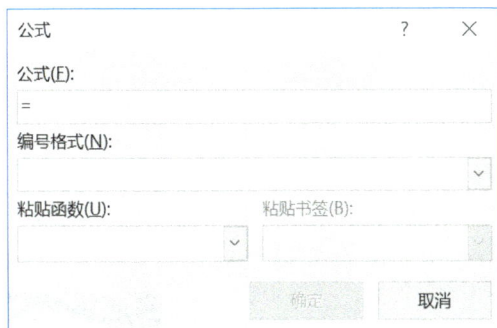

图 2.97 "公式"对话框

6. 快速实现表格图文混排

1）插入 3 行 2 列的表格。

2）右击选中的表格，在打开的快捷菜单中选择"表格属性"选项，在打开的"表格属性"对话框（图 2.98）中单击"表格"选项卡右下角的"选项"按钮，在打开的"表格选项"对话框（图 2.99）中，取消勾选"自动重调尺寸以适应内容"复选框；如果想让插入图片的高度适应表格的行高，则可选择"表格属性"对话框中的"行"选项卡，勾选"指定高度"复选框，将"行高值"设置为"固定值"，如图 2.100 所示。

3）在表格中插入文字、图片等内容。

4）选中表格，选择"开始"选项卡，在"段落"选项组中单击"边框"按钮，将边框线设为"无框线"，此时表格的所有边框就消失了。表格图文混排效果如图 2.101 所示。

图 2.98　"表格属性"对话框

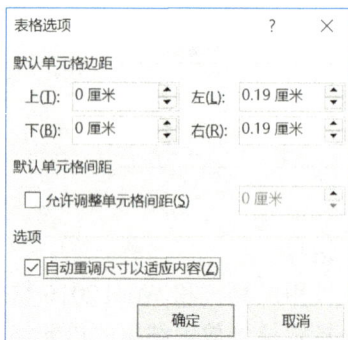

图 2.99　"表格选项"对话框

图 2.100　设置行高

图 2.101　表格图文混排效果

7. 快速调整表格行的顺序

选中要调整顺序的行，按 Shift+Alt+↑/↓ 快捷键，其中向上的箭头会使选中行向上移动，向下的箭头会使选中行向下移动。

任务拓展

1．任务要求

档案是非常重要的文件，但是在一些特殊情况下，需要对档案进行查阅或者对档案中的部分内容进行复制等。为了实现对档案的严格管理，可以制定一份档案借阅登记表，对借阅人员进行登记，效果如图 2.102 所示。

档案借阅登记表

申请人	姓名		性别		电话		
	证件名称		证件号码		单位（盖章）		
借阅目的							
借阅形式		☑ 纸质查阅		□ 电子阅览		□ 档案复制	
借阅档案内容	序号	档号	题名		复制范围	备注	
经办意见							
			签名：		年 月 日		
服务评价		□ 满意		□ 一般		□ 不满意	

图 2.102　档案借阅登记表效果

2．任务实施

1）输入表格标题"档案借阅登记表"，设置文字格式为"仿宋、小二"，设置段落格式为"单倍行距、段后 0.5 行"。

2）插入表格，并设置表格大小为"根据窗口自动调整表格"。

3）输入相关信息。

4）插入并设置复选框。单击"开发工具"选项卡中的"插入 ActiveX 控件或表单控件"下拉按钮，在打开的下拉列表中单击"复选框（ActiveX 控件）"按钮，插入复选框后单击"属性"按钮，如图 2.103 所示。打开"属性"对话框，设置"caption"属性值为对应内容即可，也可以在"属性"对话框中对选中的复选框进行其他属性的设置。

注意：单击"设计模式"按钮，"设计模式"按钮呈选中状态，此时可使用"属性"按钮。

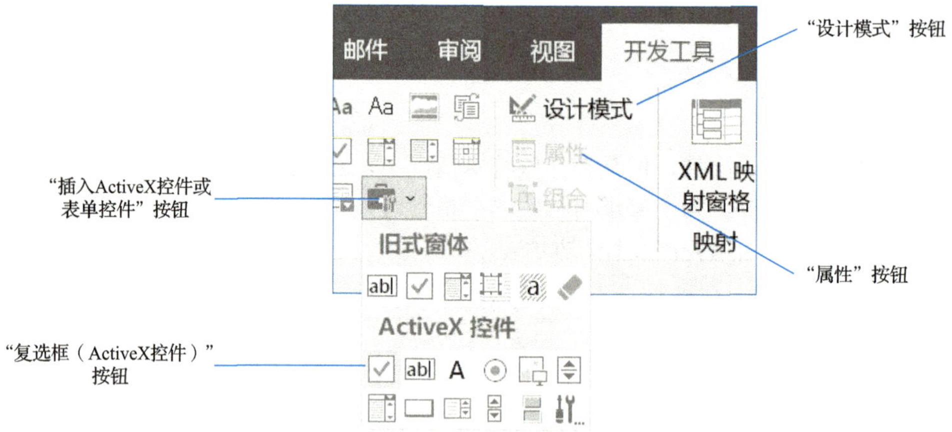

"设计模式"按钮

"插入ActiveX控件或表单控件"按钮

"属性"按钮

"复选框（ActiveX控件）"按钮

图 2.103　插入并设置复选框

5）在需要的地方进行单元格的合并和拆分。

6）设置表格内容居中显示。

7）设置表格居中显示。

任务 2.4　排版毕业论文

☞ **任务描述**

　　毕业论文是学生完成学业阶段之前，需要独立完成的一项重要学术项目或研究工作。毕业论文通常是学生对所学专业领域的深入研究和分析，是评估学生是否具有毕业资格的重要条件。规范的排版不仅能体现论文作者良好的治学态度，更能帮助读者迅速领会毕业论文的主题和结构等，有助于读者更好地理解论文内容及逻辑思路，减少阅读障碍。本任务要求对毕业论文进行封面设计、目录设计等，效果如图 2.104 和图 2.105 所示。

☞ **任务目标**

　　1．了解视图、分栏、样式、模板、分节符、分页符等的概念。

　　2．掌握样式和模板的应用、节的运用。

　　3．能熟练插入页码、页眉、页脚、脚注、尾注、批注、题注等。

　　4．能正确创建文档目录。

　　5．具备综合运用所学知识分析解决实际问题的能力。

　　6．养成认真细致的工作态度和严谨的工作作风。

图 2.104　封面设计效果

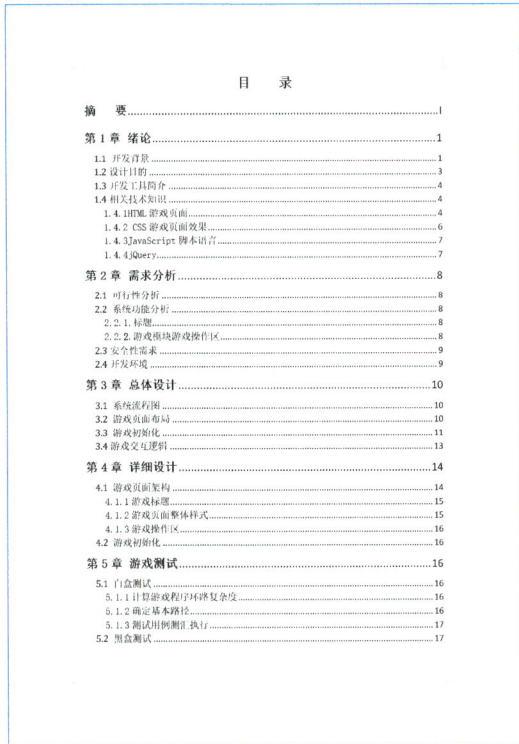

图 2.105　目录设计效果

任务实施

1. 设置页面

页面的设置有两种方法，具体如下。

方法1：在"布局"选项卡"页面设置"选项组（图2.106）中，单击"纸张大小"下拉按钮，在打开的下拉列表中选择"A4"选项；单击"页边距"下拉按钮，在下拉列表中选择"自定义页边距"选项，在打开的"页面设置"对话框中设置上、下、右边距为2.5厘米，左边距为2.8厘米，装订线位置为左侧。

方法2：单击"页面设置"选项组右下角的对话框启动器按钮，打开"页面设置"对话框（图2.107），在"页边距"选项卡中设置上、下、右边距为2.5厘米，左边距为2.8厘米，装订线位置为左侧；在"纸张"选项卡中设置纸张大小为"A4"。

图 2.106　"页面设置"选项组

2. 设计毕业论文封面

（1）设置封面文本的格式

1）选中文本"信息工程学院"，设置字号为"36"、字体为"华文行楷"。

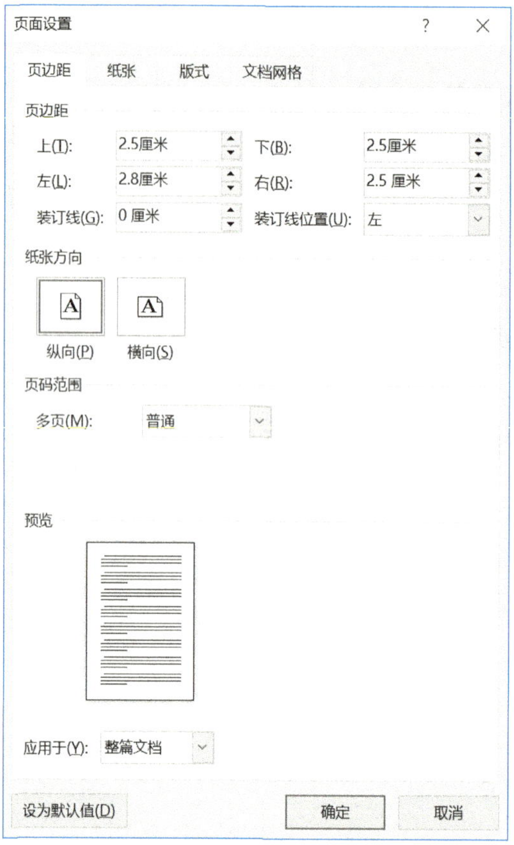

图 2.107　"页面设置"对话框

2）选中文本"毕业论文"，设置字号为"32"、字体为"黑体"。

3）选中图片，设置图片高度为 5 厘米、宽度为 7 厘米，裁剪形状为"椭圆"，设置图片效果为"柔化边缘"、值为"5 磅"。

4）选中论文名称，设置字体格式为"26"、"仿宋_GB2312"，单击"绘图工具/格式"选项卡"艺术字样式"选项组中的"文本轮廓"下拉按钮，在打开的下拉列表中选择"粗细"选项，从"粗细"的级联选项中选择"0.75 磅"，完成文本轮廓的设置。

5）设置"作者姓名：""专业班级：""指导教师：""完成时间："为黑体，设置其他对应内容为"仿宋_GB2312"，字号均为"16"。

（2）封面位置设置

选择"布局"选项卡，单击"页面设置"选项组中的"分隔符"下拉按钮，在打开的下拉列表中选择"下一页"选项，让封面独占一页和独占一节。

论文封面一般是由作者自己设置的，也可以根据实际情况选择 Word 中提供的封面样式，单击"插入"选项卡"页面"选项组中的"封面"下拉按钮，在打开的下拉列表中选择一种样式即可。

3．设计论文中表格及图表

在撰写论文的过程中，不可避免地会用到表格及图表。可在"插入"选项卡"表格"

选项组中完成对表格的插入；单击"插图"选项组中的"图表"按钮，打开"插入图表"对话框，选择相应类型，单击"确定"按钮，完成对图表的插入。

4. 设置分栏

如果页面内容中有需要分栏的文字，则选中分栏的文字，单击"布局"选项卡"页面设置"选项组中的"分栏"下拉按钮，在打开的下拉列表中根据需要将文字分成一定的栏数。

5. 快速设置样式

对格式相似的文本可以统一快速设置或更改样式。选中一处文本，单击"开始"选项卡"编辑"选项组中的"选择"下拉按钮，如图 2.108 所示。在打开的下拉列表中选择"选择格式相似的文本"选项，即可将所有格式相似的文本选中。然后在"开始"选项卡"样式"选项组的样式库中，可对选中文本统一进行样式设置。

微课：样式的应用

6. 设置文档结构

设置文档结构有两种方法，具体操作如下。

方法 1：在"视图"选项卡"视图"选项组（图 2.109）中，单击"大纲视图"按钮，切换至大纲视图。在大纲视图中设置毕业论文中的各级标题的级别，建议设置三个级别，设置完成后单击"关闭大纲视图"按钮，切换回页面视图。

图 2.108　单击"选择"下拉按钮　　　　　图 2.109　"视图"选项组

方法 2：选中对应的标题，在"开始"选项卡"段落"选项组中，单击对话框启动器按钮，打开"段落"对话框（图 2.110），在"段落"对话框的"缩进和间距"选项卡的"大纲级别"下拉列表中选择大纲级别。

7. 创建目录

1）在文档第二页（第一页为封面）定位插入点，输入"目录"二字，设置文字格式为"宋体、四号、加粗、字符间距加宽 5 磅"，然后按 Enter 键确认。单击"引用"选项卡"目录"选项组中的"目录"下拉按钮，在下拉列表中选择"自定义目录"选项，打开"目录"对话框，设置"显示级别"为 3，勾选"显示页码"和"页码右对齐"复选框，如图 2.111 所示，即可生成该文档的目录，目录包含第 1～3 级标题及对应页码。

2）在目录页末尾定位插入点，单击"布局"选项卡"页面设置"选项组中的"分隔符"下拉按钮，在下拉列表中选择"下一页"选项，使目录页单独占节。目录效果如图 2.105 所示。

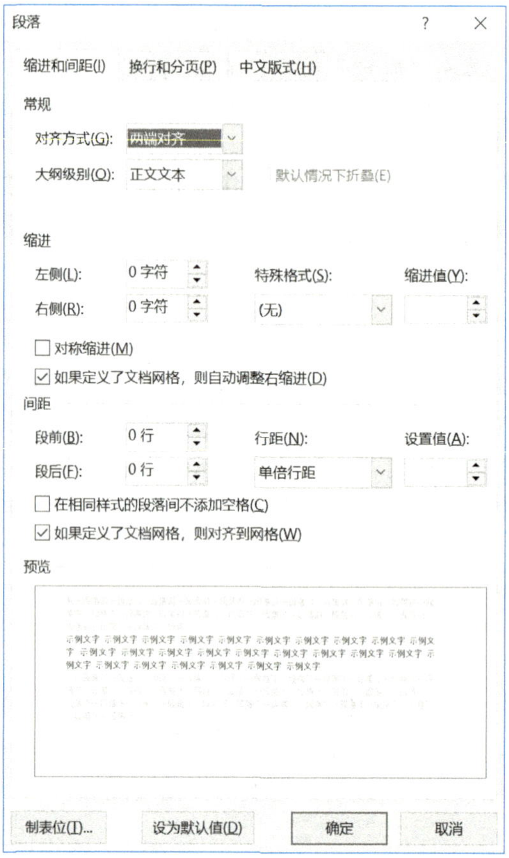

图 2.110　"段落"对话框

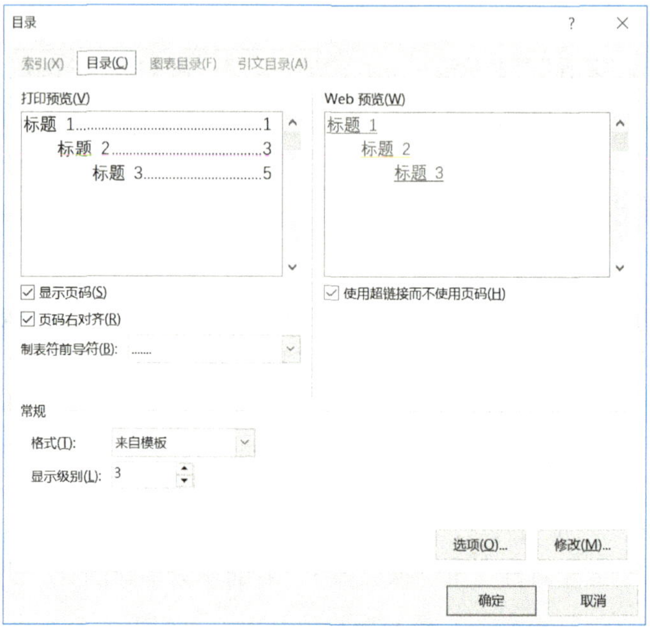

图 2.111　设置目录

8. 设置页眉和页脚

1）在任务书和摘要中设置定位点，单击"插入"选项卡"页眉和页脚"选项组中的"页眉"下拉按钮，在打开的下拉列表中选择"内置"中的"空白"选项后，打开"页眉和页脚工具/页眉和页脚"选项卡，设置任务书的页眉为"毕业设计任务书"、摘要页的页眉为"摘要"。

微课：不同页眉的设置

将光标定位到正文部分，并在"页眉和页脚工具/设计"选项卡"选项"选项组中勾选"奇偶页不同"复选框，如图 2.112 所示。设置奇数页页眉内容为"2019届专科毕业设计（论文）"，偶数页页眉内容为"信息工程学院"。至此，除封面页和目录页外，正文部分的页眉设置完毕（这里应用的对象是"所选节"，此设置可在"页面设置"对话框"版式"选项卡中确认）。

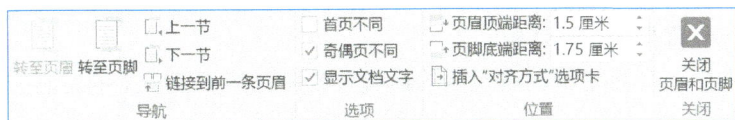

图 2.112 设置页眉页脚

2）封面页和任务书页不设置页码，对摘要页和正文页设置不同的页码。在摘要页中设置定位点，双击页眉区域，进入页眉和页脚编辑状态。单击"页眉和页脚工具/设计"选项卡"导航"选项组中的"链接到前一条页眉"按钮，取消摘要和前一节的关联关系。单击"页眉和页脚工具/设计"选项卡"页眉和页脚"选项组中的"页码"下拉按钮，选择"设置页码格式"选项，打开"页码格式"对话框（图 2.113），编号格式选择罗马数字"Ⅰ..Ⅱ..Ⅲ..."，起始页码为Ⅰ。单击"页码"下拉按钮，选择页面底端中间位置，即可为摘要节设置连续的页码。

将光标定位到正文部分页眉处，单击"页眉和页脚工具/设计"选项卡"导航"选项组中的"链接到前一条页眉"按钮，取消正文和前一节的关联关系。单击"页眉和页脚工具/页眉和页脚"选项卡"页眉和页脚"选项组中的"页码"按钮，选择"设置页码格式"选项，打开"页码格式"对话框。编号格式选择阿拉伯字母"1，2，3…"，起始页码为 1。单击"页码"按钮，选择页面底端中间位置，即可为正文部分设置连续的页码。

图 2.113 "页码格式"对话框

9. 保存文件

单击"保存"按钮，将完成排版的文档以原 Word 格式（即文件名"别踩白块小游戏.docx"）进行保存。

为防止不同的软件打开文档时发生文字排版错乱，选择"文件"→"另存为"选项，选择合适的位置，在"保存类型"中选择"PDF"选项，生成一份同名的 PDF 文档。

相关知识

1. Word 的视图方式

Word 2016 软件中提供了 5 种视图模式，分别为"阅读视图""页面视图""Web 版式视图""大纲视图""草稿"。选择"视图"选项卡，在"视图"选项组中选择需要的视图模式，如图 2.114 所示。也可以在 Word 2016 软件文档窗口的状态栏右侧单击相应视图按钮。

图 2.114　选择视图模式

（1）阅读视图

阅读视图是为了方便用户阅读浏览文档而设计的视图模式，此模式默认仅保留了方便在文档中跳转的导航窗格，对开始、插入、页面设置、审阅、邮件合并等文档编辑工具进行了隐藏，扩大了 Word 的显示区域。另外，该模式对阅读功能进行了优化，可最大限度地为用户提供优良的阅读体验。

在阅读视图中，直接单击左右两侧的箭头，或者直接按键盘上的左右方向键，都可以分屏切换文档显示。

（2）页面视图

页面视图是 Word 的默认视图，一般对新文档、编辑文档等的编辑操作都需要在此模式下进行，包括页面设置、文字录入、图形绘制、页眉和页脚设置、生成自动化目录等。此视图是所见即所得视图模式，文字、图形被编辑成什么样，打印出来的效果就是什么样。

（3）Web 版式视图

Web 版式视图是专门为了浏览编辑网页类型的文档而设计的视图，在此模式下可以直接看到网页文档在浏览器中显示的效果。在此视图下，Word 文档会根据软件窗口的大小而调整文字的换行。Web 版式视图适用于发送电子邮件和创建网页。

（4）大纲视图

大纲视图用于文档的设置和显示标题的层级结构，并可以方便地折叠和展开各种层级的文档。大纲视图广泛用于长文档的快速浏览和设置。

（5）草稿

草稿视图取消了页面边距、分栏、页眉页脚和图片等元素，仅显示标题和正文，是最节省计算机系统硬件资源的视图模式。现在计算机的硬件配置都比较高，基本上不会出现因硬件配置偏低而使 Word 2016 软件运行遇到障碍的问题。

2. 插入分页符、分节符

（1）插入分页符

在 Word 中，长篇文档会被自动插入分页符。用户也可以在特定的位置手动插入分页符，对文档进行分页。具体操作如下。

方法 1：将光标定位到需要分页的位置，单击"布局"选项卡"页面设置"选项组中的"插入分页符和分节符"按钮，在下拉列表中选择"分页符"选项，此时文档将在光标处插入分页符，同时完成分页。

方法 2：单击"开始"选项卡"段落"选项组中的对话框启动器按钮，打开"段落"对话框（图 2.115），在"换行和分页"选项卡的"分页"栏中勾选相应的复选框，对分页时段落的处理方式进行设置。

注意：在"换行和分页"选项卡中勾选"段前分页"复选框，可以在段落前指定分页。如果勾选"段中不分页"复选框，则文档将会按照段落的起止来分页，以避免出现同一段落放在两个页面上的情况。如果勾选"与下段同页"复选框，则可以将前后两个关联密切的段落放在同一页中。如果勾选"孤行控制"复选框，则会在页面的顶部或底部至少放置段落的两行。

（2）插入分节符

在 Word 中，利用分节符可以将文档拆分成几个部分，对每一部分都可以单独设置格式，如将纵向显示的文档中的某个页面的纸张方向改为横向显示；还可以分隔文档中的各章节，为章节创建不同的页眉和页脚；也可以使章节的页码编号单独从 1 开始。

将光标定位到要插入分节符的位置，单击"布局"选项卡"页面设置"选项组中的"分隔符"下拉按钮，在下拉列表中选择分节符的类型即可，如图 2.116 所示。

图 2.115 "段落"对话框   图 2.116 插入分节符

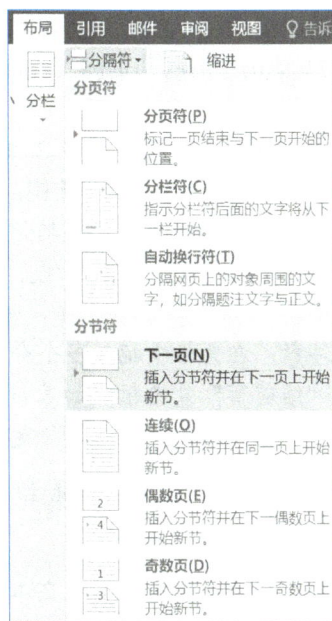

注意："分节符"下拉列表中的"下一页"选项用于插入一个分节符，并在下一页开始新的节，常用于在文档中创建新的章节；"连续"选项用于插入一个分节符，并在同一页上创建新节，适用于在同一页中实现各种格式；"偶数页"选项用于插入分节符，并在下一个

偶数页上创建新节；"奇数页"选项用于插入分节符，并在下一个奇数页上创建新页。

3. 设置页眉和页脚

（1）设置分节页眉

1）单击"布局"功能选项卡"页面设置"选项组中的"分隔符"下拉按钮，在打开的下拉列表中选择"分节符"中的"下一页"选项，将需要页眉和不需要页眉（或不同页眉）的地方隔开。

2）在页眉处双击或右击进入页眉编辑状态，在"页眉和页脚工具/设计"选项卡"导航"选项组中取消勾选"链接到前一节"复选框，即让"链接到前一节"变为灰色。

3）如果想设置页眉奇偶页内容不同，则可勾选"页眉和页脚工具/设计"选项卡"选项"选项组中的"奇偶页不同"复选框；如果想设置首页不一样，则可勾选"首页不同"复选框。

4）在"页眉页脚/设计"选项卡"位置"选项组中还可以设置页眉顶端和页脚底端的距离。

5）在页眉中输入相应内容即可。

6）上述设置也可以在"页面设置"对话框中完成。

（2）插入页码

1）单击"页眉和页脚工具/设计"选项卡"页眉和页脚"选项组中的"页码"下拉按钮，也可以单击"插入"选项卡"页眉和页脚"选项组中的"页码"下拉按钮，在下拉列表中选择页码样式。

微课：页码的插入

2）单击"页眉和页脚工具/设计"选项卡"页眉和页脚"选项组中的"页码"下拉按钮，在下拉列表中选择"设置页码格式"选项，打开"页码格式"对话框（图 2.117），在"编号格式"中选择一种格式。

3）假如文档有这样的结构：封面→前言→摘要→目录→正文→附录。其中封面不需要设置页码，但是前言页需要与封面页连续编号页码，即在前言中设置页码为 2。此时，可以通过在"页眉和页脚工具/设计"选项卡"选项"选项组中勾选"首页不同"复选框实现此功能。

注意：在文档中插入多个分节符，页码需要连续编号时，要在"页码格式"对话框中勾选"续前节"复选框；如果勾选了"奇偶页不同"复选框，则需要在奇数页和偶数页分别取消勾选"链接到前一节"复选框，并分别进行页码设置。

4. 插入脚注、尾注和批注

（1）插入脚注和尾注

脚注和尾注都是用于对文本进行说明的，插入脚注与尾注的操作方法类似，区别在于两者的位置不同，脚注默认在同一页中出现，尾注默认位于文档的末尾。

单击"引用"选项卡"脚注"选项组中的"插入脚注"或"插入尾注"按钮即可插入脚注或尾注，同时会发现在光标放置位置的右上角生成一个数字编号，如果想删除当前脚注或尾注，则只需将这个编号删除；如果默认的格式不满足需求，则可以单击"脚注"选项组中的对话框启动器按钮，打开"脚注和尾注"对话框（图 2.118），在该对话框中自定义脚注和尾注的格式。

图 2.117 "页码格式"对话框

图 2.118 "脚注和尾注"对话框

（2）插入批注

批注是对文档的注释，由批注标记、连线及批注框构成。当需要对文档进行附加说明时，可插入批注，并通过特定的定位功能对批注进行查看。当不再需要某条批注时，可将其删除。

1）将光标定位到需要添加批注内容的后面，或者选中需要添加批注的对象，单击"审阅"选项卡"批注"选项组（图 2.119）中的"新建批注"按钮，此时在文档中会出现批注框。在批注框中输入批注内容即可创建批注。

2）单击"审阅"选项卡"修订"选项组中的"修订选项"按钮，如图 2.120 所示，打开"修订选项"对话框（图 2.121），在该对话框中单击"高级选项"按钮，打开"高级修订选项"对话框（图 2.122）。

3）在"高级修订选项"对话框中的"批注"下拉列表中设置批注框的颜色，在"指定宽度"文本框中输入数值，设置批注框的宽度，在"边距"下拉列表中选择另一个选项将批注框放置到文档的另一侧，完成设置后单击"确定"按钮，可以发现批注框的样式和位置都发生了改变。

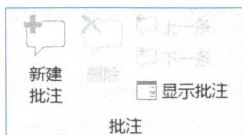

图 2.119 "批注"选项组

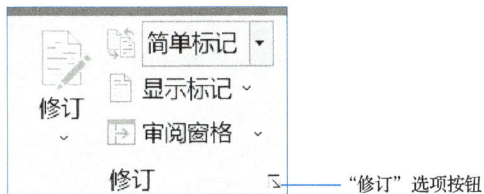

"修订"选项按钮

图 2.120 单击修订选项按钮

图 2.121　"修订选项"对话框

图 2.122　"高级修订选项"对话框

4）Word 2016 软件能够将在文档中添加批注的审阅条目都记录下来。单击"审阅"选项卡"修订"选项组中的"显示标记"下拉按钮，在下拉列表中选择"特定人员"选项，在打开的审阅者名单列表中选中相应的审阅者，可以仅查看该审阅者添加的批注。审阅者列表如图 2.123 所示。

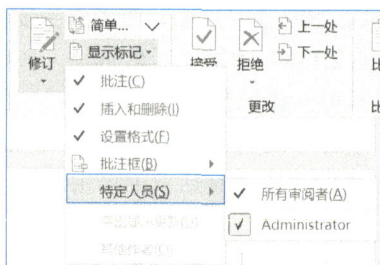

图 2.123　审阅者列表

选中文本，单击"审阅"选项卡"批注"选项组中的"创建批注"按钮，创建文本的批注。如果想删除批注，则单击"审阅"选项卡"批注"选项组中的"删除"按钮即可。

5）单击"审阅"选项卡"修订"选项组中的"审阅窗格"下拉按钮，在下拉列表中选择"垂直审阅窗格"选项，打开垂直审阅窗格。用户可以在该窗格中查看文档中的修订和批注，并且随时更新修订的数量。

注意：如果需要更新文档中的修订数量，则可以单击审阅窗格右上角的"更新修订数量"按钮。如果需要在审阅窗格中显示修订或批注的详细情况汇总，则可以单击"显示详细汇总"按钮。如果需要将显示的详细汇总隐藏，则可以单击"隐藏详细汇总"按钮。

6）将光标定位到批注框中，单击"审阅"选项卡"批注"选项组中的"删除批注"下拉按钮，在下拉列表中选择"删除"选项，将当前批注删除。

5. 插入题注

题注的功能是实现对文档中图表的自动编号。利用题注实现对图表的自动编号后，就不需要担心在对图表进行删除或增加时使其余图表的编号混乱。利用题注的功能，可以实现编号的自动更新，还可以轻松生成图表目录。

微课：题注的应用-1

选中图表，单击"引用"选项卡"题注"选项组中的"插入题注"按钮，打开"题注"对话框（图 2.124），在"题注"文本框中可以输入图表的名称；在"标签"下拉列表中可以选择标签的名称，如果标签名称不合适，则可以单击"新建标签"按钮，先建立合适的标签名称，再在"标签"下拉列表中进行选择；在"位置"下拉列表中可设

微课：题注的应用-2

置图表编号相对于图表的位置；单击"编号"按钮可以将图表编号和章节号挂钩，但是需要提前在文档中通过多级列表设置章节级别和对应的标题。

6. 插入数学公式

在制作数学、物理等教学课件或者某些学术报告时，经常需要插入数学公式。把光标定位到需要插入公式的位置，单击"插入"选项卡"符号"选项组中的"插入公式"下拉按钮，从下拉列表的"内置公式"中选择相应公式。也可以选择"插入新公式"选项，如图 2.125 所示。在出现的公式编辑框中，借助"公式工具/公式"选项卡"设计"选项组中提供的工具进行复杂公式的编辑；另外，还可以按 Alt+=快捷键快速插入公式编辑框。

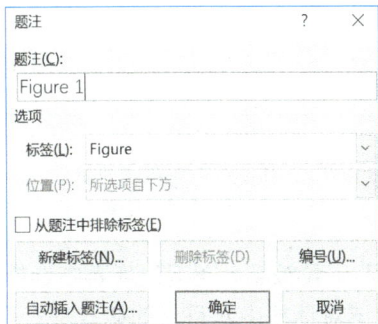

内置

二次公式

$$x = \frac{-b \pm \sqrt{b^2 - 4ac}}{2a}$$

二项式定理

$$(x + a)^n = \sum_{k=0}^{n} \binom{n}{k} x^k a^{n-k}$$

傅立叶级数

$$f(x) = a_0 + \sum_{n=1}^{\infty} \left(a_n \cos\frac{n\pi x}{L} + b_n \sin\frac{n\pi x}{L}\right)$$

勾股定理

$$a^2 + b^2 = c^2$$

Office.com 中的其他公式(M)

π 插入新公式(I)

图 2.124 "题注"对话框

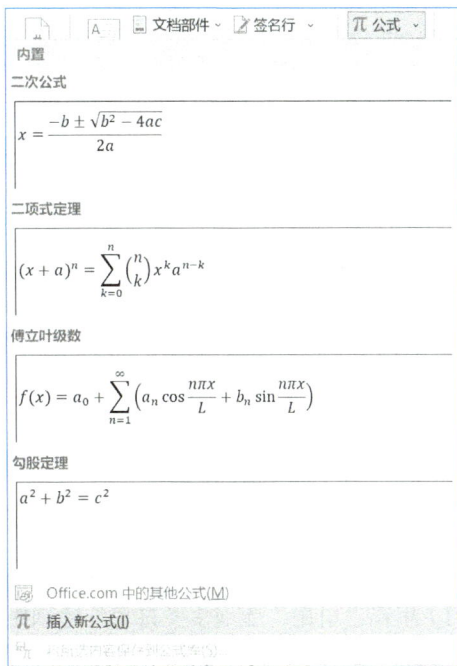

图 2.125 选择"插入新公式"选项

7. 创建目录

对于长篇 Word 文档来说，目录是文档不可或缺的一部分。使用目录可方便读者了解文档结构，把握文档内容，并显示要点的分布情况。但是，按章节手动输入目录是效率很低的方法。Word 2016 软件提供了抽取文档目录的功能，可以自动将文档中的标题抽取出来。本任务介绍使用内置样式创建目录和自定义目录两种创建目录的方法。

微课：目录提取

（1）使用内置样式创建目录

打开 Word 文档，将光标定位到需要添加目录的位置。单击"引用"选项卡"目录"选项组中的"目录"下拉按钮，在下拉列表中选择一种自动目录样式，如图 2.126 所示。在光标处会获得所选样式的目录，效果如图 2.127 所示。

图 2.126 目录样式图

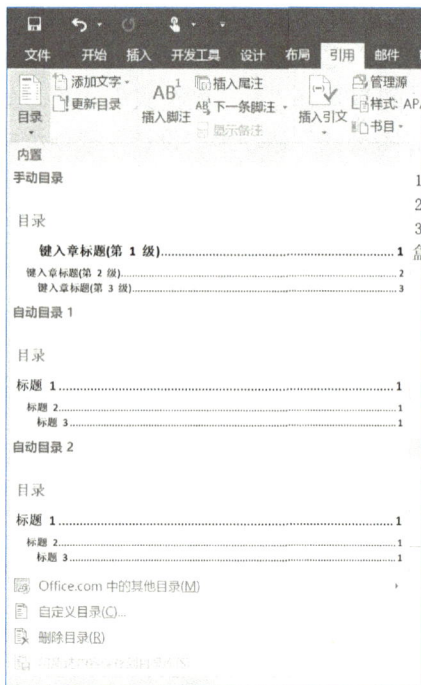

图 2.127 "目录"内置样式效果

（2）自定义目录

1）单击"引用"选项卡"目录"选项组中的"目录"下拉按钮，在下拉列表中选择"自定义目录"选项，打开"目录"对话框（图 2.128），在该对话框中对目录的样式进行设置，如制表符的样式等，单击"选项"按钮，打开"目录选项"对话框（图 2.129），在该对话框中设置目录的样式内容。

图 2.128 "目录"对话框   图 2.129 "目录选项"对话框

2）在"目录"对话框中单击"修改"按钮，打开"样式"对话框（图 2.130），在该对话框的"样式"列表中选择需要修改的目录，单击该对话框中的"修改"按钮，打开"修改样式"对话框（图 2.131），在"修改样式"对话框中对目录样式进行修改，如修改目录文字的格式为"楷体、加粗"、字体颜色为"红色"，如图 2.132 所示。依次单击"确定"按钮，关闭"修改样式"对话框、"样式"对话框和"目录"对话框。

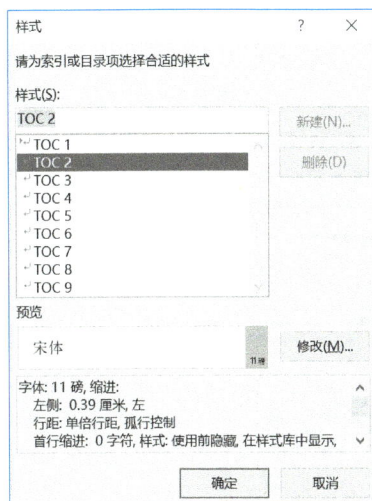

图 2.130 "样式"对话框   图 2.131 "修改样式"对话框

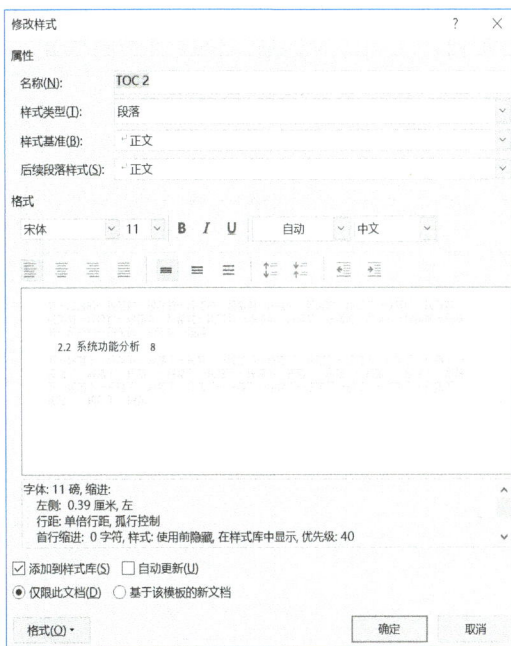

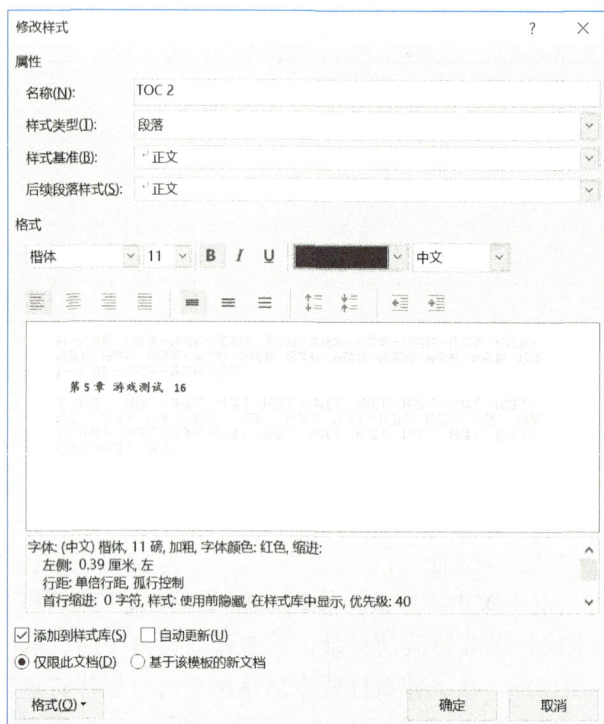

图 2.132　修改目录格式

3）在修改目录格式的过程中，系统会提示是否替换现有目录，如图 2.133 所示。单击"是"按钮，关闭该对话框，修改目录的样式，这里字体发生了改变，如图 2.134 所示。

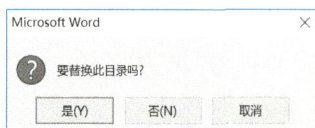

图 2.133　是否替换现有目录提示框

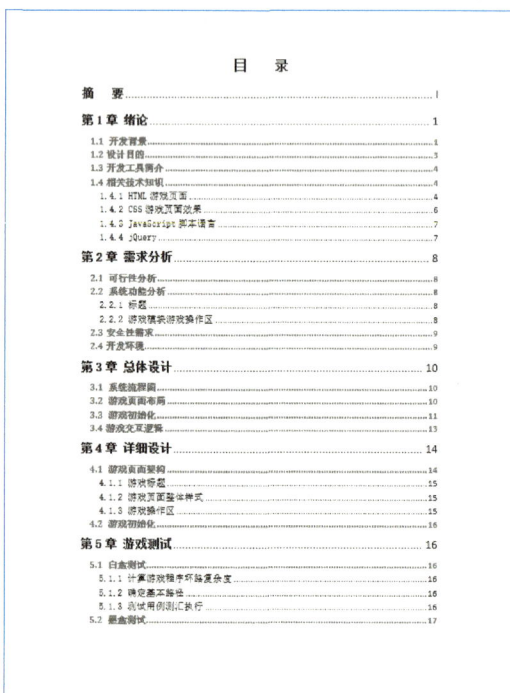

图 2.134　目录格式更改后的效果

8. 拆分与合并文档

在工作中，为了快速完成一个长篇文档的编辑，可以先把长篇文档拆分为多个短篇文档，分给多人协作完成，编辑完成后再把文档进行合并，这样可以有效提高工作效率。

微课：文档的拆分
与合并

（1）拆分

1）切换到大纲视图。单击"视图"选项卡"视图"选项组中的"大纲视图"按钮，切换到大纲视图模式。

2）设置大纲级别。选择对应的标题，在"大纲提示"选项卡"大纲工具"选项组中设置大纲的级别。

3）设置显示级别。在"大纲提示"选项卡"大纲工具"选项组的"显示级别"下拉列表中设置显示级别为 2）中的设置级别。这样设置后整个文档中只显示当前级别标题的内容，看起来比较整洁。在实际操作时，这一步可以省略。

4）拆分。按 Ctrl+A 快捷键，选中显示的全部文字，单击"大纲提示"选项卡"主控文档"选项组中的"显示文档"按钮，这时有两个可用按钮出现，单击"创建"按钮，可以看到文字被若干方框包围起来，这表示文档已被拆分成若干部分。

5）保存拆分后的文档。按 Ctrl+S 快捷键，或者单击"保存"按钮，保存拆分后的文档。

（2）合并文档

1）新建文档。可以直接按 Ctrl+N 快捷键，新建一个空白文档。

2）合并文档。在"插入"选项卡"文本"选项组中，选择"对象列表"选项，在下拉列表中选择"文件中的文字"选项，打开"插入文件"对话框，选择需要合并的文件后，单击"插入"按钮，即可完成合并，最后保存新文档。

任务拓展

1. 任务要求

以提供的素材为例，对样刊进行排版编辑，效果如图2.135~图2.138所示。

2. 任务实施

1）设置标题"模块2 文档创意与制作——图文编辑"的格式为：1级标题，居中对齐，黑体，小二，加粗，段前段后均为17磅，多倍行距，行距值为2.4。

2）将"模块导读""学习目标""职业能力要求""项目实施""任务1……""任务2……""任务3……""任务4……"的格式设置为：2级标题，黑体，小三，加粗，对齐方式为"两端对齐"，段前段后均为13磅，多倍行距，行距值为1.73。

3）将"学习目标""建议学时""任务要求""任务分析""任务实施""相关知识""巩固练习"等设置为3级标题，其余格式同2）的要求。

4）将正文文本格式设置为：宋体，小四，首行缩进2字符，1.5倍行距，两端对齐。

5）设置封面。

图 2.135　封面效果

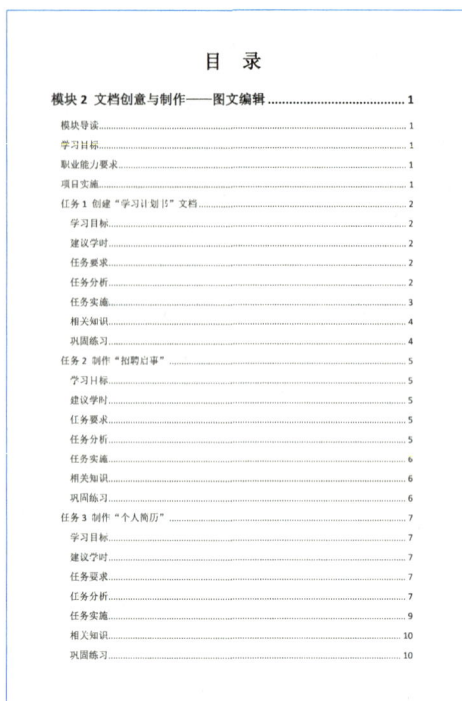

目　录

图 2.136　目录效果

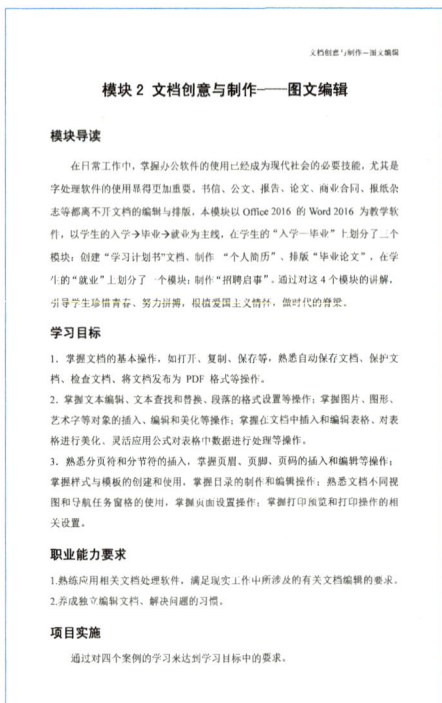

文档创意与制作——图文编辑

模块 2 文档创意与制作——图文编辑

模块导读

在日常工作中，掌握办公软件的使用已经成为现代社会的必要技能，尤其是字处理软件的使用显得更加重要，书信、公文、报告、论文、商业合同、报纸杂志等都离不开文档的编辑与排版。本模块以 Office 2016 的 Word 2016 为教学软件，以学生的入学→毕业→就业为主线，在学生的"入学—毕业"上划分了二个模块：创建"学习计划书"文档、制作"个人简历"、排版"毕业论文"，在学生的"就业"上划分了一个模块：制作"招聘启事"。通过对这 4 个模块的讲解，引导学生珍惜青春、努力拼搏，根植爱国主义情怀，做时代的脊梁。

学习目标

1. 掌握文档的基本操作，如打开、复制、保存等，熟悉自动保存文档、保护文档、检查文档、将文档发布为 PDF 格式等操作。

2. 掌握文本编辑、文本查找和替换、段落的格式设置等操作；掌握图片、图形、艺术字等对象的插入、编辑和美化等操作；掌握在文档中插入和编辑表格、对表格进行处理、灵活应用公式对表格中数据进行处理等操作。

3. 熟悉分页符和分节符的插入，掌握页面、页脚、页码的插入和编辑等操作；掌握样式、模板的创建和使用；掌握目录的制作和编辑等操作；熟悉文档不同视图和导航任务窗格的使用，掌握页面设置操作；掌握打印预览和打印操作的相关设置。

职业能力要求

1. 熟练应用相关文档处理软件，满足现实工作中所涉及的有关文档编辑的要求。

2. 养成独立编辑文档、解决问题的习惯。

项目实施

通过对四个案例的学习来达到学习目标中的要求。

图 2.137　页面效果 1

文档创意与制作——图文编辑

任务 1 创建"学习计划书"文档

学习目标

认识 Word 软件的界面，掌握 Word 的基本操作，比如新建和保存文档等。掌握内容的输入编辑与格式化处理，比如文本输入、输入法的使用，文本的选中，字体、段落格式设置，插入图片、边框和底纹的设置，页面布局的设置，项目符号的添加等。

建议学时

4 学时

任务要求

每个人在学生时代，特别是在升入高等院校后，因为学习环境的改变，以及不再像中学阶段那样受到老师与家长的严格约束，所以个人学习方面会有很大的懈怠，如何督促自己踏实努力地学习，不荒废时间，使自己的大学生活充实和有收获，是摆在当前大学生面前的重要问题。因此先用 Word 软件编辑创建一个学习计划，然后打印出来，贴在自己经常看到的地方，时刻提醒自己，可以起到很好的警示作用。

任务分析

学习计划文档的设计，没有固定的模式，为达到一定的教学目的，我们往往需要必把一些知识点包含在设计当中。首先是页面设置，如页边距、纸张大小等，最好是提前调整好。然后输入内容，更改字体、段落的格式，在必要的地方添加项目符号，插入图片等，使文档美观，此任务最终效果如图 2.1.1 所示。

图 2.138　页面效果 2

6）在正文之前的页面中插入目录，提取 3 级目录，在目录后插入分节符。

7）根据分节符设置页眉和页脚，设置页眉奇偶页不同，并输入对应文本内容；在页脚中插入页码。

8）保存文档。

3 模 块

电子表格处理

▌模块导读

　　Excel 是微软公司开发的一款电子表格软件，该软件界面美观大方，有出色的计算功能和丰富的图表工具，广泛应用于日常工作中。Excel 和微软公司的其他软件一样，可以与多软件搭配组合使用，支持导入、插入 Word 和 PowerPoint 软件，在办公中运用十分便捷。本模块主要介绍 Excel 2016 在数据管理与分析中的应用。

▌模块目标

知识目标

- 掌握 Excel 文档的编辑和美化方法。
- 掌握公式和函数的应用方法。
- 掌握排序、筛选、分类汇总、数据透视等数据管理方法。
- 掌握图表的创建、修改方法和图表的应用方法。

能力目标

- 熟悉 Excel 的基本操作，能够对电子表格进行编辑和美化。
- 能够应用公式和函数进行数据计算。
- 能够对数据清单进行数据管理和分析。
- 能够根据提供的数据进行图表创建和修改。

素养目标

- 树立效率意识、质量意识，自觉提高工作效率和工作质量。
- 养成严谨、细致、认真、负责的工作态度。
- 培养逻辑思维、创新思维和深入思考、刻苦钻研的学习精神。
- 激发爱国情怀，增强民族自信，坚定文化自信。
- 培养创新思维和举一反三解决问题的能力。

思维导图

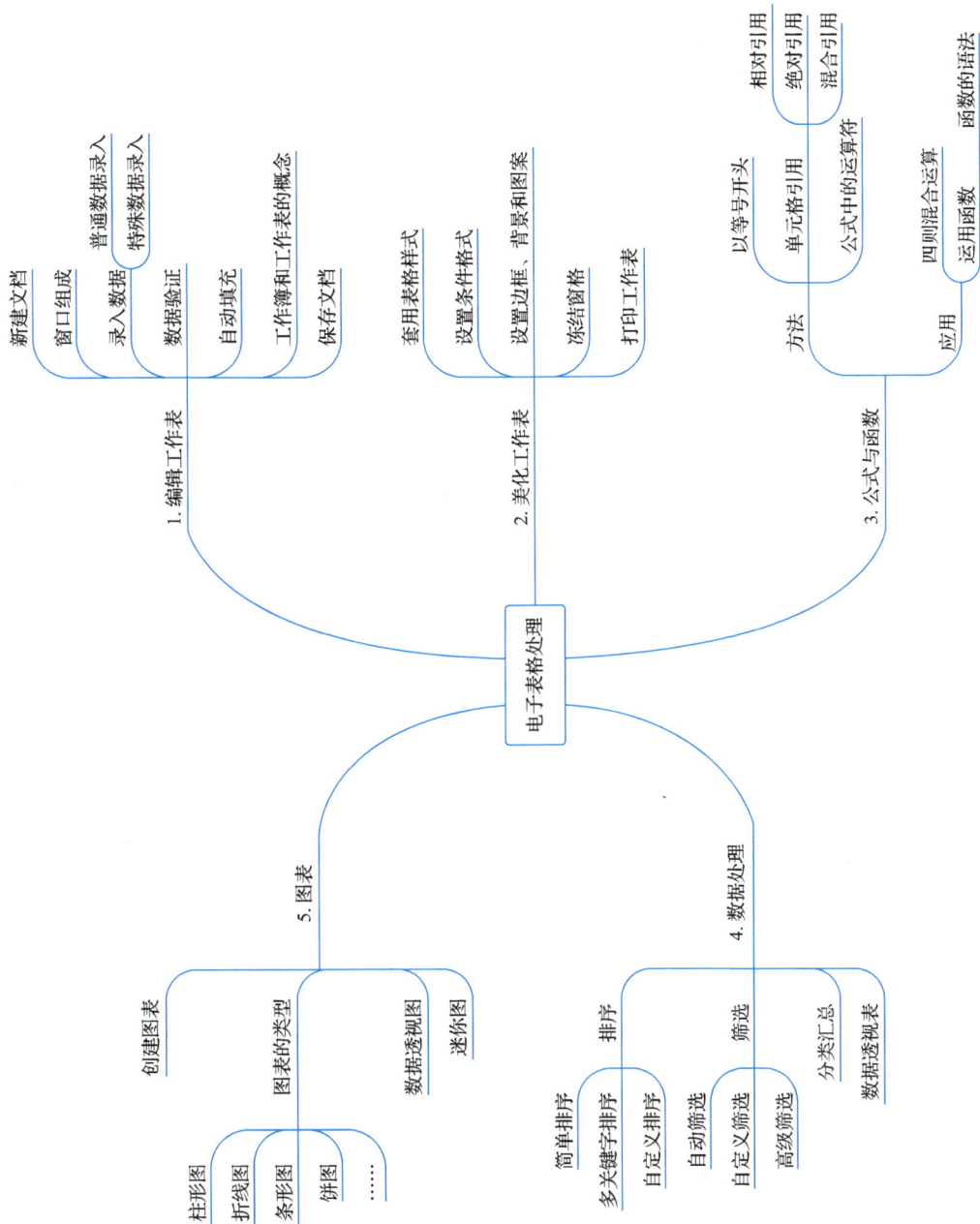

任务 *3.1* 制作员工基本信息表

☞ **任务描述**

　　员工基本信息管理是公司人力资源部门的基本工作，主要是对公司所有员工的基本信息的分类整理，以直观快捷地体现员工的基本情况，为后续员工人事档案和工资的管理提供依据。本任务要求制作如图 3.1 所示的员工基本信息表，包括员工编号、姓名、性别、部门、职称、学历、身份证号码、参加工作时间、基本工资等信息。

☞ **任务目标**

1. 掌握新建和保存 Excel 工作表的方法。
2. 掌握各种数据的输入方法，能进行数据格式设置和数据验证。
3. 掌握数据自动填充的方法。
4. 树立效率意识、质量意识，自觉提高工作效率和工作质量。

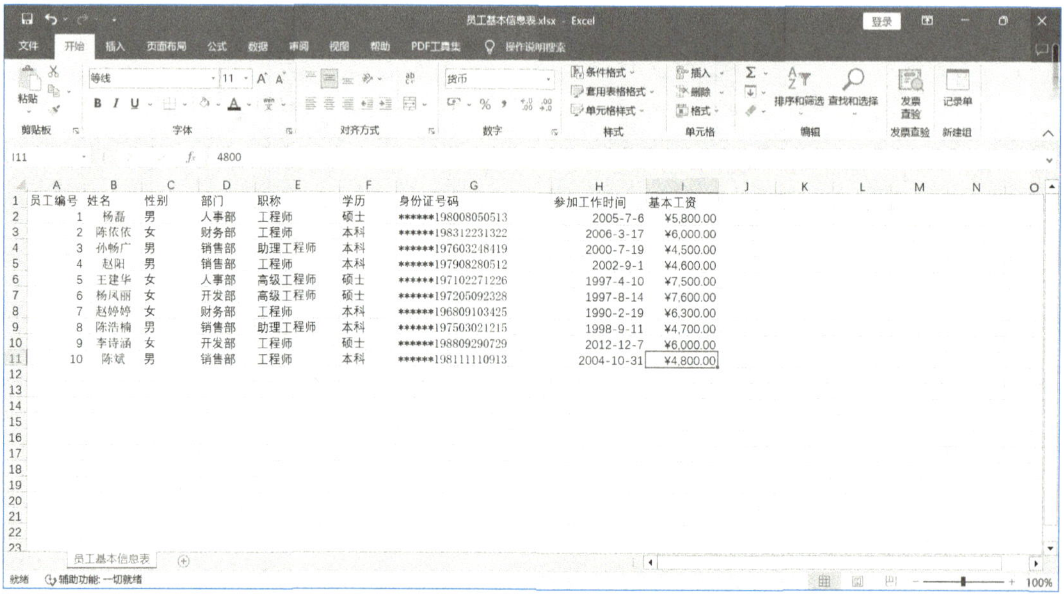

图 3.1　员工基本信息表

任务实施

1. 新建文档

1）启动 Excel 2016，新建一个工作簿。

2）双击工作表标签，输入新的工作表名称"员工基本信息表"，按 Enter 键确认，如图 3.2 所示。

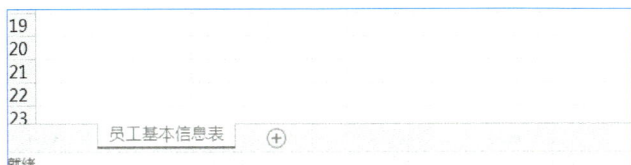

图 3.2　重命名工作表

2. 输入员工基本信息

1）输入列名。选中 A1 单元格，或者双击 A1 单元格出现光标，输入"员工编号"文本，用同样的方法，在 B1～I1 单元格中依次输入"姓名""性别""部门"等列名，如图 3.3 所示。

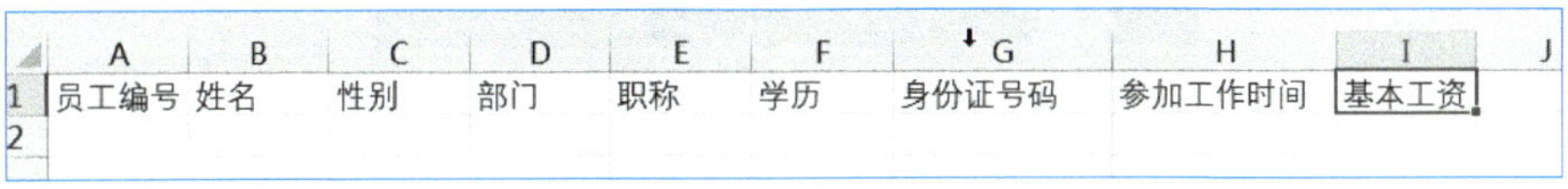

图 3.3　输入列名

2）录入员工编号。对于连续的序列填充，首先在 A2 单元格中输入序号"1"，在 A3 单元格中输入序号"2"，然后拖动鼠标同时选中 A2 和 A3 单元格，向下拖动填充柄进行填充；还可以在 A2 单元格中输入序号"1"，然后选中该单元格，按住 Ctrl 键拖动填充柄向下填充。自动填充员工编号如图 3.4 所示。

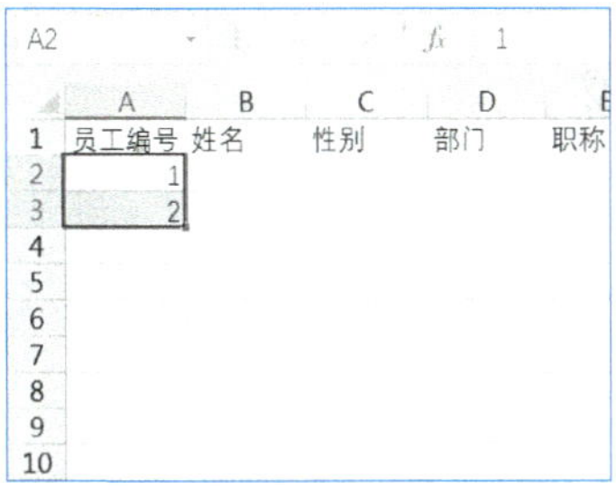

3）录入姓名。姓名是文本型数据，选中相应的单元格直接录入即可。

4）录入性别。由于需要在"性别"列的多个单元格中输入"男"或者"女"，可以一次性输入，按住 Ctrl 键

图 3.4　自动填充员工编号

的同时选中需要输入性别"男"的多个单元格，然后直接输入"男"，输入完成后，按 Ctrl+Enter 快捷键即可。还可以制作下拉列表，直接在菜单中选择，而不是自己填写，这一方面有利于数据的准确性，另一方面有利于快捷输入。具体操作如下：选中"性别"列，单击"数据"选项卡"数据工具"选项组中的"数据验证"下拉按钮，在下拉列表中选择"数据验证"选项，打开"数据验证"对话框，在"允许"下拉列表中选择"序列"选项，在"来源"文本框中输入"男,女"（"男,女"之间的逗号应为英文状态下的逗号），然后单击"确定"按钮，如图 3.5 所示。

设置完成，单击"性别"列单元格右侧的下拉按钮就可以完成数据录入，如图 3.6 所示。

"部门""职称""学历"等列都可以使用"性别"列的数据录入方法，此处不再一一赘述。

5）录入身份证号码。由于身份证号码有 18 位，直接在单元格中录入，会自动更换为科学记数法的形式，同时由于 Excel 只保留 15 位的数字精度，最后 3 位数字将变为 0，使身份证号码不再准确，如图 3.7 所示。

图 3.5　制作下拉列表

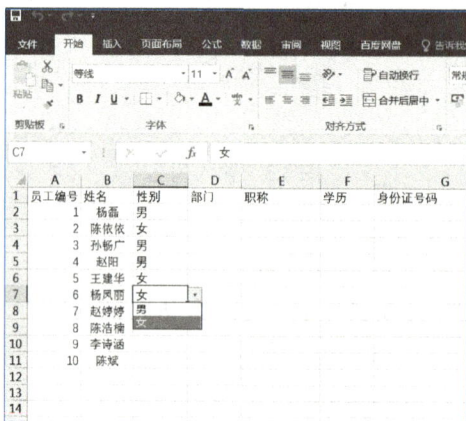

图 3.6　录入性别

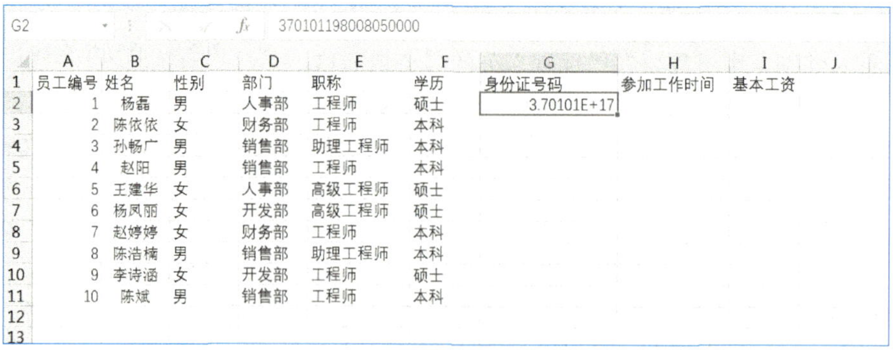

图 3.7　身份证号码出错

解决身份证号码不准确的方法是将本列数据的格式设置为文本格式，有两种方法可以实现。

第一，在输入身份证号码之前先输入一个英文状态下的单引号，再输入身份证号码，这时在单元格左上角出现一个绿色的三角形，表示设置数据为文本格式，如图 3.8 所示。

	A	B	C	D	E	F	G	H	I
1	员工编号	姓名	性别	部门	职称	学历	身份证号码	参加工作时间	基本工资
2	1	杨磊	男	人事部	工程师	硕士	****** 198008050513		
3	2	陈依依	女	财务部	工程师	本科			
4	3	孙畅广	男	销售部	助理工程师	本科			
5	4	赵阳	男	销售部	工程师	本科			
6	5	王建华	女	人事部	高级工程师	硕士			
7	6	杨凤丽	女	开发部	高级工程师	硕士			
8	7	赵婷婷	女	财务部	工程师	本科			
9	8	陈浩楠	男	销售部	助理工程师	本科			
10	9	李诗涵	女	开发部	工程师	硕士			
11	10	陈斌	男	销售部	工程师	本科			

图 3.8　数字变文本

第二，选中“身份证号码”列，右击打开快捷菜单，选择“设置单元格格式”选项，打开“设置单元格格式”对话框。在该对话框中选择“文本”选项（显示数值与输入内容一致），单击“确定”按钮，如图 3.9 所示。

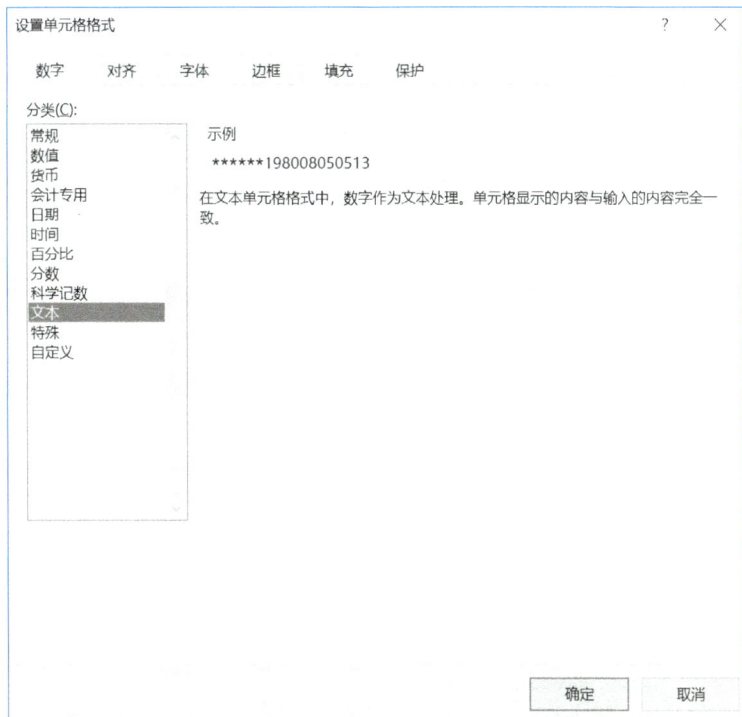

图 3.9　在“设置单元格格式”对话框中选择“文本”选项

6）录入参加工作时间。选中“参加工作时间”列，右击打开快捷菜单，选择“设置单元格格式”选项，打开“设置单元格格式”对话框，选择“日期”选项，选择各种日期的具体显示方式，然后单击“确定”按钮。

7）录入基本工资。选中“基本工资”列，右击打开快捷菜单，选择“设置单元格格式”选项，打开“设置单元格格式”对话框，选择“货币”选项，选择小数位数和相应的货币符号，然后单击"确定"按钮，如图 3.10 所示。

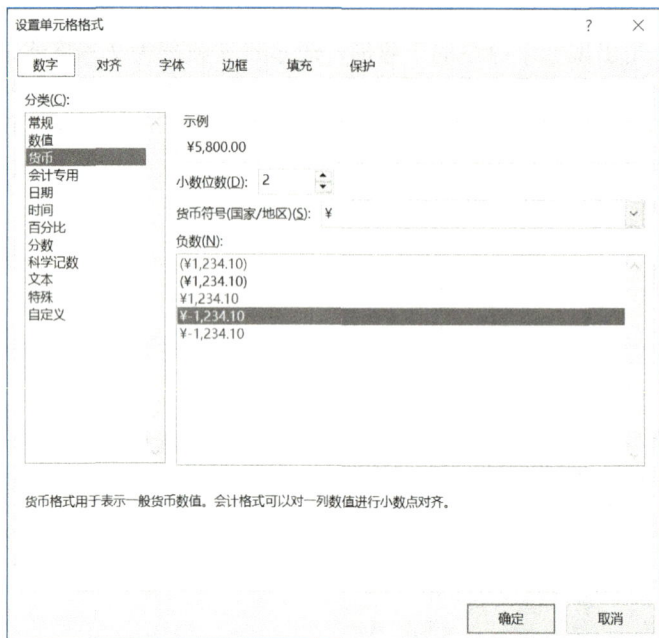

图 3.10　设置货币格式

至此，完成员工基本信息表的数据输入。

3．保存文件

选择"文件"→"保存"选项，打开"另存为"对话框，设置文件名为"员工基本信息表"、文件类型为"Excel 工作簿（*.xlsx）"，单击"保存"按钮保存文件，如图 3.11 所示。

图 3.11　保存文件

📖 相关知识

1. Excel 窗口组成

Excel 2016 窗口主要由标题栏、功能区、文本编辑区、状态栏、快速访问工具栏、选项卡、编辑栏、名称框、列标、单元格、行号、工作表标签部分组成，如图 3.12 所示。主要部分介绍如下。

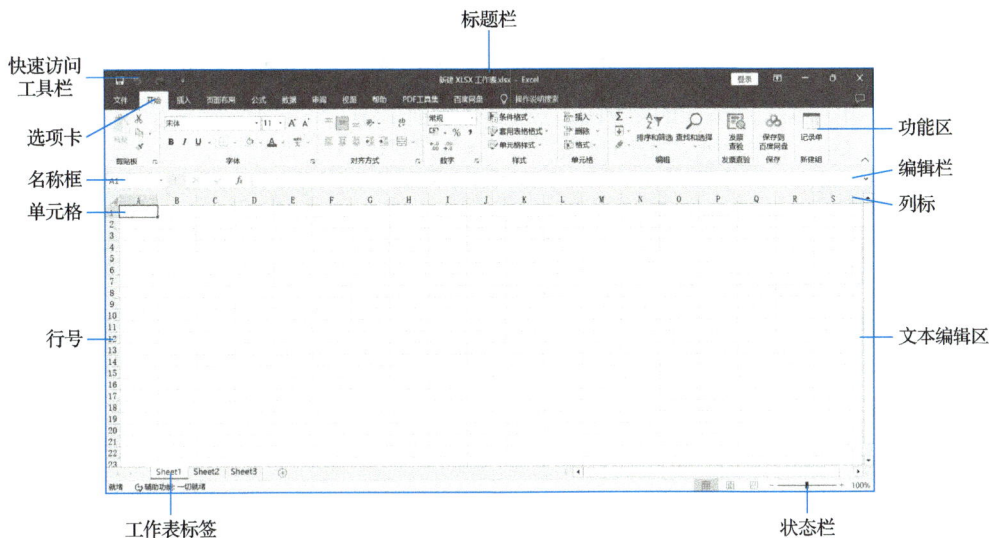

图 3.12　Excel 2016 窗口

（1）标题栏

在默认状态下，标题栏位于 Excel 窗口顶部，主要包含快速访问工具栏、文件名和窗口控制按钮。快速访问工具栏位于标题栏左侧，它包含一组常用选项，默认的快速访问工具栏包含保存、撤销、恢复选项。单击快速访问工具栏下拉按钮，在打开的"自定义快速访问工具栏"下拉列表中，可以自定义快速访问工具栏的选项，如图 3.13 所示。

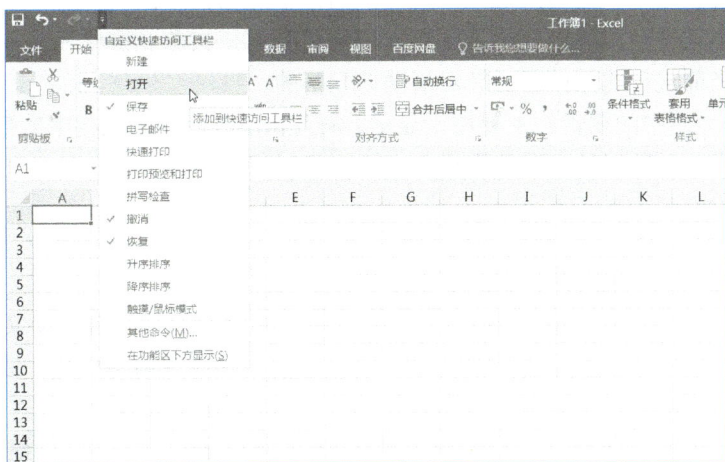

图 3.13　自定义快速访问工具栏

在标题栏中间显示当前编辑表格的名称。启动 Excel 时，默认的文件名为"工作簿 1"。标题栏右侧为 Excel 的"功能区显示选项"按钮和程序窗口控制按钮，这些按钮包含自动隐藏功能区、显示选项卡、显示选项卡和命令、最小化/最大化、还原和关闭等功能。

（2）功能区

功能区包含使用 Excel 时用到的功能。根据功能性质，这些功能以三种组织方式分类显示在功能区中。

1）选项卡。它们位于功能区上方。常用的选项卡有开始、插入、页面布局、公式、数据和视图等。

2）选项组。一个选项组包含多个与工作表和工作簿相关的相似功能的选项，其名称显示在底部。例如，与字体相关的选项在"字体"选项组中。

3）选项。每个选项在选项组中显示。

（3）文本编辑区

文本编辑区是 Excel 2016 操作界面中用于输入数据的区域，由单元格组成，用于输入和编辑不同的数据类型。

（4）状态栏

状态栏位于 Excel 操作界面的最下方，用于显示当前数据的编辑状态、选中数据统计区、页面显示方式及调整页面显示比例等。

2. 工作簿和工作表

Excel 2016 以工作簿为单位，新建工作簿中默认包含 1 个名为"Sheet1"的工作表。用户可以根据需要添加或删除工作表，单击"工作表标签"可在不同工作表间切换。

工作表包含在工作簿中，由单元格、行号、列标及工作表标签组成。

行号显示在工作表的左侧，依次用阿拉伯数字 1、2、3……表示；列标显示在工作表上方，依次用字母 A、B、C……表示。

工作表中行与列相交形成的长方形区域称为单元格。单元格是工作表中最基本的数据单元，也是电子表格软件处理数据最小的单位，用来存储数据和公式。在 Excel 中用列标和行号的形式表示某个单元格，如 A1 单元格、B3 单元格。

在工作表中正在使用的单元格周围有一个绿色方框，该单元格称为当前单元格或活动单元格。用户当前进行的操作都是针对活动单元格的。

Excel 操作界面中的编辑栏主要用于显示、输入和修改活动单元格中的数据。在工作表的某个单元格中输入数据时，在编辑栏中会同步显示输入的内容。

3. 新建文档的方法

在 Excel 2016 中新建文档，主要有以下方法。

1）在"开始"菜单中选择"Excel 2016"选项，启动该软件即打开新文档。

2）在 Excel 2016 文档中，选择"文件"→"新建"→"空白工作簿"选项，或者创建应用某种模板的文档。

3）在桌面等空白处右击，在打开的快捷菜单中选择"新建"选项，创建 Excel 工作表。

4）按 Ctrl+N 快捷键快速新建文档。

4．保存文档的方法

为避免因误操作、计算机死机或断电而造成数据损失，要随时保存文档。在 Excel 2016 中保存文档，主要有以下方法。

（1）保存新建文档

1）选择"文件"→"保存"选项。

2）单击快速访问工具栏中的"保存"按钮。

3）按 Ctrl+S 快捷键保存新建文档。

若是第一次保存当前文档，则会打开"另存为"窗格，若选择"浏览"选项，则打开"另存为"对话框，在此对话框中可以选择文档保存位置，在"文件名"文本框中输入要保存的文档名，在"保存类型"下拉列表中选择要保存的文档类型，一般默认保存类型为"Excel 工作簿（*.xlsx）"。

（2）保存已有文档

1）若只是修改文档内容，则只需要单击"保存"按钮即可。

2）若修改后文档需要另外保存，不覆盖修改前的文档，则选择"文件"→"另存为"选项，修改"保存位置"及"文件名"等信息后，保存文档（已有文档保持不变，又保存了一份修改后的文档）。

5．输入数据的方法

在 Excel 中经常使用的数据类型有文本型数据、数值型数据和日期型数据、时间型数据等，如图 3.14 所示。

图 3.14　Excel 数据类型

（1）文本型数据

文本可以是字母、汉字、数字、空格或者其他字符，也可以是它们的组合。可直接在单元格中输入文本型数据，默认单元格左侧对齐。

（2）数值型数据

数值型数据由数字（0～9）、正号（+）、负号（-）、小数点（.）、分数号（/）、百分号（%）、指数符号（E 或 e）、货币符号（¥或$）和千位分隔号（,）等组成。输入数值型数据时，默认单元格右侧对齐。

如果要在单元格中输入正数，则可直接输入数字。如果要在单元格中输入负数，则应在输入数字前添加负号"-"，或给数字加上圆括号。例如，输入"-10"和"(10)"都可在单元格中得到数字-10。

若要在单元格中输入百分比数据或小数，则可以直接在数值后输入百分号"%"或在相应位置输入小数点。

若要在单元格中输入分数，则应先输入"0"和一个空格，再输入分数，否则 Excel 会将该数据作为日期型数据进行处理，如图 3.15 所示。

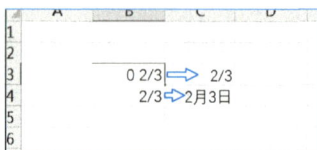

图 3.15　分数的输入

注意：Excel 2016 中的单元格默认显示为 11 位有效数字，如果输入的数值长度超过 11 位，则系统将自动以科学记数法显示该数字。例如 18 位的身份证号码，如果需要正确显示该号码，则要将其转换为文本格式。

（3）日期型数据、时间型数据

Excel 将日期和时间视为数字来进行处理，它能够识别出大部分用普通表示方法输入的日期和时间。输入日期时，年、月、日之间要用"/"号或"-"号隔开，如"2023-3-14""2023/3/14"。输入时间时，时、分、秒之间要用冒号隔开，如"10:29:36"。如果要在一个单元格中同时输入日期和时间，则日期和时间之间要用空格隔开。在单元格中，按 Ctrl +;（分号）快捷键插入系统当前的日期，按 Ctrl+Shift+:（冒号）快捷键插入系统当前的时间。

在 Excel 中，可以输入多种类型的数据，只需要通过简单的步骤就可以实现。右击单元格打开快捷菜单，选择"设置单元格格式"选项，在打开的"设置单元格格式"对话框中选择"数字"选项卡，就可以设置 Excel 数据类型。

6. 数据填充

在 Excel 中输入数据时，经常会遇到一些有规律的数据，此时可以使用自动填充功能来完成。

微课：自动填充

1）初值是纯数字型数据或文字型数据时，拖动填充柄填充的是相同数据（复制填充）；若在拖动填充柄时按住 Ctrl 键，则可使数字型数据自动增减 1（向下向右是增，向上向左是减）。

2）初值是文字型和数字型混合数据时，填充时文字不变，数字递增减。例如，初值是"计算机应用技术 1 班"，向下填充时会依次生成"计算机应用技术 2 班""计算机应用技术 3 班"等。如果填充时按住 Ctrl 键，则实现复制填充。

3）初值是日期或时间型数据时，拖动填充柄会填充自动增减 1 的序列（日期以天为单位，时间以小时为单位）。如果在填充时按住 Ctrl 键，则实现复制填充。

4）如果选中连续两个包含数值的单元格填充，则填充的是等差序列。如果按住右键拖动填充，释放鼠标后可在快捷菜单中选择填充选项（等差、等比、序列等）。

5）如果初值是 Excel 预设（已经定义好的）序列中的数据，则按预设序列填充。选择"文件"→"选项"选项，打开"Excel 选项"对话框（图 3.16），选择左侧列表中的"高级"选项，然后单击右侧"常规"中的"编辑自定义列表"按钮，打开"自定义序列"对话框（图 3.17）。选择"自定义序列"对话框左侧的"新序列"选项，在右侧的"输入序列"列表框中逐项输入自定义的数据序列，每项数据输入完后都按 Enter 键确认，单击"添加"按钮，将新定义序列添加到"自定义序列"列表中。

图 3.16　"Excel 选项"对话框

图 3.17　"自定义序列"对话框

7. 数据的高效录入

（1）快速输入☑和☒

在 Excel 中，要求用☑和☒显示员工的任务完成状况，在"插入"选项卡"符号"选项组中单击"符号"按钮，打开"符号"对话框，设置字体为"Wingdings 2"，找到相对应的符号插入即可，如图 3.18 所示。

为了快速输入这两个符号，选中要输入内容的单元格区域，设置字体为 Wingdings 2，然后在单元格中输入大写字母 R 就会显示☑，输入大写字母 S 就会显示☒。快速插入符号如图 3.19 所示。

图 3.18　"符号"对话框

图 3.19　快速插入符号

（2）快速输入"已完成"和"未完成"

如果要在任务完成统计表中，快速输入"已完成"和"未完成"，则可以选中要输入内容的单元格区域，打开"设置单元格格式"对话框，然后输入以下自定义格式代码：

[=1]已完成;[=2]未完成

设置完成后，在单元格中输入 1 会显示"已完成"，输入 2 会显示"未完成"。

（3）在部门前批量加上单位名

选中数据区域，设置单元格格式，自定义格式代码如图 3.20 所示。

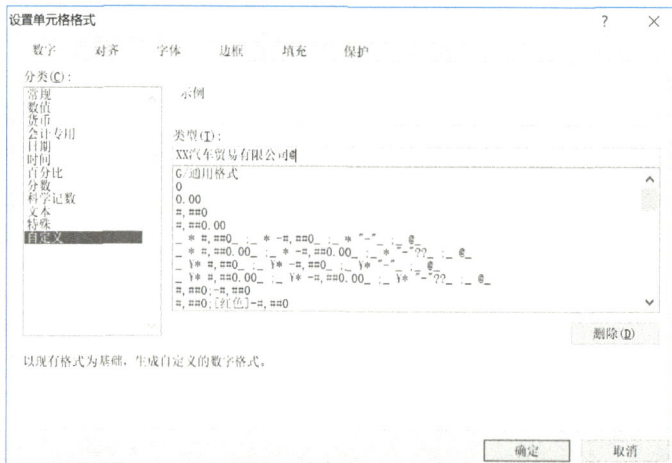

图 3.20　自定义格式代码

代码中的@表示在单元格中输入的文本内容。设置完成后，只要输入部门，就会自动加上公司名称，如图 3.21 所示。

图 3.21　批量加入单位名

8. 数据验证

在进行大量的 Excel 表格数据录入时，为了防止某一区域的数据输入错误，需要进行数据验证。如果数据与该区域数值规定条件相符，则允许输入。如果数据与该区域数值规定条件不符，则出现错误提示。此方法可以降低大批量数据录入的错误概率。

微课：数据验证

选中需要设置数据验证的单元格或者单元格区域，在"数据"选项卡"数据工具"选项组中单击"数据验证"按钮，打开"数据验证"对话框（图 3.22），可以进行相关设置。

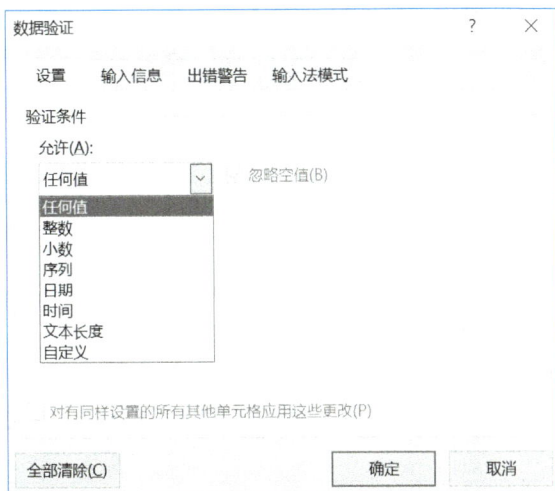

图 3.22　"数据验证"对话框

在"数据验证"对话框中，内置了八种验证数据有效性的条件，可以借此对数据录入进行有效的管理和控制。各项条件如下。

1）任何值。此为默认条件，允许在单元格中输入任何值而不受限制。

2）整数。该条件限制在单元格中只能输入整数。当选择使用整数作为允许条件后， 在

"数据"下拉列表中可以选择数据允许的范围，如"介于""大于"等。如果选择"介于"，则会出现"最小值"和"最大值"数据范围编辑框，供用户指定整数区间的上限值和下限值。

3）小数。该条件限制在单元格中只能输入小数。该条件的设置方法与整数条件相似。

4）序列。该条件要求在单元格或单元格区域中必须输入某一特定序列中的一个内容项。序列的内容可以是单元格引用、公式，也可以是手动输入的内容。当选择"序列"作为允许条件后，会出现"序列"条件的设置选项。在"来源"编辑框中，如果手动输入序列内容，则须用半角逗号隔开不同的内容项。如果同时勾选了"提供下拉箭头"复选框，则在设置完成后，当选中单元格时，在单元格的右侧会出现下拉按钮。单击此下拉按钮，序列内容会出现在下拉列表中，选择其中一项即可完成输入。

5）日期。该条件限制在单元格中只能输入某一区间的日期，或者排除某一日期区间以外的日期。

6）时间。该条件限制在单元格中只能输入时间，与"日期"条件的设置基本相同。

7）文本长度。该条件主要用于限制输入数据的字符个数。

8）自定义。要使用此选项，需要提供一个逻辑公式，确定用户条目（逻辑公式返回 TRUE 或 FALSE）的有效性。

任务拓展

1. 任务要求

完成学生基本信息表，效果如图 3.23 所示。

序号	班级	学生姓名	学号	性别	籍贯
		学生基本信息表			
1	计算机应用技术1班	丁光宇	20210101	男	山东济南
2	计算机应用技术1班	王兴昊	20210102	男	山东潍坊
3	计算机应用技术1班	邵玉峥	20210103	男	山东淄博
4	计算机应用技术1班	张业麟	20210104	男	山东青岛
5	计算机应用技术1班	许启帅	20210105	男	山东济南
6	计算机应用技术2班	徐展飞	20210201	女	山东淄博
7	计算机应用技术2班	张文璇	20210202	女	山东潍坊
8	计算机应用技术2班	徐国新	20210203	男	山东济南
9	计算机应用技术2班	杨广瑞	20210204	男	山东青岛
10	计算机应用技术2班	冯玉静	20210205	女	山东淄博
11	计算机应用技术3班	黄文杰	20210301	男	山东青岛
12	计算机应用技术3班	张鹏林	20210302	男	山东潍坊
13	计算机应用技术3班	杨俊杰	20210303	男	山东潍坊
14	计算机应用技术3班	张杰	20210304	女	山东青岛
15	计算机应用技术3班	蔡栋梁	20210305	男	山东青岛

图 3.23　学生基本信息表

2. 任务实施

准确、高效地完成数据录入。例如，可以对"性别"列进行数据验证，设置下拉列表，下拉列表中包括男、女。

任务 *3.2* 美化员工基本信息表

☞ **任务描述**

员工基本信息表是编制后续表格的参考和依据。为方便管理，可对其进行格式化操作，改变工作表的外观，突出显示员工基本信息表中的数据，使其符合日常习惯并变得美观。本任务要求对员工基本信息表进行格式化操作，包括套用表格样式、设置条件格式、设置页面背景、冻结窗格等。美化员工基本信息表如图 3.24 所示。

☞ **任务目标**

1. 掌握表格格式和单元格样式的设置方法。
2. 掌握表格边框、背景及图案的设置方法。
3. 能进行行和列的插入与删除操作。
4. 能熟练设置条件格式和对工作表数据进行美化。
5. 养成严谨、细致、认真负责的工作态度。

员工编号	姓名	性别	部门	职称	学历	身份证号码	参加工作时间	基本工资
1	杨磊	男	人事部	工程师	硕士	******198008050513	2005/7/6	¥5,800.00
2	陈依依	女	财务部	工程师	本科	******198312231322	2006/3/17	¥6,000.00
3	孙畅广	男	销售部	助理工程师	本科	******197603248419	2000/7/19	¥4,500.00
4	赵阳	男	销售部	工程师	本科	******197908280512	2002/9/1	¥4,600.00
5	王建华	女	人事部	高级工程师	硕士	******197102271226	1997/4/10	¥7,500.00
6	杨凤丽	女	开发部	高级工程师	硕士	******197205092328	1997/8/14	¥7,600.00
7	赵婷婷	女	财务部	工程师	本科	******196809103425	1990/2/19	¥6,300.00
8	陈浩楠	男	销售部	助理工程师	本科	******197503021215	1998/9/11	¥4,700.00
9	李诗涵	女	开发部	工程师	硕士	******198809290729	2012/12/7	¥6,000.00
10	陈斌	男	销售部	工程师	本科	******198111110913	2004/10/31	¥4,800.00

图 3.24 美化员工基本信息表

💻 **任务实施**

1. 插入标题行

选中第一行右击，在打开的快捷菜单中选择"插入"选项。选中 A1:I1 单元格区域，在"开始"选项卡"对齐方式"选项组中单击"合并后居中"按钮，输入标题"××汽车贸易有限公司员工信息表"。插入标题行如图 3.25 所示。

图 3.25　插入标题行

2. 套用表格样式

1）系统中设置了多种专业性的表格样式，可以选择其中一种格式自动套用到选中的工作表单元格区域。通过套用表格格式，可以快速美化表格。

具体操作如下。

为标题行设置合适的字体样式和填充颜色。选中 A2:I12 单元格区域，在"开始"选项卡"样式"选项组中单击"套用表格样式"下拉按钮，在下拉列表中会出现多种表格样式，选择中等深浅 2 样式。套用表格样式如图 3.26 所示。

图 3.26　套用表格样式

2）套用表格样式后，会进入数据筛选模式，在出现的"表格工具/设计"选项卡"工具"选项组中单击"转换为区域"按钮，如图 3.27 所示。将表格转换为普通区域，如图 3.28 所示。

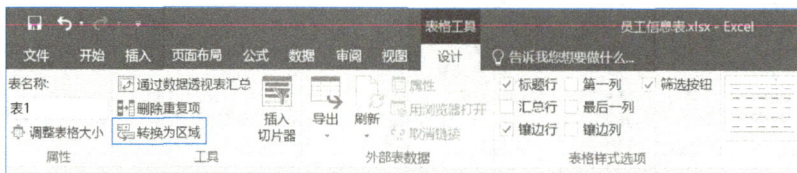

图 3.27　转换为区域

图 3.28　普通区域

3．设置条件格式

给"参加工作时间"列设置条件格式。2000 年之前参加工作的用黄色填充，2000～2009 年参加工作的用浅绿色填充，2010 年及之后参加工作的用蓝色填充。

具体操作如下：选择"参加工作时间"单元格，在"开始"选项卡"样式"选项组中单击"条件格式"下拉按钮，在下拉列表中选择"新建规则"选项。在打开的"新建格式规则"对话框中，设置单元格值的范围及对应的格式。用同样的操作设置其他的条件格式。设置条件格式如图 3.29 所示。条件格式效果如图 3.30 所示。

微课：条件格式

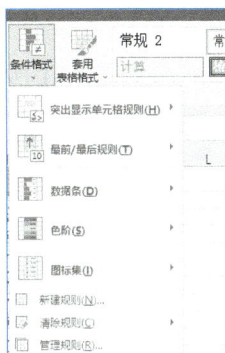

（a）条件格式 1

（b）条件格式 2

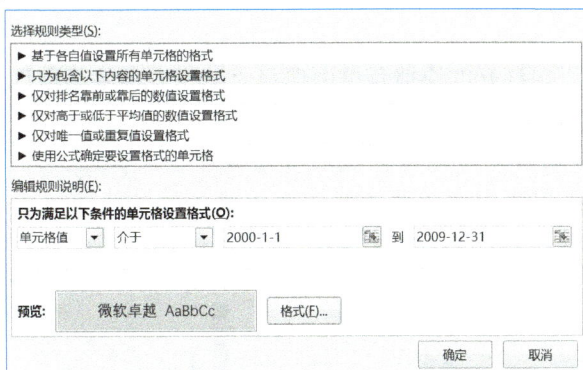

（c）条件格式 3

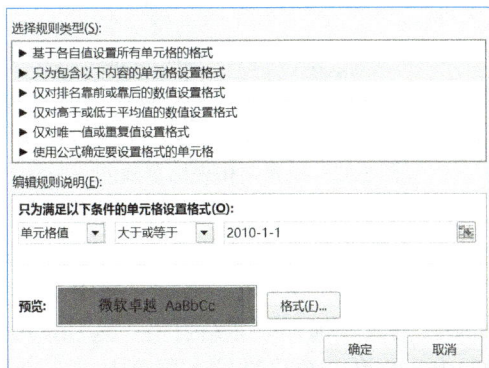

（d）条件格式 4

图 3.29　条件格式

员工编号	姓名	性别	部门	职称	学历	身份证号码	参加工作时间	基本工资
1	杨磊	男	人事部	工程师	硕士	******198008050513	2005/7/6	¥5,800.00
2	陈依依	女	财务部	工程师	本科	******198312231322	2006/3/17	¥6,000.00
3	孙畅广	男	销售部	助理工程师	本科	******197603248419	2000/7/19	¥4,500.00
4	赵阳	男	销售部	工程师	本科	******197908280512	2002/9/1	¥4,600.00
5	王建华	女	人事部	高级工程师	硕士	******197102271226	1997/4/10	¥7,500.00
6	石凤丽	女	开发部	高级工程师	硕士	******197205092328	1997/8/14	¥7,600.00
7	赵婷婷	女	财务部	工程师	本科	******196809103425	1990/2/19	¥6,300.00
8	陈浩楠	男	销售部	助理工程师	本科	******197503021215	1998/9/11	¥4,700.00
9	李诗涵	女	开发部	工程师	硕士	******198809290729	2012/12/7	¥6,000.00
10	陈斌	男	销售部	工程师	本科	******198111110913	2004/10/31	¥4,800.00

图 3.30　条件格式效果

4. 取消网格线

在"视图"选项卡"显示"选项组中取消勾选"网格线"复选框，如图 3.31 所示。

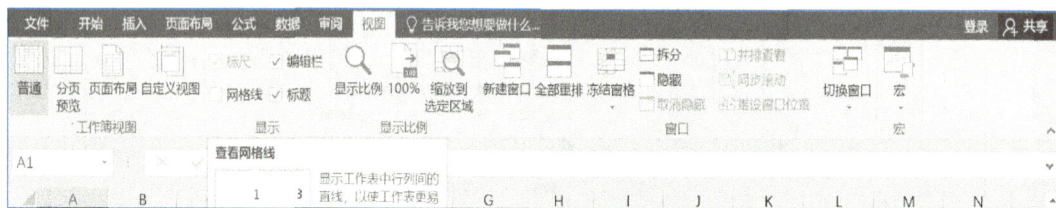

图 3.31　取消网格线

5. 设置工作表标签

右击工作表标签，在打开的快捷菜单中选择"工作表标签颜色"选项，将工作表标签的颜色设置为红色，如图 3.32 所示。

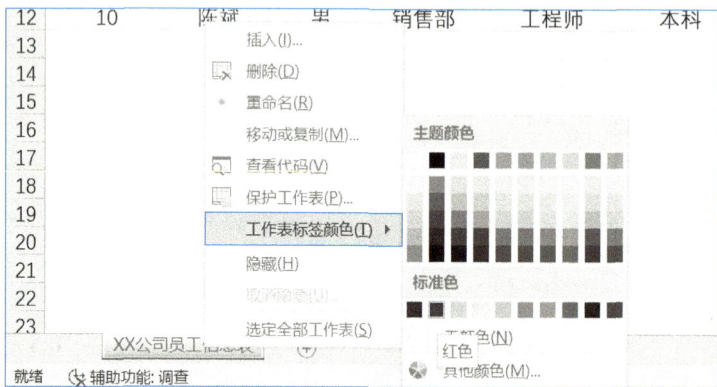

图 3.32　设置工作表标签颜色

6. 冻结窗格

设置表格内容居中对齐。选中 A3 单元格，单击"视图"选项卡"窗口"选项组中的"冻结窗格"下拉按钮，在下拉列表中选择"冻结窗格"选项，冻结第一行和第二行。

冻结窗格可将工作表的上窗格和左窗格冻结在屏幕上。在滚动工作表时，行标题和列标题可以一直在屏幕上显示，方便用户查看。冻结窗格如图 3.33 所示。

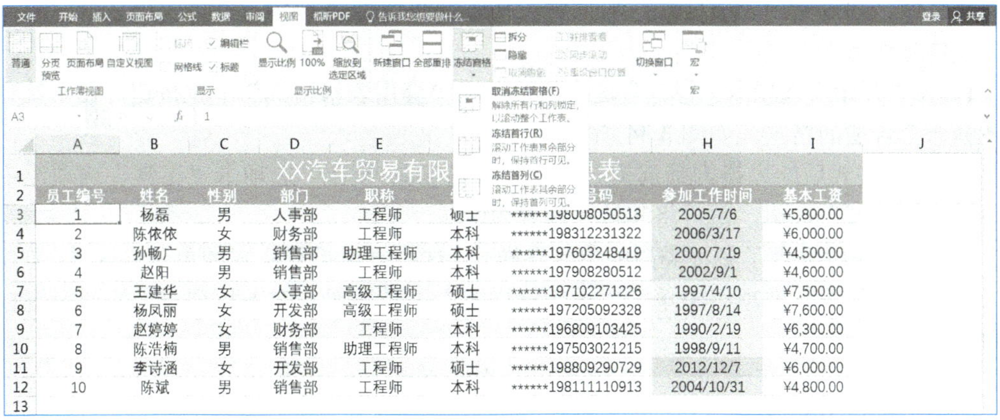

图 3.33　冻结窗格

相关知识

1. 行、列的插入与删除操作

选中需要插入的单元格（区域、行、列），在"开始"选项卡"单元格"选项组中单击"插入"下拉按钮，在下拉列表中选择"插入单元格/行/列"选项；或选中单元格（区域、行、列）右击，在打开的快捷菜单中选择"插入"选项，在相应位置插入行或列。删除操作与插入操作相似。

2. 设置边框、背景及图案

（1）设置表格的边框

在工作表中给单元格加上不同的边框线，可以制作出各种风格的表格。边框的设置有以下两种方法。

1）选中单元格区域，右击打开快捷菜单，选择"设置单元格格式"选项，打开"设置单元格格式"对话框，选择"边框"选项卡，选择边框线条样式、颜色，设置边框的位置，单击"确定"按钮。

2）选中单元格区域，在"开始"选项卡"字体"选项组中单击"下框线"下拉按钮，可从中选择线型、颜色等，根据需要添加、绘制边框。

（2）设置表格的背景及图案

当工作表中某些重要数据需要突出显示或强调显示时，可以使用某种背景及图案来实现。具体操作如下。

选中须设置背景及图案的单元格区域，在"开始"选项卡"字体"选项组中单击"填充颜色"下拉按钮，在下拉列表中选择填充色。在"设置单元格格式"对话框中也可以实现此功能。

微课：设置边框、背景及图案

3. 套用表格格式和单元格样式

Excel 提供了多种专业性的表格样式，可以选择其中一种格式自动套用到选中的工作表单元格区域，通过套用表格格式，可以对表格进行快速美化。

具体操作如下。

1）在"开始"选项卡"样式"选项组中单击"套用表格格式"下拉按钮，在下拉列表中选择一个合适的格式，如图 3.34 所示。

2）套用格式后的表格为筛选模式，在"表格工具/设计"选项卡"工具"选项组中单击"转换为区域"按钮，则可将其转换为普通区域。

同时，系统中提供了多种类型的单元格样式。选中需要设置格式的单元格区域，在"开始"选项卡"样式"选项组中单击"单元格样式"下拉按钮，在下拉列表中快速设置合适的单元格格式。

4. 设置条件格式

对于 Excel 表格中的不同数据，可以按照不同的条件和要求设置其显示格式，以便把不同的数据更加醒目地表示出来。在 Excel 中，除了应用突出显示单元格规则，还可以为单元格设置数据条、图标集等，让数据更加形象直观。

（1）设置数据条

在条件格式中可以设置数据条，数据条的长短醒目地表示数据的大小。例如，要给某一列设置数据条。首先选中设置数据条区域，然后在"开始"选项卡"样式"选项组中单击"条件格式"下拉按钮，在下拉列表中选择"数据条"选项，并应用红色渐变填充效果，如图 3.35 所示。

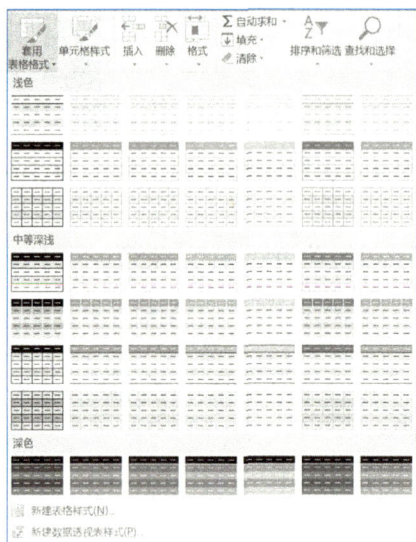

图 3.34　套用表格格式

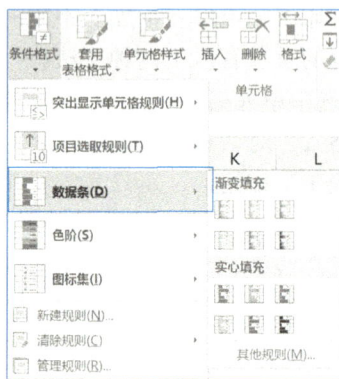

图 3.35　设置条件格式

（2）条件格式的编辑

在"开始"选项卡"样式"选项组中单击"条件格式"下拉按钮，选择"管理规则"选项，打开"条件格式规则管理器"对话框。选中相应规则，单击"编辑规则"按钮，即可编辑指定的规则。

同样，在"条件格式规则管理器"对话框中可以新建规则或清除规则。

5．页面设置

（1）插入分页符

具体操作如下：在"页面布局"选项卡"页面设置"选项组中单击"分隔符"下拉按钮，在下拉列表中选择"插入分页符"选项。如果删除分页符，则单击"分隔符"下拉按钮，选择"删除分页符"选项即可。

（2）设置页边距

在"页面布局"选项卡"页面设置"选项组中单击对话框启动器按钮，打开"页面设置"对话框，选择"页边距"选项卡，设置上、下、左、右及页眉页脚的页边距，并设置居中方式为水平垂直居中。

（3）设置页眉和页脚

在"页面布局"选项卡"页面设置"选项组中单击对话框启动器按钮，打开"页面设置"对话框，选择"页眉/页脚"选项卡，单击"自定义页眉"按钮，在页眉左边插入公司Logo 图片，在页眉中间插入文件名称，在页眉右边插入日期，在"页脚"下拉列表中选择"第 1 页　共？页"选项，设置页脚。页面设置如图 3.36 所示。

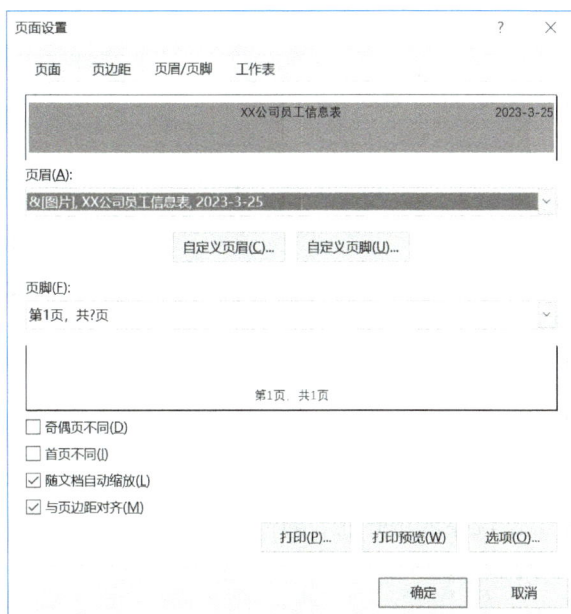

图 3.36　页面设置

6．打印工作表

（1）设置打印区域

选中数据区域，在"页面布局"选项卡"页面设置"选项组中单击"打印区域"下拉按钮，在下拉列表中选择"设置打印区域"选项，在所选区域四周会自动添加虚的边框线，打印时将只打印边框线包围部分的内容。

（2）设置打印行和列的标题

在"页面布局"选项卡"页面设置"选项组中单击对话框启动器按钮，打开 "页面设置"对话框，选择"工作表"选项卡。将光标定位到"顶端标题行"文本框中，在工作表中单击行标题所在的行号或直接输入行号，单击"确定"按钮即可。打印设置如图 3.37 所示。

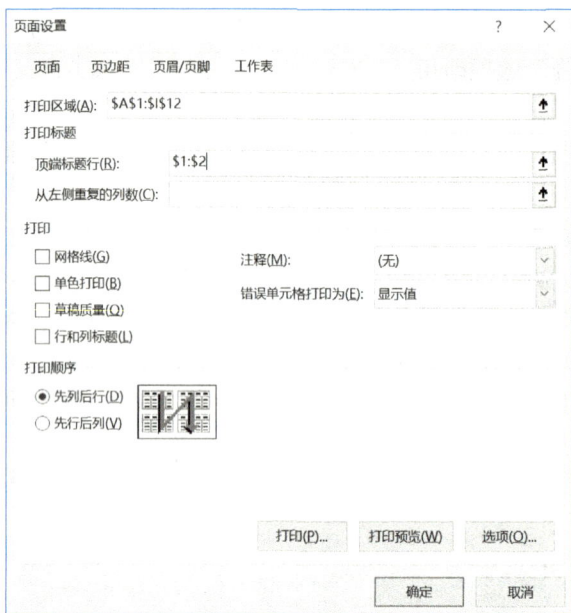

图 3.37　打印设置

（3）打印输出

选择"文件"→"打印"选项，打开"打印"窗格，该窗格中分布了多个选项，用于对打印机、打印范围和页数、打印方向、纸张大小、页边距等进行设置。该窗格右侧显示了当前工作表第一页的预览效果，设置完成并确认后，单击"打印"窗格中的"打印"按钮，将工作表打印输出。

7．对齐姓名

在工作过程中经常会出现要求对齐姓名的情况，如图 3.38 所示。

	部门	姓名	销售额（万元）	备注
1	部门	姓名	销售额（万元）	备注
2	销售1部	杨　磊	100	
3	销售1部	陈依依	23	
4	销售1部	孙畅广	78	
5	销售1部	赵　阳	65	
6	销售1部	王　华	80	
7	销售2部	杨凤丽	54	
8	销售2部	赵婷婷	38	
9	销售2部	陈　楠	93	
10	销售2部	李诗涵	115	
11	销售2部	陈斌	47	

图 3.38　对齐姓名

选中"姓名"单元格区域，右击选中区域，在打开的快捷菜单中选择"设置单元格格式"选项，在打开的"设置单元格格式"对话框中，选择"对齐"选项卡，单击"水平对齐"下拉按钮，在下拉列表中选择"分散对齐"选项，将缩进调整为 1，单击"确定"按钮完成。设置参数如图 3.39 所示。

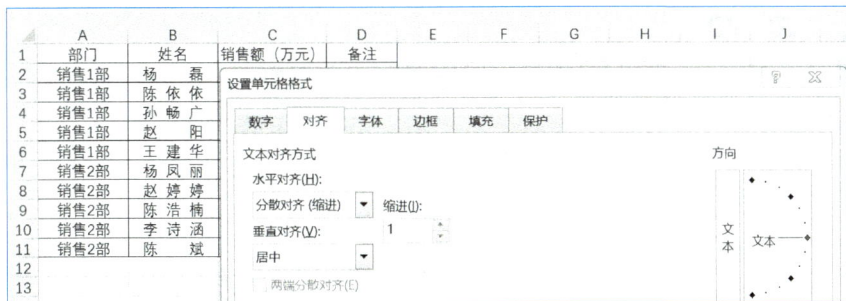

图 3.39　设置参数

任务拓展

1. 任务要求

美化学生“信息技术基础”课程期末考试信息统计表，效果如图 3.40 所示。

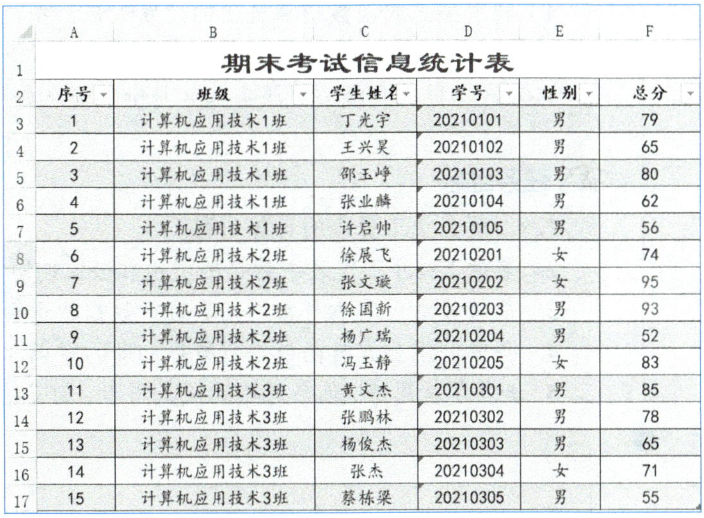

序号	班级	学生姓名	学号	性别	总分
1	计算机应用技术1班	丁光宇	20210101	男	79
2	计算机应用技术1班	王兴昊	20210102	男	65
3	计算机应用技术1班	邵玉峥	20210103	男	80
4	计算机应用技术1班	张业麟	20210104	男	62
5	计算机应用技术1班	许启帅	20210105	男	56
6	计算机应用技术2班	徐展飞	20210201	女	74
7	计算机应用技术2班	张文璇	20210202	女	95
8	计算机应用技术2班	徐国新	20210203	男	93
9	计算机应用技术2班	杨广瑞	20210204	男	52
10	计算机应用技术2班	冯玉静	20210205	女	83
11	计算机应用技术3班	黄文杰	20210301	男	85
12	计算机应用技术3班	张鹏林	20210302	男	78
13	计算机应用技术3班	杨俊杰	20210303	男	65
14	计算机应用技术3班	张杰	20210304	女	71
15	计算机应用技术3班	蔡栋梁	20210305	男	55

图 3.40　学生期末考试信息统计表

2. 任务实施

1）将第一行内容作为表格标题居中，设置行高为“26”，文字格式为“隶书、加粗、蓝色、22 磅”。

2）将 A2:F17 单元格区域的行高设置为“18.5”，设置文字格式为“楷体、12 磅、居中对齐”。

3）在 A2:F17 单元格区域套用表格样式“中等深浅 23”。

4）设置条件格式为“总分 60 分以下设置红色填充、90 分及以上设置绿色填充”。

5）为 A2:F17 单元格区域数据添加上边框。

任务 **3.3** 制作员工工资表

☞ **任务描述**

××汽车贸易有限公司人力资源部门依据公司最新的薪资制度，用 Excel 重新设置了员工工资统计表格，其中包括员工加班统计表、员工工资表和工资统计表。本任务具体要求如下。

1）在员工加班统计表中根据员工四周加班时长计算员工每月加班时长。

2）在员工工资表中引用员工加班表数据计算加班费。

3）将员工基本信息表中的身份证号引入员工工资表，并根据身份证号求出对应的年龄。

4）利用公式或函数核算员工的应发工资、扣税和实发工资等。

5）利用相关公式或函数制作工资统计表。

××汽车贸易有限公司服务部 8 月份工资表如图 3.41 所示。

☞ **任务目标**

1. 了解企业工资表的计算过程。

2. 掌握 Excel 工作表中数据的引用和公式的写法。

3. 能够灵活应用各种常用函数进行数据的运算和统计。

4. 养成使用公式与函数进行数据处理的意识，提高操作效率。

5. 培养逻辑思维、创新思维和深入思考、刻苦钻研的学习精神。

员工号	姓名	身份证号码	年龄	基本工资	绩效奖金	加班费	应发工资	扣税	实发工资	工资排名
						××汽车贸易有限公司服务部8月份工资表				
1	杨磊	*****198008050513	42	¥4,500.00	¥600.00	¥950.00	¥6,050.00	¥31.50	¥6,018.50	10
2	陈依依	*****198312231322	39	¥5,000.00	¥1,500.00	¥1,000.00	¥7,500.00	¥75.00	¥7,425.00	6
3	孙畅广	*****197603248419	47	¥4,800.00	¥600.00	¥950.00	¥6,350.00	¥40.50	¥6,309.50	9
4	赵阳	*****197908280512	43	¥4,800.00	¥1,000.00	¥1,000.00	¥6,800.00	¥54.00	¥6,746.00	7
5	王建华	*****197102271226	52	¥4,500.00	¥1,000.00	¥1,060.00	¥6,560.00	¥46.80	¥6,513.20	8
6	杨凤丽	*****197205092328	51	¥5,500.00	¥4,500.00	¥850.00	¥10,850.00	¥375.00	¥10,475.00	3
7	赵婷婷	*****196809103425	54	¥7,245.00	¥3,000.00	¥950.00	¥11,195.00	¥409.50	¥10,785.50	2
8	陈浩楠	*****197503021215	48	¥5,567.00	¥1,800.00	¥1,000.00	¥8,367.00	¥126.70	¥8,240.30	4
9	李诗涵	*****198809290729	34	¥7,321.00	¥30,000.00	¥1,240.00	¥38,561.00	¥5,302.20	¥33,258.80	1
10	陈斌	*****198111110913	41	¥5,449.00	¥1,600.00	¥900.00	¥7,949.00	¥88.47	¥7,860.53	5

图 3.41　××汽车贸易有限公司服务部 8 月份工资表

任务实施

1. 设计 8 月份加班统计表

（1）利用合并计算求出 8 月份加班时长

1）选择工作表"8 月份加班统计表"的 C5:C14 单元格区域，在"数据"选项卡"数据工具"选项组中单击"合并计算"按钮，打开"合并计算"对话框。

2）在"函数"下拉列表中选择"求和"选项。

3）将光标置于"引用位置"文本框中，选中"第一周加班时长"工作表，选择该工作表的单元格区域 C5:C14，单击"添加"按钮，将"第一周加班时长!$C$5:$C$14"添加到"所有引用位置"列表中，如图 3.42 所示。

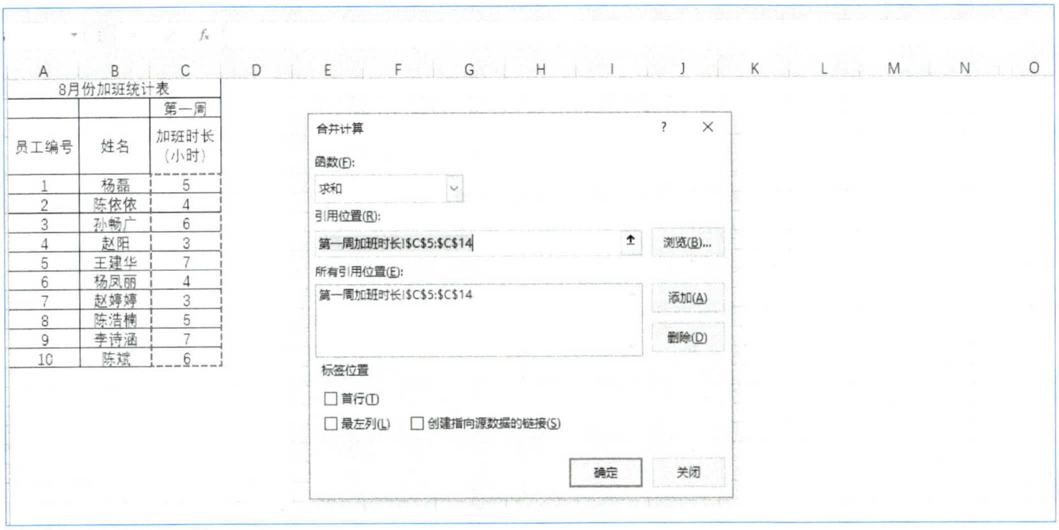

图 3.42　合并计算 8 月份加班时长

4）同样，将其他周的加班时长也添加到"所有引用位置"列表中，单击"确定"按钮，完成数据合并。

（2）利用 IF 函数计算 8 月份加班费

加班费的计算方法如下：每月加班 20 小时以下，每小时加班费为 50 元；若每月加班超过 20 小时，则在超过 20 小时的时间内每小时加班费为 60 元。根据加班时长分段计算加班费，可以用 IF 函数来实现。

IF 函数的功能：根据给定的条件进行判断，若条件是真，则返回第二个参数的值；否则返回第三个参数的值。

微课：IF 函数

IF 函数的格式：IF(Logical_test, Value_if_true, Value_if_false)。

IF 函数的参数说明如下。

1）Logical_test——条件表达式。

2）Value_if_true——条件为真时返回的结果。

3）Value_if_false——条件为假时返回的结果。

具体操作如下。

1）插入函数。选中要插入函数的 D5 单元格，单击编辑栏旁边的"插入函数"按钮，打开"插入函数"对话框，在"或选择类别"下拉列表中选择函数类型为"常用函数"，从"选择函数"列表中选择要输入的函数"IF"，单击"确定"按钮。

2）在打开的"函数参数"对话框中，设置函数参数。

第一个参数 Logical_test：需要填写一个条件表达式，此处的判断条件为"C5>=20"。

第二个参数 Value_if_true：填写当上面的条件成立时，该函数所得到的结果。此处为"20*50+(C5-20)*60"。

第三个参数 Value_if_false：填写当上面的条件不成立时，该函数所得的结果。此处为"C5*50"。

IF 函数参数的设置如图 3.43 所示。

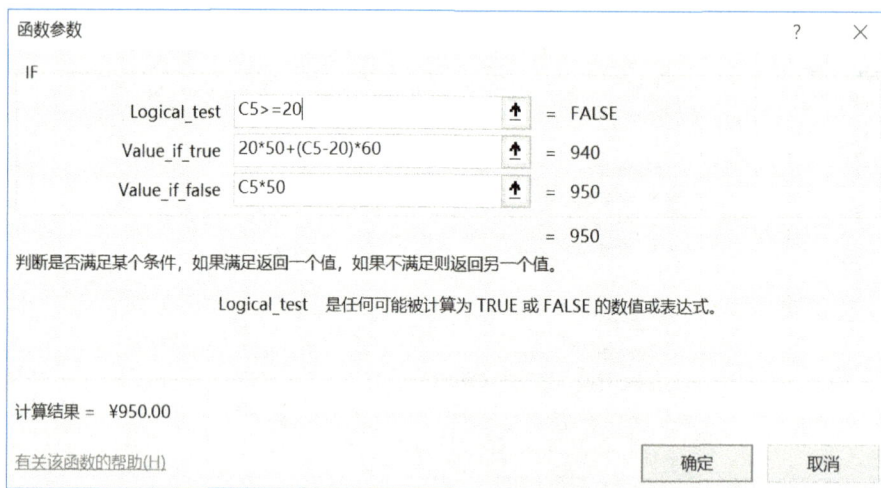

图 3.43　IF 函数参数的设置

3）选中 D5 单元格，向下拖动填充柄填充此公式至 D14 单元格。8 月份加班统计表如图 3.44 所示。

8月份加班统计表			
			8月份
员工编号	姓名	加班时长（小时）	加班费
1	杨磊	19	¥950.00
2	陈依依	20	¥1,000.00
3	孙畅广	19	¥950.00
4	赵阳	20	¥1,000.00
5	王建华	21	¥1,060.00
6	杨凤丽	17	¥850.00
7	赵婷婷	19	¥950.00
8	陈浩楠	20	¥1,000.00
9	李诗涵	24	¥1,240.00
10	陈斌	18	¥900.00

图 3.44　8 月份加班统计表

2．设计员工工资表

（1）用 VLOOKUP 函数从员工信息表中查找姓名对应的身份证号

VLOOKUP 函数的功能：根据已知参照值，在一定数据范围内查找与之对应的值。

VLOOKUP 函数的格式：

VLOOKUP(Lookup_value,Table_array,Col_index_num,Range_lookup)。

VLOOKUP 函数的参数说明如下。

1）Lookup_value——已知的参照值。

2）Table_array——要查找数据的区域，已知参照值必须在此区域内属于首列。

3）Col_index_num——要查找的值在查找区域中属于第几列。

4）Range_lookup——逻辑值，选择 FALSE 是精确匹配，选择 TRUE 是近似匹配。

具体操作如下。

1）选中 C3 单元格，在"插入函数"对话框中插入函数 VLOOKUP。

2）设置参数，如图 3.45 所示。

3）单击"确定"按钮，插入函数。拖动填充柄，填充公式至 C12 单元格，完成"身份证号码"列的填充。

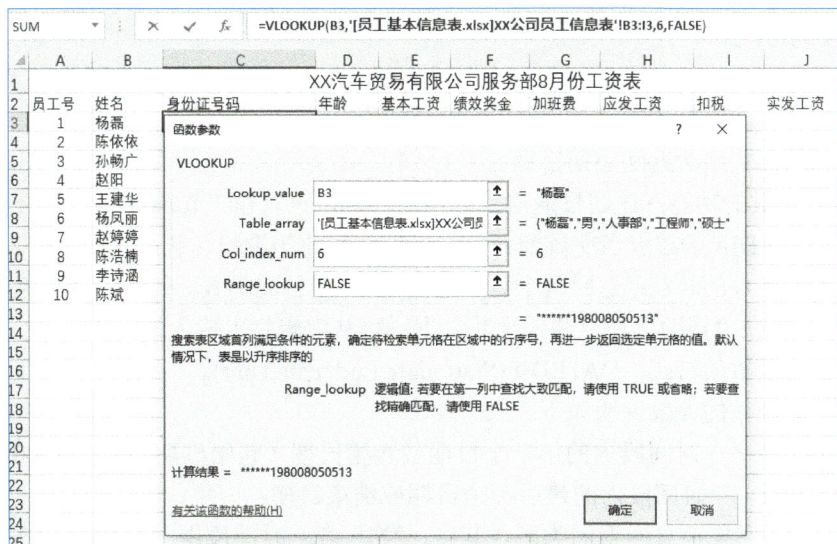

图 3.45　VLOOKUP 函数参数的设置

（2）利用 MID、TODAY、TEXT、DATEDIF 函数根据身份证号码求出员工的年龄

身份证号码是公民的唯一信息编码，由 18 位数字组成，从左到右数 1～6 位表示出生地编码，7～10 位表示出生年份，11、12 位表示出生月份，13、14 位表示出生日期，15、16 位表示出生顺序编号，17 位表示性别标号，18 位表示校验码。其中的字母 X 用来代替数字"10"。

从个人的身份证号码得到对应的年龄，首先从身份证号码的 7～14 位获取个人的出生日期，然后用当前的日期减去出生日期，就可以得到对应的年龄。

1）用 MID 函数截取出生日期。

MID 函数的功能：从文本字符串中指定起始位置返回指定长度的字符。

MID 函数的格式：MID(Text, Start_num, Num_chars)。

MID 函数的参数说明如下。

① Text——要提取字符的文本字符串。

② Start_num——文本中要提取的第一个字符的位置，文本中第一个字符的 Start_num 为 1，以此类推。

③ Num_chars——指定从文本中返回字符的个数。

本任务须截取"身份证号码"列中的出生日期。出生日期是从第 7 位开始长度为 8 的字符串，可写作"MID(C3,7,8)"。

2）用 TEXT 函数将截取的字符串转换为日期格式。

TEXT 函数的功能：将数值转换为按指定数字格式表示的文本。

TEXT 函数的格式：TEXT(Value,Format_text)。

TEXT 函数的参数说明如下。

① Value——数值、计算结果为数字值的公式，或对包含数字值的单元格的引用。

② Format_text——文本形式的数字格式。

日期格式写作"0000-00-00"，如"1970-01-01"。也可写作"0000 年 00 月 00 日"，如"1970 年 01 月 01 日"。

本任务须将 MID(C3,7,8)中截取的字符串转换为日期格式，可写作"TEXT(MID(C3,7,8),"0000-00-00")"。

3）用 TODAY 函数返回当期日期。

TODAY 函数的功能：返回日期格式的当前日期，可写作"Today()"。

4）用 DATEDIF 函数求当前日期和出生日期之间的年份差，从而求得年龄。

DATEDIF 函数的功能：返回两个日期之间的年\月\日间隔数。（DATEDIF 函数是 Excel 隐藏函数，其不在"帮助"和"插入函数"里，可从编辑栏中输入）。

DATEDIF 函数的格式：DATEDIF(Start_date,End_date,Unit)。

DATEDIF 函数的参数说明如下。

① Start_date——时间段内的第一个日期或起始日期（起始日期必须在 1900 年之后）。

② End_date——时间段内的最后一个日期或结束日期。

③ Unit——所需信息的返回类型，其中，"Y"表示时间段中的整年数；"M"表示时间段中的整月数；"D"表示时间段中的天数。

求年龄就是求当前的日期和出生日期的年份差。因此在 D3 单元格中求年龄的整个函数式可写作"=DATEDIF(TEXT(MID(C3,7,8),"0000-00-00"),TODAY(),"y")"。

5）选中 D3 单元格，在编辑栏中输入上述公式，按 Enter 键得到 D3 单元格结果，拖动填充柄，填充"年龄"列。年龄计算如图 3.46 所示。

（3）引用加班费到员工工资表

打开素材"员工工资表.xlsx"工作簿中的工作表"员工工资表"。利用公式将员工加班统计表中的加班费引用到当前"加班费"列中。

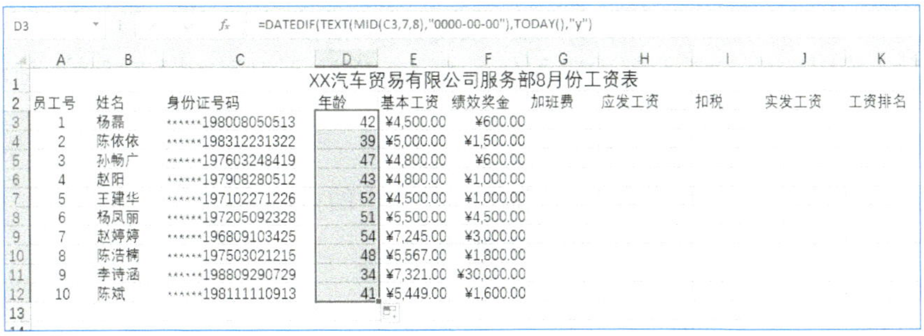

D3　=DATEDIF(TEXT(MID(C3,7,8),"0000-00-00"),TODAY(),"y")

XX汽车贸易有限公司服务部8月份工资表

员工号	姓名	身份证号码	年龄	基本工资	绩效奖金	加班费	应发工资	扣税	实发工资	工资排名
1	杨磊	******198008050513	42	¥4,500.00	¥600.00					
2	陈依依	******198312231322	39	¥5,000.00	¥1,500.00					
3	孙畅广	******197603248419	47	¥4,800.00	¥600.00					
4	赵阳	******197908280512	43	¥4,800.00	¥1,000.00					
5	王建华	******197102271226	52	¥4,500.00	¥1,000.00					
6	杨凤丽	******197205092328	51	¥5,500.00	¥4,500.00					
7	赵婷婷	******196809103425	54	¥7,245.00	¥3,000.00					
8	陈浩楠	******197503021215	48	¥5,567.00	¥1,800.00					
9	李诗涵	******198809290729	34	¥7,321.00	¥30,000.00					
10	陈斌	******198111110913	41	¥5,449.00	¥1,600.00					

图 3.46　年龄计算

具体操作如下：选中“加班费”列的 G3 单元格，输入“=”，选择员工加班统计表“加班费”列对应的 D5 单元格，在员工工资表编辑栏中出现“=[员工加班统计表.xlsx]8 月份加班统计!$D$5”，按 F4 键取消绝对引用，即将 G3 单元格编辑栏中的内容改为“=[员工加班统计表.xlsx]8 月份加班统计!D5”。按 Enter 键确认，加班费被引用到员工工资表 G3 单元格中。拖动填充柄，填充“加班费”列。

加班费的引用如图 3.47 所示。

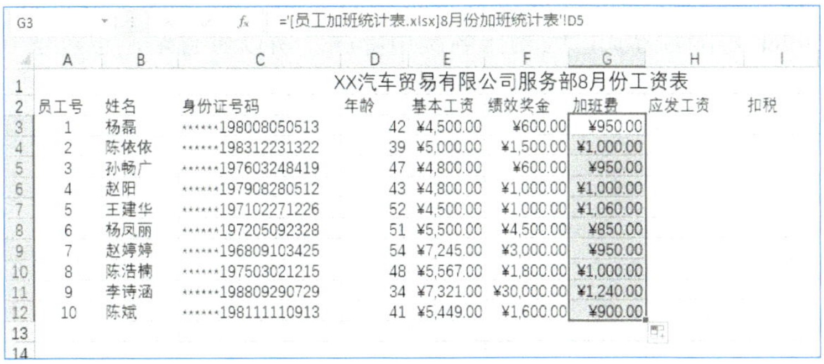

G3　='[员工加班统计表.xlsx]8月份加班统计表'!D5

XX汽车贸易有限公司服务部8月份工资表

员工号	姓名	身份证号码	年龄	基本工资	绩效奖金	加班费	应发工资	扣税
1	杨磊	******198008050513	42	¥4,500.00	¥600.00	¥950.00		
2	陈依依	******198312231322	39	¥5,000.00	¥1,500.00	¥1,000.00		
3	孙畅广	******197603248419	47	¥4,800.00	¥600.00	¥950.00		
4	赵阳	******197908280512	43	¥4,800.00	¥1,000.00	¥1,000.00		
5	王建华	******197102271226	52	¥4,500.00	¥1,000.00	¥1,060.00		
6	杨凤丽	******197205092328	51	¥5,500.00	¥4,500.00	¥850.00		
7	赵婷婷	******196809103425	54	¥7,245.00	¥3,000.00	¥950.00		
8	陈浩楠	******197503021215	48	¥5,567.00	¥1,800.00	¥1,000.00		
9	李诗涵	******198809290729	34	¥7,321.00	¥30,000.00	¥1,240.00		
10	陈斌	******198111110913	41	¥5,449.00	¥1,600.00	¥900.00		

图 3.47　加班费的引用

（4）计算应发工资

应发工资的计算公式为

应发工资=基本工资+绩效奖金+加班费

具体操作如下：在应发工资 H3 单元格中输入公式“=E3+F3+G3”，按 Enter 键得到计算结果。然后向下填充公式，计算每个人的应发工资。

（5）用 IF 函数计算扣税

扣税的计算方法如下。

1）应发工资≤5000：扣税=0。

2）5000<应发工资<8000：扣税=(应发工资−5000)×3%。

3）若 8000≤应发工资<17000：扣税=(应发工资−5000)×10%−210。

4）应发工资≥17000：扣税=(应发工资−5000)×20%−1410。

利用嵌套 IF 函数来实现多个条件的设定。在对应的 I3 单元格中应输入如下内容：“=IF(H3<=5000,0,IF(H3<=8000,(H3−5000)*0.03,IF(H3<=17000,(H3−5000)*0.1−210,(H3−5000)*0.2−1410)))”，按 Enter 键插入函数，然后拖动填充柄，向下填充即可。

（6）用公式求实发工资

实发工资的计算方法为

实发工资=应发工资-扣税

在实发工资对应的 J3 单元格中输入公式"=H3-I3",则得到实发工资值,拖动填充柄,向下填充即可。

(7)用 RANK 函数计算工资排名

RANK 函数的功能:返回指定数字在一列数字中的排位。

RANK 函数的格式:RANK(Number,Ref,Order)。

RANK 函数的参数说明如下。

1)Number——需要排名的单元格。

2)Ref——排名的区域范围(一般需要绝对引用)。

3)Order——指定排名的方式(0 或省略为降序;非 0 值为升序)。

具体操作如下。

1)选中 K3 单元格,在"插入函数"对话框中选择 RANK 函数。

2)设置 RANK 函数的参数,具体如下。

① 参数 Number 是需要排名的单元格,此处是实发工资中的 J3 单元格。

② 参数 Ref 为排名的范围,此处是实发工资区域 J3:J12,因为在复制公式时,此区域不变,所以必须采用绝对引用,可写作"$J$3:$J$12"。

③ 参数 Order 为排名方式,因为排名次用降序,所以可省略,也可填 0。参数设置如图 3.48 所示。编辑栏中对应的内容为"=RANK(J3,$J$3:$J$12)"。

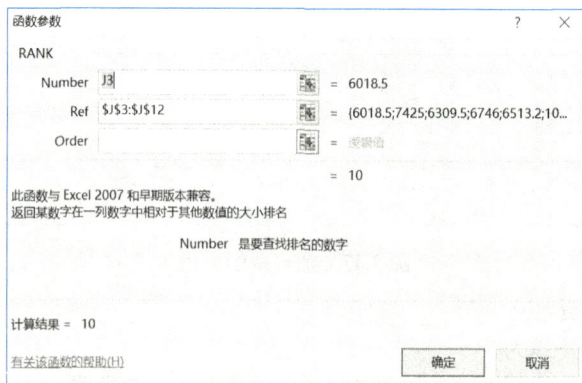

图 3.48　RANK 函数参数的设置

工资排名如图 3.49 所示。

图 3.49　工资排名

3. 设计工资统计表

（1）在"员工工资表.xlsx"工作簿中插入新工作表，命名为"工资统计表"
在"工资统计表"中，输入如图 3.50 所示的内容，设置相应的格式。

	A	B
1	工资统计表	
2	统计项目	统计结果
3	实发工资总值	103632.33
4	实发工资平均值	10363.233
5	实发工资最高值	33258.8
6	实发工资最低值	6018.5
7	实发工资>=10000的人数	3
8	8000<=实发工资<10000的人数	1
9	实发工资<8000的人数	6
10	工资表总人数	10
11	年龄40岁以上的总实发工资	62948.53
12	年龄40岁以上且基本工资小于6000的总实发工资	52163.03

图 3.50　工资统计表

（2）统计"结果"列，利用函数统计相应的数据

1）用 SUM 函数求实发工资总值。

SUM 函数的功能：返回单元格区域中所有数值的和。

SUM 函数的格式：SUM(number1,number2,…)。

求实发工资总值可写作"=SUM(员工工资表!J3:J12)"。

2）用 AVERAGE 函数求实发工资平均值。

AVERAGE 函数的功能：返回单元格区域中所有数值的平均值。

AVERAGE 函数的格式：AVERAGE(number1,number2,…)。

求实发工资平均值可写作"=AVERAGE(员工工资表!J3:J12)"。

3）用 MAX 函数求实发工资最大值。

MAX 函数的功能：返回单元格区域中所有数值的最大值。

MAX 函数的格式：MAX(number1,number2,…)。

求实发工资最大值可写作"=MAX(员工工资表!J3:J12)"。

4）用 MIN 函数求实发工资最小值。

MIN 函数的功能：返回单元格区域中所有数值的最小值。

MIN 函数的格式：MIN(number1,number2,…)。

求实发工资最小值可写作"=MIN(员工工资表!J3:J12)"。

5）用 COUNTIF 函数求满足条件的人数。

COUNTIF 函数的功能：计算某个区域中满足给定条件的单元格数目。

COUNTIF 函数的格式：COUNTIF(Range,Criteria)。

COUNTIF 函数的参数说明如下。

① Range——要统计的区域。

② Criteria——需满足的条件。

统计"实发工资>=10000 的人数"时，统计的区域为员工工资表实发工资区域"员工

147

工资表!J3:J12"，条件为 ">=10000"，参数设置如图 3.51 所示。编辑栏公式可写作"=COUNTIF (员工工资表!J3:J12,">=10000")"。

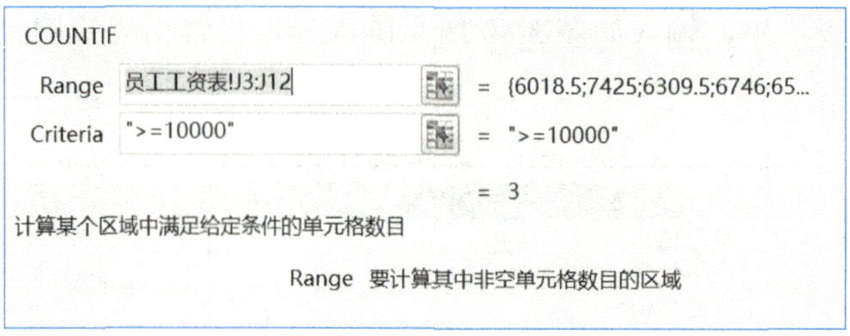

图 3.51　COUNTIF 函数参数的设置

统计"8000<=实发工资<10000 的人数"时，可以用大于 8000 的人数减去大于 10000 的人数，编辑栏公式可写作"=COUNTIF(员工工资表!J3:J12,">=8000")-COUNTIF(员工工资表!J3:J12,">=10000")"。

统计"实发工资<8000 的人数"可写作"=COUNTIF(员工工资表!J3:J12,"<8000")"。

6）用 COUNTA 函数求工资表总人数。

COUNTA 函数的功能：计算参数中包含非空的单元格个数。

COUNTA 函数的格式：COUNTA(value1,value2,…)。

统计总人数可写作"=COUNTA(员工工资表!B3:B12)"。

7）用 SUMIF 函数统计年龄大于 40 岁的员工的总实发工资。

SUMIF 函数的功能：根据指定条件对若干单元格区域求和。

SUMIF 函数的格式：SUMIF(Range,Criteria,Sum_range)。

SUMIF 函数的参数说明如下。

① Range——求和的条件区域，是用于条件判断的单元格区域。

② Criteria——求和条件，是由数字、逻辑表达式等组成的判定条件。

③ Sum_range——实际需要求和的单元格区域。

求年龄大于 40 岁的员工的实发工资之和时，条件区域为员工工资表的年龄区域"员工工资表!D3:D12"，条件为">=40"，求和区域为实发工资区域"员工工资表!J3:J12"，如图 3.52 所示。编辑栏公式可写作"=SUMIF(员工工资表!D3:D12,">=40",员工工资表!J3:J12)"。

图 3.52　SUMIF 函数参数的设置

8）用 SUMIFS 函数统计年龄在 40 岁以上且基本工资少于 6000 元的员工的总实发工资。

SUMIFS 函数的功能：根据多个条件对单元格区域求和。

SUMIFS 函数的格式：SUMIFS(Sum_range, Criteria_range1, Criteria1, [Criteria_range2, Criteria2], …)。

SUMIFS 函数的参数说明如下。

① Sum_range——实际需要求和的区域。

② Criteria_range1——第一个条件区域。

③ Criteria1——条件 1。

④ Criteria_range2——第二个条件区域。

⑤ Criteria2——条件 2。

其中，Criteria_range 和 Criteria 成对出现，最多可达 127 对。

求年龄 40 岁以上且基本工资小于 6000 元的员工的总实发工资时有两个条件，一是年龄要大于 40 岁，二是实发工资要小于 6000 元，因此编辑栏中的公式可写作“=SUMIFS(员工工资表!J3:J12,员工工资表!D3:D12,">=40",员工工资表!E3:E12,"<6000")”。SUMIFS 函数的参数设置如图 3.53 所示。工资统计表如图 3.54 所示。

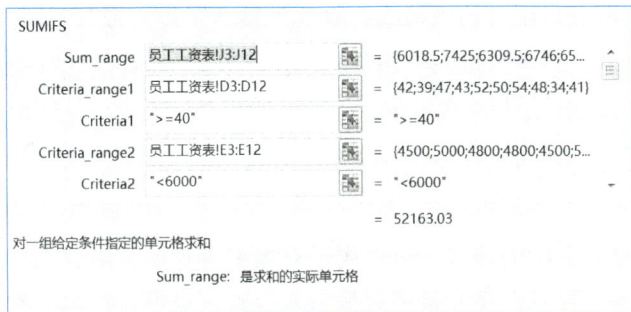

图 3.53　SUMIFS 函数参数的设置

工资统计	
统计项目	统计结果
实发工资总值	103632.33
实发工资平均值	10363.233
实发工资最高值	33258.8
实发工资最低值	6018.5
实发工资>=10000的人数	3
8000<=实发工资<10000的人数	1
实发工资<8000的人数	6
工资表总人数	10
年龄40岁以上的总实发工资	62948.53
年龄40岁以上且基本工资小于6000的总实发工资	52163.03

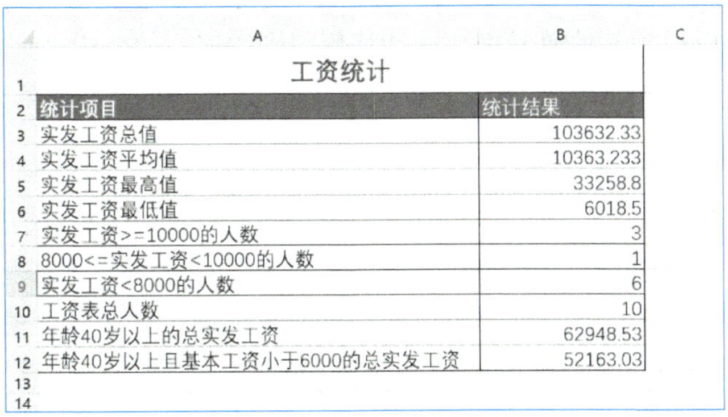

图 3.54　工资统计表

相关知识

1. 单元格地址的引用格式

在公式中可以引用本工作簿或其他工作簿中任何单元格区域的数据。单元格地址的引用格式是：[工作簿名]工作表名!单元格地址。

当引用当前工作簿或工作表中的数据时，可省略相应项。

例如，引用当前工作簿 book1 当前工作表 sheet1 中的 C3:C9 单元格区域，可写作"[book1]sheet1! C3:C9"，也可写作"sheet1! C3:C9"，还可写作"C3:C9"。

2. 引用的类型

1）相对引用。相对引用是指直接引用单元格区域名，不需要加"$"符号。例如，公式"=A1+B1+C1"中的 A1、B1、C1 都是相对引用。

使用相对引用后，系统记住建立公式的单元格和被引用单元格的相对位置。复制公式时，在新的公式单元格和被引用的单元格之间仍保持这种相对位置关系。

2）绝对引用。绝对引用的单元格名列标、行号前都有"$"符号。例如，1）中的公式改为绝对引用后，在单元格中输入的公式应为"=$A$1+$B$1+$C$1"。使用绝对引用后，被引用的单元格与引用公式所在单元格之间的位置关系是绝对的，无论这个公式复制到哪个单元格，公式所引用的单元格都不变，因此引用的数据也不变。

3）混合引用。混合引用有两种情况，若在列标（字母）前有"$"符号，而行号（数字）前没有"$"符号，则被引用的单元格列的位置是绝对的，行的位置是相对的；反之，列的位置是相对的，行的位置是绝对的。例如，$A1 是列绝对、行相对，A$1 是列相对、行绝对。

3. 公式的组成

公式是进行计算和分析的等式，可以用于对数据进行加、减、乘、除等运算，也可以用于对文本进行比较。可以在单元格中直接录入公式，也可以在编辑栏中录入公式，公式中使用的运算符必须是英文半角格式。

在 Excel 中，公式通常以"="开头，由数据、运算符、单元格引用、函数等组成。其中，单元格引用可以得到其他单元格数据计算后得到的值，如公式"=E2+F2+G2+H2-I2"。

注意：输入公式后，在编辑栏中显示输入的公式，在活动单元格中显示公式的计算结果。

4. 公式中的运算符

（1）算术运算符

算术运算符包括"加"（+）、"减"（-）、"乘"（*）、"除"（/）、"幂"（^）、"负号"（-）、"百分号"（%）等，算术运算符连接数字并产生计算结果。例如，公式"=40^2*30%"是先求 40 的平方，再相乘，最后公式得到的值是 480。

（2）比较运算符

比较运算符用于比较两个数值的大小并返回逻辑值 TRUE（真）和 FALSE（假）。比较运算符包括"等于"（=）、"大于"（>）、"小于"（<）、"大于等于"（>=）、"小于等于"（<=）、"不等于"（<>）。例如，若 A1 单元格中的数值为 30，则公式"=A1<45"的逻辑值是 TRUE。

（3）文本运算符

文本运算符"&"将多个文本（字符串）连接成一个连续的字符串（组合文本）。例如，设 A1 单元格中的文字为"山东省"，A2 单元格中的文字为"潍坊市"，则公式"=A1&A2"

的值为"山东省潍坊市"。

（4）引用运算符

引用运算符可以将单元格区域合并运算，包括冒号（:）、逗号（,）和空格。

1）冒号（:）是区域运算符，可对两个引用之间（包括这两个引用在内）的所有单元格进行引用。例如，A1:H1 是引用从 A1 到 H1 的所有单元格。

2）逗号（,）是联合运算符，可将多个引用合并为一个引用。例如，SUM(A1:H1,B2:F2) 是将 A1:H1 和 B2:F2 两个单元格区域合并为一个。

3）空格是交叉运算符，可产生同时属于两个引用的单元格区域的引用（交集）。例如，SUM(A1:H1 B1:B4)只有 B1 单元格同时属于 A1:H1 和 B1:B4 两个引用。

（5）运算符的运算顺序（优先级）

如果一个公式中含有多个运算符，则其执行的先后顺序为：冒号（:）→逗号（,）→空格→负号→百分号→幂→乘、除→加、减→&→比较。括号可以改变运算的先后顺序。

5．函数的语法

函数由函数名和参数组成。函数名通常以大写字母出现，用以描述函数的功能。参数是数字、单元格引用、工作表名字或函数计算所需要的其他信息，其格式是"函数名（参数列表）"。

例如，函数 SUM(A1:A10)是一个求和函数，SUM 是函数名，A1:A10 是函数的参数。函数的语法规定如下。

1）函数与公式一样必须以"="开头，如"=SUM(A1:A10)"。

2）函数的参数用圆括号"()"括起来。其中，左括号必须紧跟在函数名后，否则会出现错误信息。个别函数虽然没有参数，但必须在函数名之后加上空括号，如"=TODAY()"。

3）函数的参数多于一个时，要用","号分隔。参数可以是数值、有数值的单元格或单元格区域、单元格名称，也可以是一个表达式或函数，如"=DATEDIF(TEXT(MID(C3,7,8),"0000-00-00"),TODAY(),"y")"。参数是文本时，要用英文中的双引号括起来。

6．函数的输入方法

（1）插入函数

选中要输入函数的单元格，选择"公式"选项卡"函数库"选项组中的"插入函数"选项，或按 Shift+F3 快捷键，打开"插入函数"对话框，在"或选择类别"下拉列表中选择函数类型。"插入函数"对话框如图 3.55 所示。

从"选择函数"列表中选择要输入的函数，单击"确定"按钮，打开"函数参数"对话框。

输入函数的参数后，单击"确定"按钮，即可在选中的单元格中插入函数并显示结果。

（2）使用函数下拉列表

可以用函数选项板输入函数。在单元格中输入"="后，即可打开函数下拉列表（在原名称框的位置）。单击原名称框右侧的下拉按钮，可打开常用函数下拉列表，如图 3.56 所示。

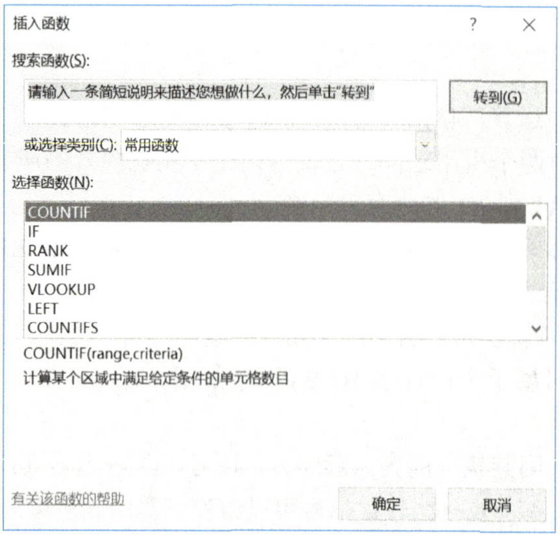

图 3.55 “插入函数”对话框

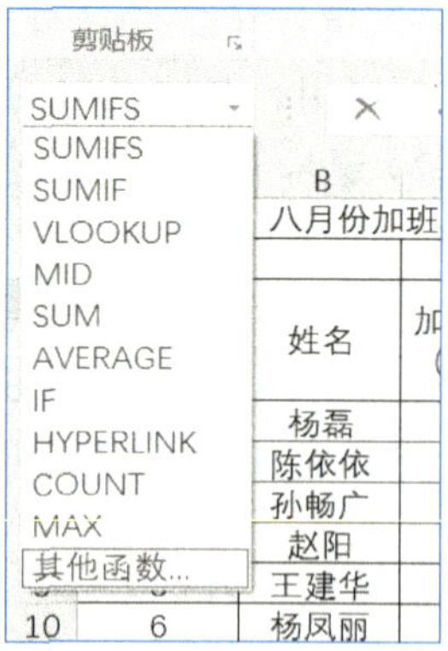

图 3.56 函数下拉列表

（3）直接输入函数

选中单元格，直接输入函数，按 Enter 键得出函数结果。输入函数后，如果需要修改，则可以在编辑栏中直接修改，也可以单击“插入函数”按钮，在打开的“插入函数”对话框中进行修改。

7. 快速求和

选中数据区域和求和结果存放区域，如图 3.57（a）所示，按 Alt+=快捷键，完成多行多列同时快速求和，结果如图 3.57（b）所示。

	A	B	C	D	E	F
1	部门	姓名	1月销售额	2月销售额	3月销售额	第一季度销售额
2	销售1部	杨磊	23	19	20	
3	销售1部	陈依依	12	14	16	
4	销售1部	孙畅广	8	21	19	
5	销售1部	赵阳	14	35	10	
6	销售1部	王建华	35	8	23	
7	销售2部	杨凤丽	16	14	11	
8	销售2部	赵婷婷	32	7	13	
9	销售2部	陈浩楠	17	22	9	
10	销售2部	李诗涵	9	12	14	
11	销售2部	陈斌	11	18	9	
12	总额					

（a）数据区域和求和结果存放区域

	A	B	C	D	E	F
1	部门	姓名	1月销售额	2月销售额	3月销售额	第一季度销售额
2	销售1部	杨磊	23	19	20	62
3	销售1部	陈依依	12	14	16	42
4	销售1部	孙畅广	8	21	19	48
5	销售1部	赵阳	14	35	10	59
6	销售1部	王建华	35	8	23	66
7	销售2部	杨凤丽	16	14	11	41
8	销售2部	赵婷婷	32	7	13	52
9	销售2部	陈浩楠	17	22	9	48
10	销售2部	李诗涵	9	12	14	35
11	销售2部	陈斌	11	18	9	38
12	总额		177	170	144	491

（b）快速求和结果

图 3.57 快速求和

8. 快速小计求和

选中求和数据区域，按 Ctrl+G 快捷键打开“定位”对话框，如图 3.58（a）所示，单击“定位条件”按钮，在打开的如图 3.58（b）所示的“定位条件”对话框中点选“空值”单选按钮，然后单击“确定”按钮，按 Alt+=快捷键，快速完成小计求和。

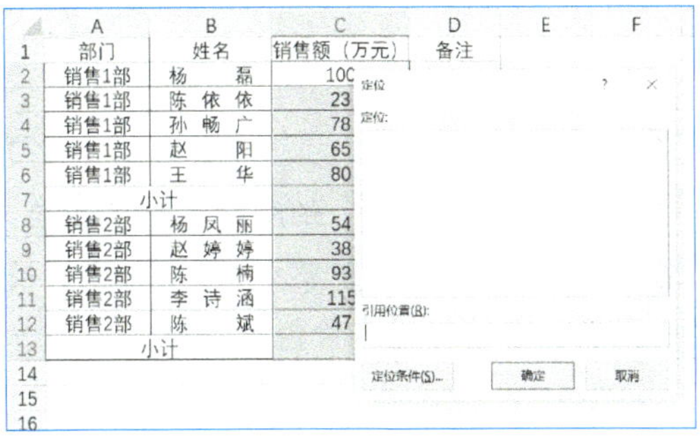

（a）打开“定位”对话框

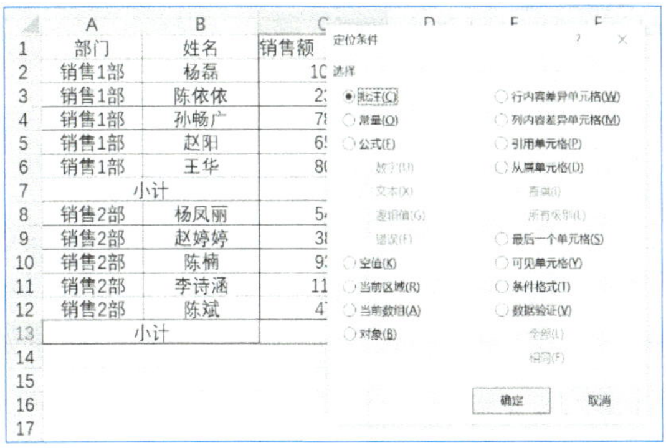

（b）打开“定位条件”对话框

图 3.58　快速小计求和

任务拓展

1. 任务要求

本文档是学生会信息统计表（图 3.59）。请利用公式与函数对本文档进行数据填充和统计。

	A	B	C	D	E	F	G	H	I
1	学生会信息统计表								
2									
3	学号	姓名	出生年月	身高(cm)	入学年份	班级	上机座位号	年龄	备注
4	2001033141	杨吉华	1999/2/11	178	2001	0331	41	23	毕业班
5	2002023232	王辉	2001/5/19	175	2002	0232	32	21	非毕业班
6	2001013113	张小茜	1998/8/22	157	2001	0131	13	23	毕业班
7	2003033104	刘文魁	2000/1/12	170	2003	0331	04	22	非毕业班
8	2002023205	俞春波	2001/7/1	169	2002	0232	05	20	非毕业班
9	2003033116	许文华	1999/8/10	180	2003	0331	16	22	非毕业班
10	2002023307	陈东来	2002/9/16	176	2002	0233	07	19	非毕业班
11	2003033328	孙小燕	2003/3/11	160	2003	0333	28	19	非毕业班
12	2001013109	李雷	1998/4/18	171	2001	0131	09	24	毕业班
13	2003033219	王伟	2000/9/17	175	2003	0332	19	21	非毕业班
14	2002023311	张颖	2002/8/16	172	2002	0233	11	19	非毕业班
15			身高170以上的人数	8					

图 3.59　学生会信息统计表

2. 任务实施

学号前四位为入学时间，中间四位为学生班级，后两位为上机座位号。

1）利用 LEFT 函数从学号中求出学生的入学年份。

2）利用 MID 函数从学号中求出学生所在的班级。

3）利用 RIGHT 函数从学号中求出学生的上机座位号。

4）利用 YEAR 函数求出学生的年龄。

5）利用 IF 函数表示 02 级、03 级学生为"非毕业班"，01 级学生为"毕业班"。

6）在表中 D15 单元格用 COUNTIF 函数统计出身高在 170 厘米以上的学生的人数。

任务 *3.4* 分析汽车销售统计表

☞ 任务描述

　　本任务要求根据某网站统计的某地区 2021 年度汽车销量数据，详细分析不同国别、不同车型等 12 月的销量及整个 2021 年度的销量变化，从而为购买者提供更有针对性、更有价值的数据参考。

☞ 任务目标

1. 掌握排序、筛选、分类汇总、数据透视等数据分析方法。
2. 能熟练利用 Excel 软件对数据进行数据统计和分析。
3. 培养一丝不苟的工作态度和善于分析问题、解决问题的能力。
4. 激发爱国情怀，增强民族自信，坚定文化自信。

💻 任务实施

1. 创建汽车销售统计表

1）打开素材工作簿"汽车销售统计表.xlsx"。

2）将当前工作表命名为"统计表"。复制此工作表，并依次命名为"排序""筛选""分类汇总""数据透视表"，用于存放相应数据分析处理结果，如图 3.60 所示。

2. 对相关数据进行排序

（1）简单排序

按照"12 月销量"列进行降序排列。

这种只按照一列进行的排序称为单列排序。具体操作如下。

1）选择"排序"工作表，单击"12 月销量"列数据区域中的任意一个单元格。

微课：排序

2）在"数据"选项卡"排序和筛选"选项组中单击"降序"按钮，即可得到需要的排序结果，如图 3.61 所示。

图 3.60　创建汽车销售统计表（价格单位：元；销量单位：辆）

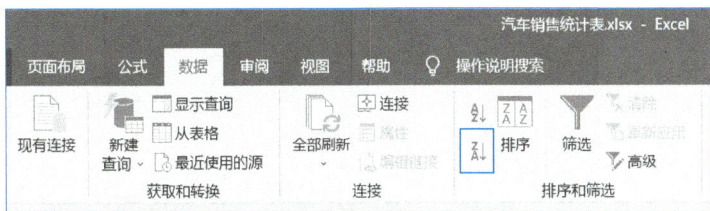

图 3.61　简单排序

（2）多关键字排序

按照"产地"列降序排列，在"产地"列数据相同时，按"国别"升序排列。

这种按两列或两列以上进行的排序称为多列排序。具体操作如下。

1）选中"产地"列数据区域任意单元格。

2）在"数据"选项卡"排序和筛选"选项组中单击"排序"按钮，打开"排序"对话框，如图 3.62 所示。

3）在"主要关键字"下拉列表中选择"产地"选项，在"排序依据"下拉列表中选择"单元格值"选项，在"次序"下拉列表中选择"降序"选项。

图 3.62　"排序"对话框

4）单击"排序"对话框中的"添加条件"按钮，添加第二个条件。在"次要关键字"下拉列表中选择"国别"选项，在"排序依据"下拉列表中选择"单元格值"选项，设置"次序"为"升序"。

5）单击"确定"按钮，完成排序。

（3）自定义排序序列

在 Excel 中常见的排序方式有按照数据升序、降序和颜色排序，但工作中有时需要按照英文日期、学历、部门、职称、天干地支、领导关心的数据优先级等许多自己定义的序列排序。这里按照国别的"中国—美国—德国—日本"的顺序排序。具体操作如下。

1）选中"国别"列数据区域中的任意单元格。

2）打开"排序"对话框，勾选"数据包含标题"复选框，选择"国别"为主要关键字，在"次序"下拉列表中选择"自定义序列"选项，如图 3.63 所示。

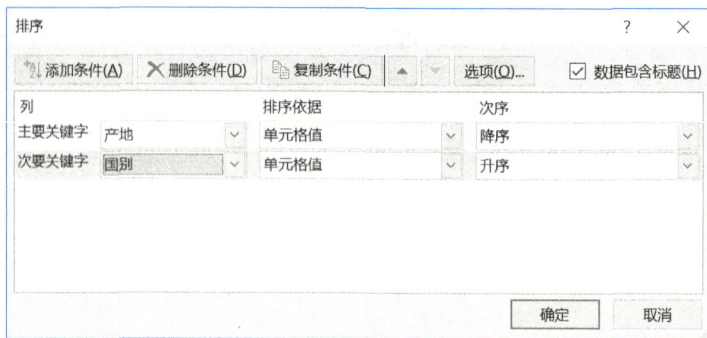

图 3.63　自定义排序的设置

3）单击"确定"按钮，打开"自定义序列"对话框，如图 3.64 所示。在该对话框中 Excel 默认提供了很多自定义序列。在"输入序列"区域输入自己想要的序列，注意每个词输入完毕按 Enter 键进行分隔，序列输入完毕，单击"添加"按钮，在"自定义序列"列表中可看到自己定义的序列，然后单击"确定"按钮。

4）这时返回"排序"对话框，选择刚刚设置的序列，单击"确定"按钮即可完成排序，完成效果如图 3.65 所示。

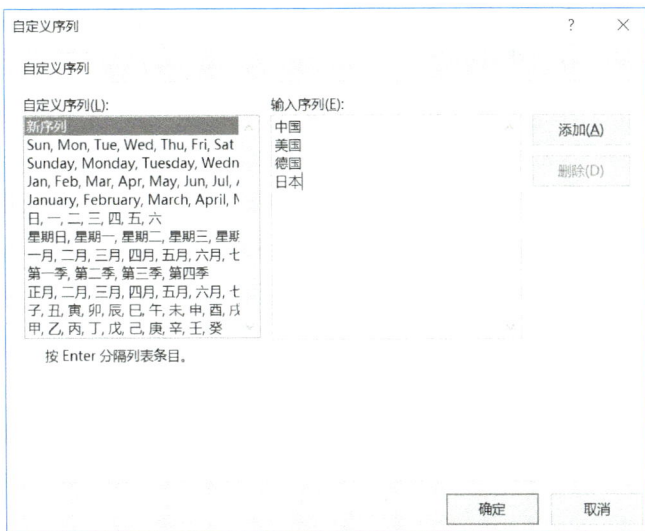

图 3.64　"自定义序列"对话框

序号	车系	分类	产地	国别	官方价	从属品牌	12月销量	2021年度累计销量
1	宏光MINIEV	SUV	自主	中国	2.88万-4.86万	五菱	55742	426484
3	哈弗H6	轿车	自主	中国	9.89万-15.70万	哈弗	42787	370438
6	五菱宏光S	MPV及商用车	自主	中国	4.58万-5.99万	五菱	38393	255922
13	秦PLUS	SUV	自主	中国	10.88万-17.48万	比亚迪	24287	169807
15	宋PLUS新能源	轿车	自主	中国	14.98万-20.28万	比亚迪	19172	99561
17	五菱星辰	轿车	自主	中国	6.98万-9.98万	五菱	19073	54506
16	五菱凯捷	MPV及商用车	自主	中国	8.58万-13.48万	五菱	3663	63316
19	五菱征程	MPV及商用车	自主	中国	7.58万-9.28万	五菱	3018	17813
11	Model Y	轿车	合资	美国	30.18万-38.79万	特斯拉	40558	200131
5	Model 3	SUV	合资	美国	27.67万-33.99万	特斯拉	30289	272972
2	朗逸	SUV	合资	德国	9.99万-15.89万	大众	35905	391355
7	速腾	SUV	合资	德国	13.35万-16.59万	大众	23479	235607
14	途岳	轿车	合资	德国	16.58万-22.38万	大众	21491	125129
4	卡罗拉	SUV	合资	日本	10.98万-15.98万	丰田	30677	316973
9	凯美瑞	SUV	合资	日本	17.98万-26.98万	丰田	27195	216764
8	雷凌	SUV	合资	日本	11.38万-15.28万	丰田	21836	220549
12	本田XR-V	轿车	合资	日本	12.79万-17.59万	本田	20895	187776
10	本田CR-V	轿车	合资	日本	16.98万-27.68万	本田	19857	200502

图 3.65　自定义排序完成效果（价格单位：元；销量单位：辆）

3. 对数据进行筛选

（1）自动筛选

利用自动筛选功能，筛选出关于五菱品牌的记录。

自动筛选是以表格中的某几列（字段）的值为依据进行筛选的。具体操作如下。

1）选中数据区域中的任意单元格，在"数据"选项卡"排序和筛选"选项组中单击"筛选"按钮，进入筛选状态，此时在数据区域首行每个标题的右侧显示一个筛选下拉按钮。

2）单击"从属品牌"列右侧的筛选下拉按钮，打开如图 3.66 所示的筛选下拉列表，取消勾选"（全选）"复选框，勾选"五菱"复选框，单击"确定"按钮，得到筛选结果。五菱品牌筛选结果如图 3.67 所示。

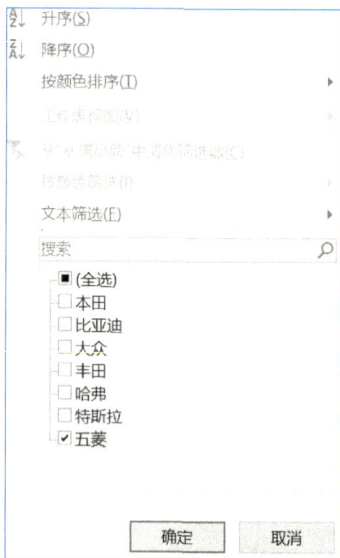

图 3.66　筛选下拉列表

汽车销售统计表

序号	车系	分类	产地	国别	官方价	从属品牌	12月销量	2021年度累计销量
1	宏光MINIEV	SUV	自主	中国	2.88万~4.86万	五菱	55742	426484
6	五菱宏光S	MPV及商用车	自主	中国	4.58万~5.99万	五菱	38393	255922
16	五菱凯捷	MPV及商用车	自主	中国	8.58万~13.48万	五菱	3663	63316
17	五菱星辰	轿车	自主	中国	6.98万~9.98万	五菱	19073	54506
19	五菱征程	MPV及商用车	自主	中国	7.58万~9.28万	五菱	3018	17813

图 3.67　五菱品牌筛选结果（价格单位：元；销量单位：辆）

　　利用自动筛选功能可以完成同时满足两个或者多个条件的操作。例如，如果要筛选出中国制造的 SUV 汽车记录，则先单击"国别"列筛选下拉按钮，打开筛选下拉列表，仅勾选"中国"复选框，再单击"分类"列筛选下拉按钮，在筛选下拉列表中勾选 SUV 复选框，即可得到筛选结果。

　　（2）自定义筛选

　　利用自定义筛选功能，筛选出 12 月销量超过 30000 辆的记录。

　　在使用 Excel 时，有时会需要设定某个条件范围，以筛选出符合条件的数据，这就需要使用自定义筛选功能。

　　具体操作如下：单击"12 月销量"列筛选下拉按钮，打开筛选下拉列表，选择"数字筛选"→"自定义筛选"选项，打开"自定义自动筛选方式"对话框，设置方式如图 3.68 所示，单击"确定"按钮，得到筛选结果。12 月销量超过 30000 辆的筛选结果如图 3.69 所示。

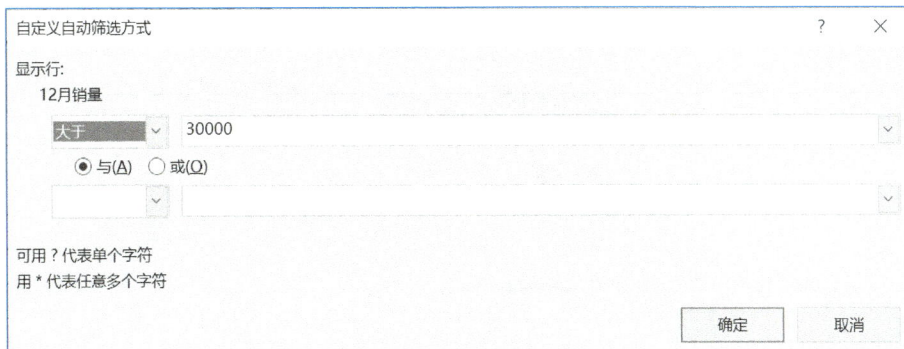

图 3.68　"自定义自动筛选方式"对话框

图 3.69　12 月销量超过 30000 辆的筛选结果（价格单位：元；销量单位：辆）

（3）高级筛选

利用高级筛选功能，筛选出中国制造的 SUV 汽车记录。

利用高级筛选功能可依据多个字段之间的逻辑关系进行复杂的筛选。多个字段条件之间可以是并且的关系，也可以是或者的关系。将筛选的条件（条件区域）放在数据区域之外，在条件区域与数据区域之间至少留一个空行（列）。利用高级筛选功能可以将符合条件的数据复制到另一个工作表或当前工作表的其他空白位置上。具体操作如下。

1）在"数据"选项卡"排序和筛选"选项组中单击"筛选"按钮，取消自动筛选。

2）创建条件区域。如果要筛选出国别为"中国"且分类是 SUV 的记录，则需要创建条件区域。

3）选中数据区域中的任意单元格，然后在"数据"选项卡"排序和筛选"选项组中单击"高级"按钮，打开"高级筛选"对话框，在"列表区域"中选择原数据区域；在"条件区域"中选择之前定义的条件区域。并且关系条件区域如图 3.70 所示。并且关系的"高级筛选"对话框如图 3.71 所示。

图 3.70　并且关系条件区域

中国制造的 SUV 汽车高级筛选结果如图 3.72 所示。

如果筛选的多个条件之间是并且的关系，那么利用自动筛选和高级筛选都可以完成操作。但是如果筛选的多个条件之间是或者的关系，就不能使用自动筛选，而只能使用高级筛选了。

图 3.71　并且关系的"高级筛选"对话框

图 3.72　中国制造的 SUV 汽车高级筛选结果（价格单位：元；销量单位：辆）

例如，要筛选国别是中国或者分类是 SUV 的记录，具体操作如下。

1）创建条件区域，如图 3.73 所示。

2）打开"高级筛选"对话框，设置如图 3.74 所示。

图 3.73　或者关系条件区域

图 3.74　或者关系高级筛选设置

4. 分类汇总

以国别为分类，汇总各国 12 月销售总量。具体操作如下。

1）将数据区域按"国别"字段进行排序。

2）选中数据区域中的任意单元格。在"数据"选项卡"分级显示"选项组中单击"分类汇总"按钮，打开"分类汇总"对话框（图 3.75）。

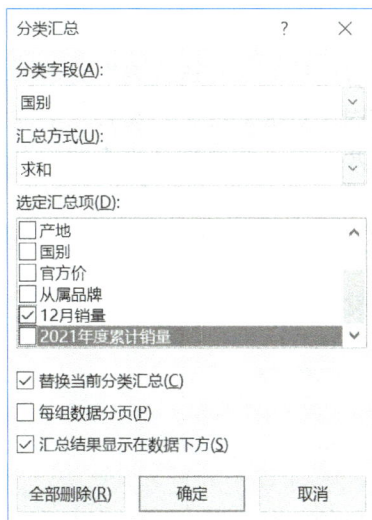

图 3.75　“分类汇总”对话框

3）在“分类汇总”对话框中，在“分类字段”下拉列表中选择“国别”选项，在“汇总方式”下拉列表中选择“求和”选项，在“选定汇总项”列表中勾选“12 月销量”复选框。

4）单击“确定”按钮，得到分类汇总结果，如图 3.76 所示。

汽车销售统计表

序号	车系	分类	产地	国别	官方价	从属品牌	12月销量	2021年度累计销量
1	宏光MINIEV	SUV	自主	中国	2.88万-4.86万	五菱	55742	426484
3	哈弗H6	轿车	自主	中国	9.89万-15.70万	哈弗	42787	370438
6	五菱宏光S	MPV及商用车	自主	中国	4.58万-5.99万	五菱	38393	255922
13	秦PLUS	SUV	自主	中国	10.88万-17.48万	比亚迪	24287	169807
15	宋PLUS新能源	轿车	自主	中国	14.98万-20.28万	比亚迪	19172	99561
16	五菱凯捷	MPV及商用车	自主	中国	8.58万-13.48万	五菱	3663	63316
17	五菱星辰	轿车	自主	中国	6.98万-9.98万	五菱	19073	54506
19	五菱征程	MPV及商用车	自主	中国	7.58万-9.28万	五菱	3018	17813
				中国 汇总			206135	
4	卡罗拉	SUV	合资	日本	10.98万-15.98万	丰田	30677	316973
8	雷凌	SUV	合资	日本	11.38万-15.28万	丰田	21836	220549
9	凯美瑞	SUV	合资	日本	17.98万-26.98万	丰田	27195	216764
10	本田CR-V	轿车	合资	日本	16.98万-27.68万	本田	19857	200502
12	本田XR-V	轿车	合资	日本	12.79万-17.59万	本田	20895	187776
18	奥德赛	MPV及商用车	合资	日本	22.98万-37.68万	本田	3536	43384
20	赛那SIENNA	MPV及商用车	合资	日本	30.98万-40.58万	丰田	2791	2791
				日本 汇总			126787	
5	Model 3	SUV	合资	美国	27.67万-33.99万	特斯拉	30289	272972
11	Model Y	轿车	合资	美国	30.18万-38.79万	特斯拉	40558	200131
				美国 汇总			70847	
2	朗逸	SUV	合资	德国	9.99万-15.89万	大众	35905	391355
7	速腾	SUV	合资	德国	13.35万-16.59万	大众	23479	235607

图 3.76　分类汇总结果（价格单位：元；销量单位：辆）

5. 制作数据透视表

制作各国不同汽车分类 2021 年 12 月的销量数据透视统计表。具体操作如下。

1）选中数据区域中的任意单元格，在"插入"选项卡"表格"选项组中单击"数据透视表"按钮，打开"来自表格或区域的数据透视表"对话框，在默认情况下，数据透视表会被创建在一个新工作表中，因此点选"现有工作表"单选按钮并在"位置"文本框中选中名为"数据透视表"的 K2 单元格，将数据透视表创建在现有的"数据透视表"中，如图 3.77 所示。

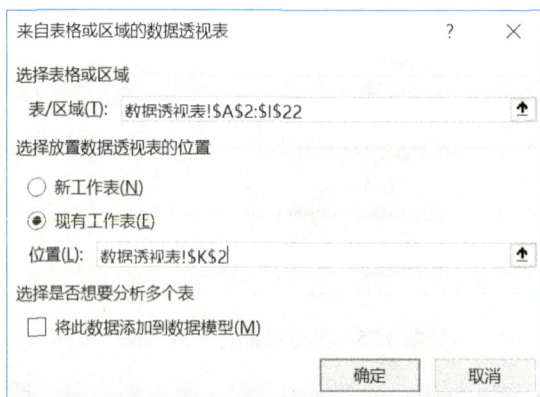

图 3.77　选择数据透视表创建位置

2）单击"确定"按钮，即可创建一个空白的数据透视表，并在窗口的右侧自动显示"数据透视表字段"窗格，如图 3.78 所示。

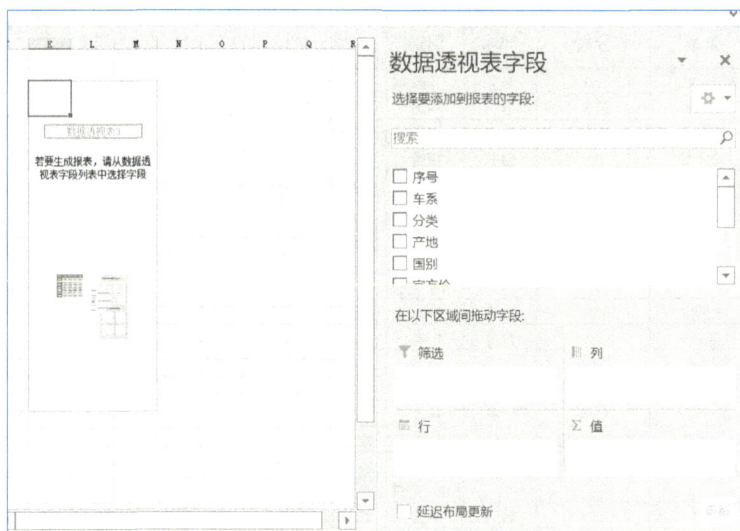

图 3.78　创建一个空白的数据透视表

3）在"数据透视表字段"窗格中，将字段名称拖动到合适的区域。其中，将"国别"列拖动到"筛选"框中，将"分类"列拖动到"列"框中，将"车系"列拖动到"行"框中，将"12 月销量"列拖动到"值"框中，即可得到所需的数据透视表。数据透视表各字段的设置如图 3.79 所示。

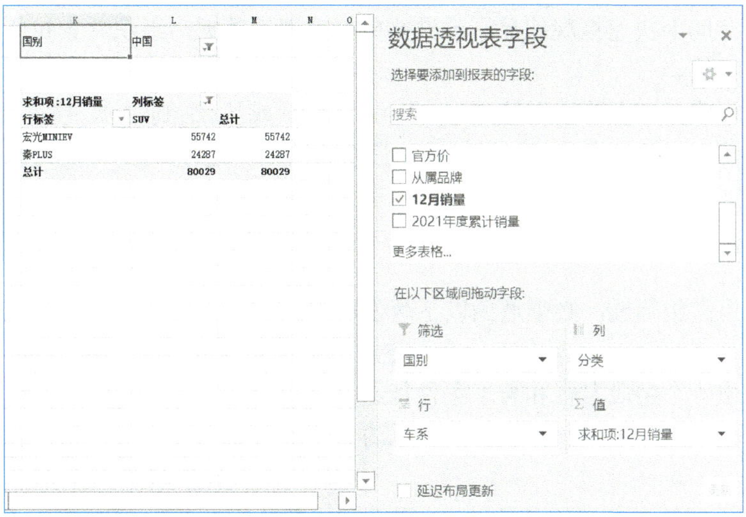

图 3.79　数据透视表各字段的设置

相关知识

1. 数据清单

数据清单是包含相关数据的一系列工作表数据行。在 Excel 中，数据清单就是一个数据库，数据清单中包含各种数据管理和分析功能，包括排序、筛选及分类汇总等数据库基本操作。数据清单中的列被认为是数据库中的字段，数据清单中的列标题被认为是数据库中的字段名，数据清单中的每一行被认为是数据库的一条记录。数据清单的表示如图 3.80 所示。

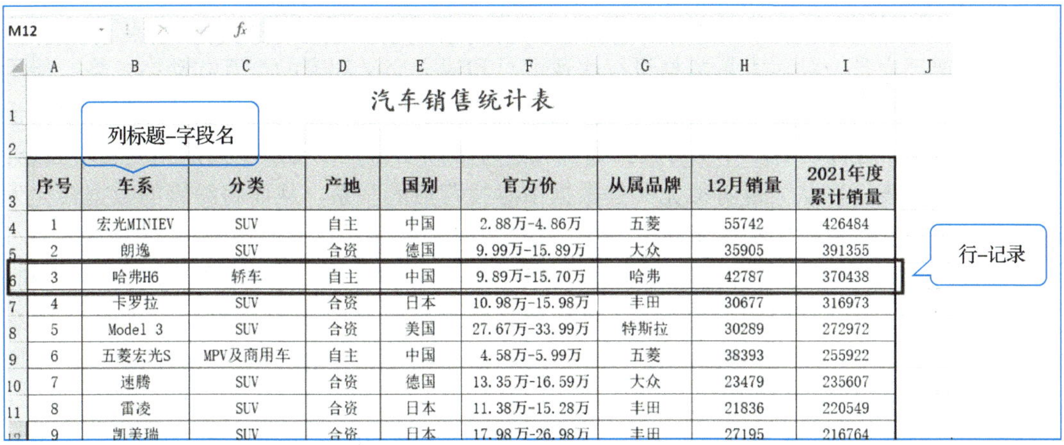

汽车销售统计表

序号	车系	分类	产地	国别	官方价	从属品牌	12月销量	2021年度累计销量
1	宏光MINIEV	SUV	自主	中国	2.88万-4.86万	五菱	55742	426484
2	朗逸	SUV	合资	德国	9.99万-15.89万	大众	35905	391355
3	哈弗H6	轿车	自主	中国	9.89万-15.70万	哈弗	42787	370438
4	卡罗拉	SUV	合资	日本	10.98万-15.98万	丰田	30677	316973
5	Model 3	SUV	合资	美国	27.67万-33.99万	特斯拉	30289	272972
6	五菱宏光S	MPV及商用车	自主	中国	4.58万-5.99万	五菱	38393	255922
7	速腾	SUV	合资	德国	13.35万-16.59万	大众	23479	235607
8	雷凌	SUV	合资	日本	11.38万-15.28万	丰田	21836	220549
9	凯美瑞	SUV	合资	日本	17.98万-26.98万	丰田	27195	216764

图 3.80　数据清单的表示（价格单位：元；销量单位：辆）

2. 排序

对数据进行排序是数据分析不可缺少的组成部分。具体操作如下：将名称列表按字母顺序排列；按从高到低的顺序编制产品存货水平列表，或按颜色或图标对行进行排序。对数据进行排序有助于快速直观地显示数据并更好地理解数据，组织并查找所需数据，最终做出更有效的决策。

可以对一列或多列中的数据按文本（从 A 到 Z 或从 Z 到 A）、数字（从小到大或从大到小）及日期和时间（从最旧到最新或从最新到最旧）进行排序。 还可以按自己创建的自定义序列（如大、中和小）或格式（包括单元格颜色、字体颜色或图标集）进行排序。

3. 高级筛选

要正确使用高级筛选，必须遵循以下两条原则。

1）使用高级筛选时，必须在工作表中建立一个条件区域，输入各条件的字段名和条件值。条件区域由一个字段名行和若干条件行组成，可以被放置在工作表的任何空白位置，但必须与数据区域隔开最少一行或一列，以防止条件区域的内容受到数据表插入或删除记录行的影响。

2）从条件区域第二行开始是条件行，用于存放条件，如果条件位于同一行的不同列中，则表示条件为"与"的逻辑关系，即只有其中所有条件都满足才算符合条件；如果条件位于不同行的单元格中，则表示条件为"或"的逻辑关系，即满足其中任何一个条件就算符合条件。

4. 分类汇总

分类汇总是把数据清单中的数据分门别类地进行统计处理。不需要用户自己建立公式，Excel 会自动对各类别的数据进行求和、求平均值等多种计算，并且把汇总的结果以"分类汇总"和"总计"的形式显示出来。在 Excel 2016 中，分类汇总可进行的计算有求和、求平均值、求最大值、求最小值等。

注意：数据清单中必须包含带有标题的列，并且在数据清单中必须先对要分类汇总的列排序。

5. 数据透视表

数据透视表是一种对大量数据进行快速汇总和建立交叉列表的交互式动态表格，能用来分析、组织数据，如计算平均数、标准差，建立列联表，计算百分比，建立新的数据子集等。创建数据透视表后，可以对数据透视表进行重新安排，以便从不同的角度查看数据。使用数据透视表可以从大量看似无关的数据中寻找背后的联系，从而将纷繁的数据转化为有价值的信息，以供研究和决策所用。

Excel 数据透视表是一种交互式报表，它可以快速分类汇总大量的数据。用户可以随时选择其中的页、行和列中的不同元素，并快速查看源数据的不同统计结果，同时可以随意显示和打印出所需区域的明细数据，从而更加快捷和有效地分析、组织复杂的数据。使用数据透视表，不必输入复杂的公式和函数，仅通过向导就可以创建一个交互式表格。

为了能够制作 Excel 数据透视表，并对数据进行正确分析，应注意以下几点。

1）数据区域的第一行为标题（字段名称）。

2）在数据清单中应避免存在空行和空列。所谓空行，是指某行的各列中没有任何数据；所谓空列，是指某列的各行中没有任何数据。如果某行的某些列没有数据，但其他列有数据，那么该行就不是空行。同样，如果某列的某些行没有数据，但其他行有数据，那么该列也不是空列。

3）各列只包含一种类型的数据。

4）不能出现非法日期。

5）要汇总的数据不能是文本（文本型数字）。

6）要汇总的数据列内不要有空单元格。

7）在数据清单中避免合并单元格。

8）避免在单元格的开头和末尾输入空格。

9）尽量避免在一张工作表中建立多个数据清单。在每张工作表中应仅使用一个数据清单。

10）在工作表中的数据清单与其他数据之间应至少留出一个空列和一个空行，以便检测和选中数据清单。

6. 借助排序快速制作工资条

员工工资表如图 3.81 所示。

	A	B	C	D	E	F	G
1	姓名	基本工资	绩效奖金	加班费	应发工资	扣税	实发工资
2	杨磊	¥4,500.00	¥600.00	¥950.00	¥6,050.00	¥31.50	¥6,018.50
3	陈依依	¥5,000.00	¥1,500.00	¥1,000.00	¥7,500.00	¥75.00	¥7,425.00
4	孙畅广	¥4,800.00	¥600.00	¥950.00	¥6,350.00	¥40.50	¥6,309.50
5	赵阳	¥4,800.00	¥1,000.00	¥1,000.00	¥6,800.00	¥54.00	¥6,746.00
6	王建华	¥4,500.00	¥1,000.00	¥1,060.00	¥6,560.00	¥46.80	¥6,513.20

图 3.81　员工工资表

如何根据已有的工资表制作工资条？采用传统的复制粘贴可以制作工资条，但如果员工人数比较多，这种方法就不实用了。快速制作工资条其实很简单，首先在表格数据最右侧做一个辅助列，在辅助列内输入一组序号，复制序号，粘贴到已有序号之下；然后复制列标题，粘贴到数据区域，如图 3.82 所示。

	A	B	C	D	E	F	G	H
1	姓名	基本工资	绩效奖金	加班费	应发工资	扣税	实发工资	
2	杨磊	¥4,500.00	¥600.00	¥950.00	¥6,050.00	¥31.50	¥6,018.50	1
3	陈依依	¥5,000.00	¥1,500.00	¥1,000.00	¥7,500.00	¥75.00	¥7,425.00	2
4	孙畅广	¥4,800.00	¥600.00	¥950.00	¥6,350.00	¥40.50	¥6,309.50	3
5	赵阳	¥4,800.00	¥1,000.00	¥1,000.00	¥6,800.00	¥54.00	¥6,746.00	4
6	王建华	¥4,500.00	¥1,000.00	¥1,060.00	¥6,560.00	¥46.80	¥6,513.20	5
7	姓名	基本工资	绩效奖金	加班费	应发工资	扣税	实发工资	1
8	姓名	基本工资	绩效奖金	加班费	应发工资	扣税	实发工资	2
9	姓名	基本工资	绩效奖金	加班费	应发工资	扣税	实发工资	3
10	姓名	基本工资	绩效奖金	加班费	应发工资	扣税	实发工资	4
11	姓名	基本工资	绩效奖金	加班费	应发工资	扣税	实发工资	5

图 3.82　编辑员工工资表

选中辅助列中的任意一个单元格，在"数据"选项"排序和筛选"选项组中单击"升序"按钮，完成工资条的制作。工资条如图 3.83 所示。

	A	B	C	D	E	F	G	H
1	姓名	基本工资	绩效奖金	加班费	应发工资	扣税	实发工资	
2	杨磊	¥4,500.00	¥600.00	¥950.00	¥6,050.00	¥31.50	¥6,018.50	1
3	姓名	基本工资	绩效奖金	加班费	应发工资	扣税	实发工资	1
4	陈依依	¥5,000.00	¥1,500.00	¥1,000.00	¥7,500.00	¥75.00	¥7,425.00	2
5	姓名	基本工资	绩效奖金	加班费	应发工资	扣税	实发工资	2
6	孙畅广	¥4,800.00	¥600.00	¥950.00	¥6,350.00	¥40.50	¥6,309.50	3
7	姓名	基本工资	绩效奖金	加班费	应发工资	扣税	实发工资	3
8	赵阳	¥4,800.00	¥1,000.00	¥1,000.00	¥6,800.00	¥54.00	¥6,746.00	4
9	姓名	基本工资	绩效奖金	加班费	应发工资	扣税	实发工资	4
10	王建华	¥4,500.00	¥1,000.00	¥1,060.00	¥6,560.00	¥46.80	¥6,513.20	5
11	姓名	基本工资	绩效奖金	加班费	应发工资	扣税	实发工资	5
12								

图 3.83　工资条

7. 用切片器快速筛选

切片器是 Excel 2010 版以后新增的功能,可以使用户更加方便地按照分类进行筛选,是一种简化版的筛选器。Excel 中的切片器在普通表格中无法使用,只有在超级表或者数据透视表中才能使用。这两个表格中的切片器的基本功能一样,下面以超级表中的切片器为例进行介绍。

微课:切片器

将光标定位到单元格内任意区域,按 Ctrl+T 快捷键快速创建超级表,或者在"插入"选项卡"表格"选项组中单击"表格"按钮,同样可以打开"创建表"对话框,将普通表格转换为超级表,如图 3.84 所示。这时在"表格工具/表设计"选项卡中可以看到"插入切片器"按钮,如图 3.85 所示。

	A	B	C	D	E	F
1	员工编号	姓名	性别	部门	职称	学历
2	1	杨磊	男	人事部	工程师	硕士
3	2	陈依依	女	财务部	工程师	本科
4	3	孙畅广	男	销售部	助理工程师	本科
5	4	赵阳	男	销售部	工程师	本科
6	5	王建华	女	人事部	高级工程师	硕士
7	6	杨凤丽	女	开发部	高级工程师	硕士
8	7	赵婷婷	女	财务部	工程师	本科
9	8	陈浩楠	男	销售部	助理工程师	本科
10	9	李诗涵	女	开发部	工程师	硕士
11	10	陈斌	男	销售部	工程师	本科

创建表　？　×
表数据的来源(W):
$A$1:$F$11
☑ 表包含标题(M)
确定　取消

图 3.84　将普通表格转换为超级表

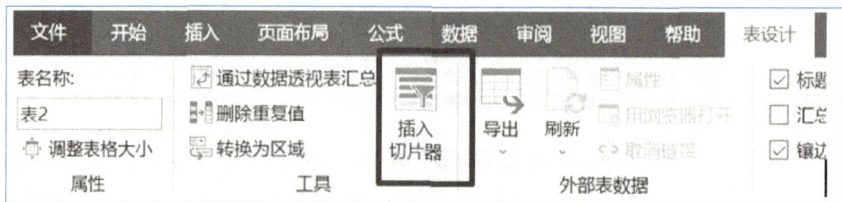

文件　开始　插入　页面布局　公式　数据　审阅　视图　帮助　表设计

表名称:
表2
调整表格大小
通过数据透视表汇总
删除重复值
转换为区域
插入切片器
导出
刷新
属性
用浏览器打开
取消链接
☑ 标题
☐ 汇总
☑ 镶边

属性　工具　外部表数据

图 3.85　插入切片器按钮

单击"插入切片器"按钮，打开"插入切片器"对话框（图3.86），选择需要插入切片器的数据列，可以选择一列或者多列，然后单击"确定"按钮，生成切片器。生成"性别""部门"切片器如图3.87所示。

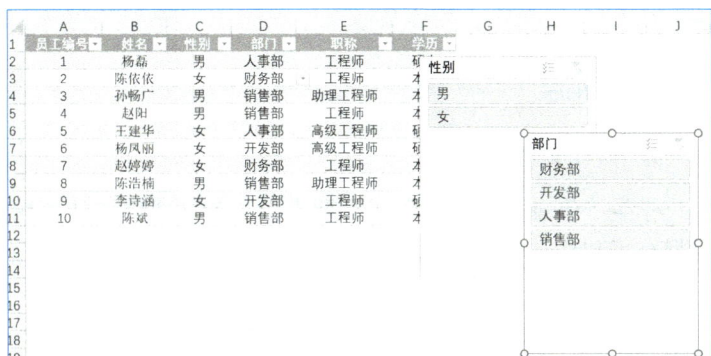

图 3.86　"插入切片器"对话框　　　　　图 3.87　生成"性别""部门"切片器

生成切片器以后，通过单击、拖动可以分别查看单个分类或多个分类的筛选及汇总结果。例如，要筛选出销售部男员工记录，只需要在"性别"切片器中选择"男"选项，然后在"部门"切片器中选择"销售部"选项即可，结果如图3.88所示。如果要恢复默认状态，则依次单击切片器右上角的"清除筛选器"按钮即可。

图 3.88　筛选销售部男员工记录结果

选中需要设计的切片器，在"切片器工具/切片器"选项卡"按钮"选项组中可以修改切片器的样式，在"列"文本框中输入需要设置的列数，在"高度"和"宽度"文本框中输入需要的值，如图 3.89 所示。将部门切片器设置为 2 列，如图 3.90 所示。

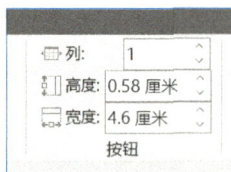

图 3.89　修改切片器样式

图 3.90　将部门切片器设置为 2 列

📖 任务拓展

1. 任务要求

学生"信息技术基础"课程期末指法考试成绩统计表如图 3.91 所示，请对该文档进行数据分析和统计。

序号	班级	姓名	速度	准确率	成绩
	学生指法考试成绩统计表				
1	计算机应用技术1班	丁光宇	102.96	98.40%	96.37
2	计算机应用技术1班	王兴昊	137.6	96.58%	118.77
3	计算机应用技术1班	邵玉峥	104.8	98.52%	98.59
4	计算机应用技术1班	张业麟	149.1	98.63%	140.92
5	计算机应用技术1班	许启帅	112.03	97.59%	101.23
6	计算机应用技术2班	徐展飞	122.93	98.60%	116.04
7	计算机应用技术2班	张文璇	104	97.28%	92.68
8	计算机应用技术2班	徐国新	75.73	95.54%	62.21
9	计算机应用技术2班	杨广瑞	127.53	98.35%	119.11
10	计算机应用技术2班	冯玉静	85.96	95.06%	68.97
11	计算机应用技术3班	黄文杰	155.06	98.93%	148.42
12	计算机应用技术3班	张鹏林	86.33	97.62%	78.11
13	计算机应用技术3班	杨俊杰	101.66	98.16%	94.18
14	计算机应用技术3班	张杰	134.16	98.60%	126.64
15	计算机应用技术3班	蔡栋梁	90.63	95.13%	72.97

图 3.91　学生"信息技术基础"课程期末指法考试成绩统计表

2. 任务实施

1）在"素材"工作表后依次创建"成绩排序""多列排序""自动筛选""自定义筛选""高级筛选""分类汇总"工作表。

2）在"成绩排序"工作表中对成绩进行降序排序。

3）在"多列排序"工作表中以成绩为主要关键字、以准确率为次要关键字进行降序排序。

4）在"自动筛选"工作表中筛选出成绩最高的 5 名学生。

5）在"自定义筛选"工作表中筛选出成绩在 60～80 的学生。

6）在"高级筛选"工作表中筛选出成绩≥130 并且准确率高于 98% 的学生。

7）在"分类汇总"工作表中汇总出各班级的成绩平均值。

任务 *3.5* 制作汽车销售统计图表

☞ 任务描述

　　某公司销售部要对 2021 年国产汽车销量的统计结果进行分析，要求利用 Excel 的图表制作功能制作柱状图、折线图、饼图、条形图、数据透视图等一系列图表，以便更加直观形象地展示相关数据的变化，给决策者或者购买者提供更清楚直观的数据。

☞ 任务目标

1. 掌握 Excel 常见图表类型和创建方法。
2. 掌握常用 Excel 数据的分析方法。
3. 提高数据分析能力和图形编排的审美能力。
4. 培养创新思维和举一反三解决问题的能力。

💻 任务实施

1. 创建 2021 年度国产汽车销量统计表

1）打开"2021 年度国产汽车销量统计表.xlsx"文件。

2）将 Sheet1 工作表重命名为"统计表"。在当前工作表后依次新建"柱形图""条形图""折线图""饼图""数据透视图"五个新的工作表，以便存放对应的统计结果。

2. 创建柱形图

1）打开"柱形图"工作表，按住 Ctrl 键选择数据区域 B3:B13 和 D3:G13，在"插入"选项卡"图表"选项组中单击"推荐的图表"按钮，打开"插入图表"对话框，选择"所有图表"选项卡，选择图表类型为柱形图中的簇状柱形图，单击"确定"按钮，插入如图 3.92 所示的柱形图。

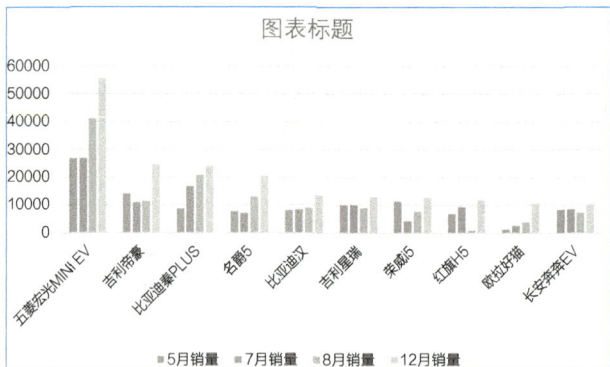

图 3.92　簇状柱形图

2）单击图表区，在"图表工具/图表设计"选项卡"图表布局"选项组中单击"快速布局"下拉按钮，在下拉列表中选择"布局 1"选项。

3）单击图表区，设置标题为"2021 年度国产汽车销量统计"，设置文字格式为宋体、14 号、加粗。修改格式后柱形图效果如图 3.93 所示。

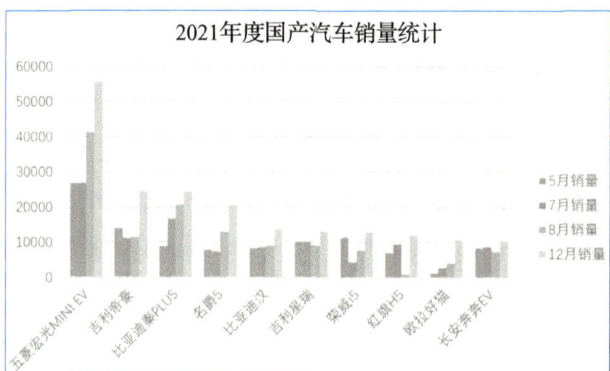

图 3.93　修改格式后柱形图效果

4）默认插入的图表显示在当前工作表中，可以将图表移动到其他工作表中。单击图表区，在"设计"选项卡"位置"选项组中单击"移动图表"按钮。在打开的"移动图表"对话框中，点选"新工作表"单选按钮，输入名称"汽车销售分析柱形图"，单击"确定"按钮，如图 3.94 所示。移动图表的效果如图 3.95 所示。

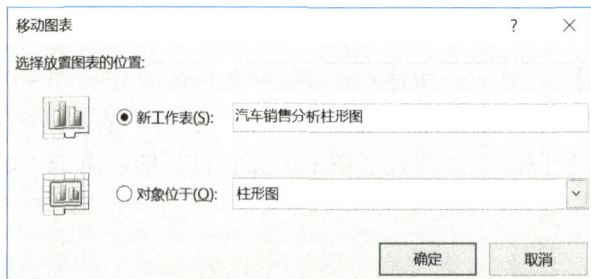

图 3.94　选择放置图表的位置

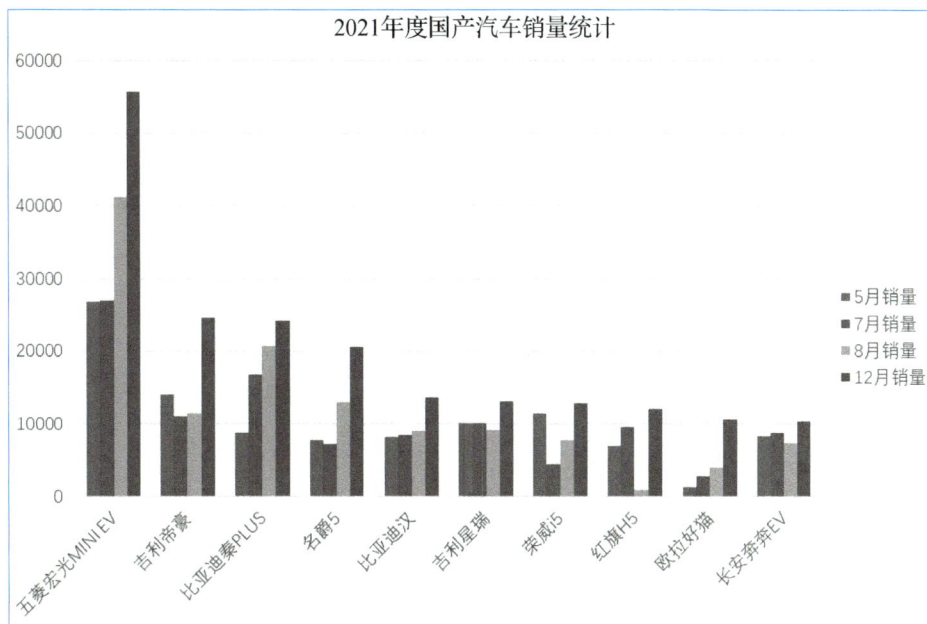

图 3.95　移动图表的效果

3. 创建条形图

1）仿照插入柱形图的方法，在"条形图"工作表中插入各汽车品牌各月份销量的堆积条形图。

2）选择"设计"选项卡中的图表样式，套用图表样式 8。设置图表标题为"2021 年度国产汽车销量条形图"。

3）单击图表区，在"图表工具/格式"选项卡"形状样式"选项组中设置图表区形状样式为"细微效果-蓝色，强调颜色 1"。单击绘图区，设置绘图区形状样式为"彩色轮廓-橄榄色，强调颜色 3"。修改格式后条形图效果如图 3.96 所示。

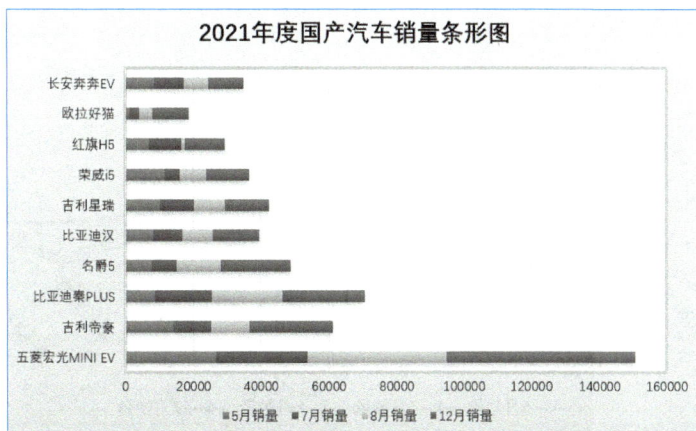

图 3.96　修改格式后条形图效果

4）放置图例的位置有很多，可以将其放置在图表左侧、右侧、顶部、底部等，根据实际需要，可以选择合适的位置放置图例。选中图表，在"图表工具/图表设计"选项卡"图表布局"选项组中单击"添加图表元素"下拉按钮，在下拉列表中选择"图例"→"右侧"选项，效果如图 3.97 所示。

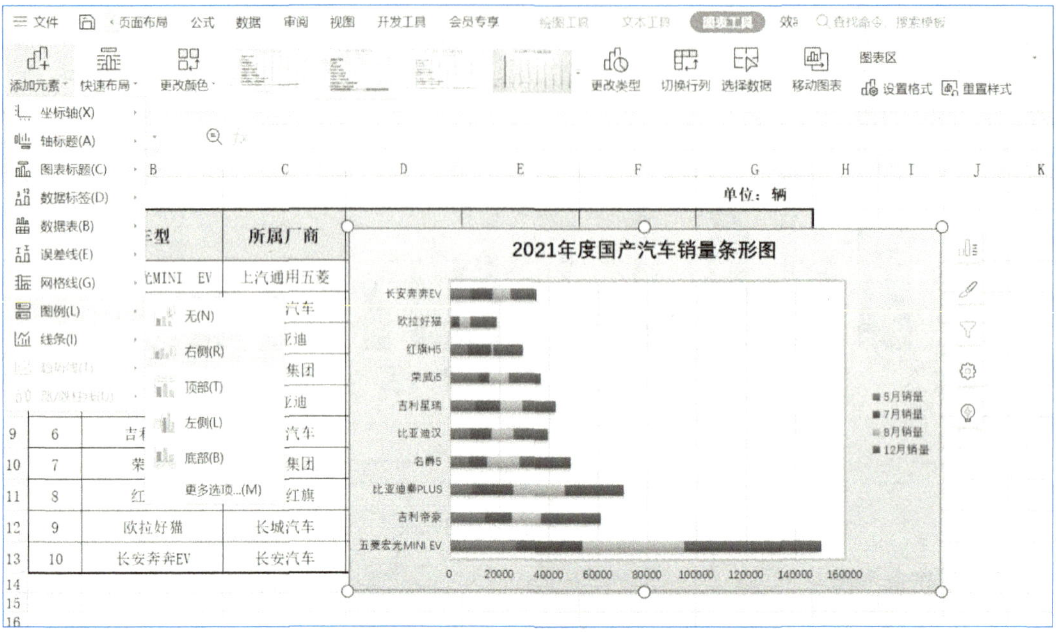

图 3.97　在图表右侧显示图例

4. 创建折线图

1）插入折线图。仿照插入柱形图的方法，在"折线图"工作表中插入各汽车品牌各月份销量的带数据标记的折线图，如图 3.98 所示。

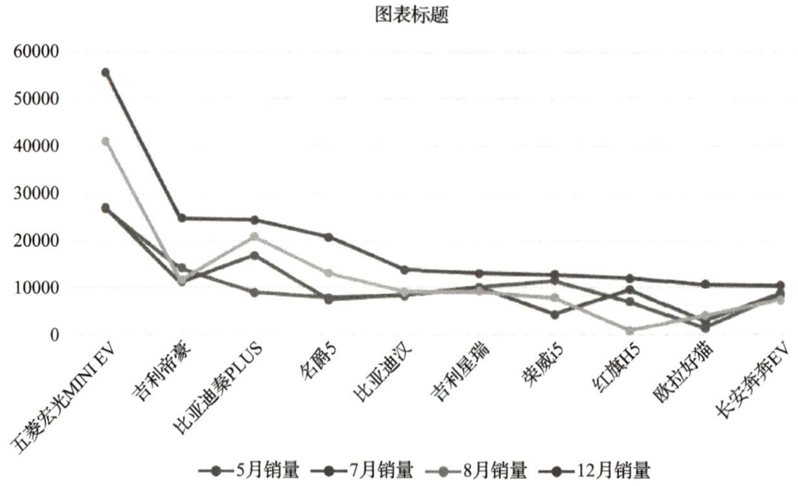

图 3.98　带数据标记的折线图

2）使用月份销量作为图例，因为图表数据不是很清晰，所以通过切换图表的行与列改变这一现象。选中图表，在"图表工具/图表设计"选项卡"数据"选项组中单击"切换行/

列"按钮。经过操作后，图表中的行与列被切换了，效果如图 3.99 所示。

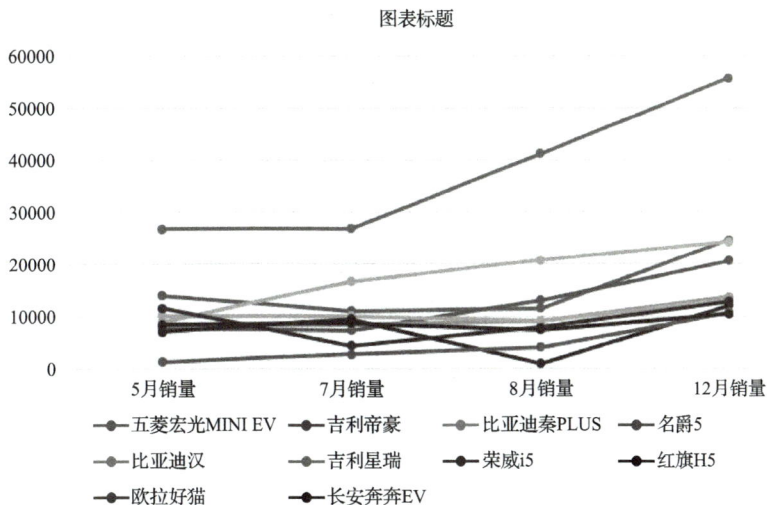

图 3.99　切换行/列

3）设置图表标题为"2021 年度国产汽车销量折线图"，在图表区加黑色边框。

5. 创建饼图

1）插入图表。打开"饼图"工作表，按住 Ctrl 键选择不连续区域：五个汽车品牌及其对应的 12 月销量区域（B3:B8，G3:G8）。为各品牌汽车 12 月销量建立三维饼图。

2）添加数据标签。单击图表区，在"图表工具/图表设计"选项卡"图表布局"选项组中单击"添加相应图表元素"下拉按钮，添加相应内部数据标签。

3）设置图表数据标签格式。单击图表中的数据标签，打开"设置数据标签格式"对话框，设置数据标签选项，使其显示百分比及类别名称，设置文字格式为"宋体，12 磅，黄色"。设置数据标签格式如图 3.100 所示。

4）设置数据系列格式。双击绘图区，设置数据系列格式中的系列选项，设置图饼分离程度为 6%，如图 3.101 所示。

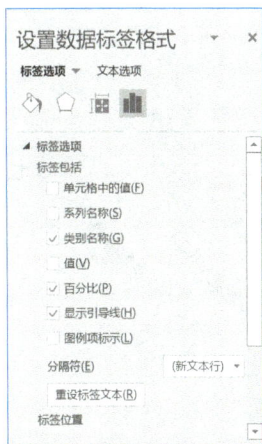

图 3.100　设置数据标签格式

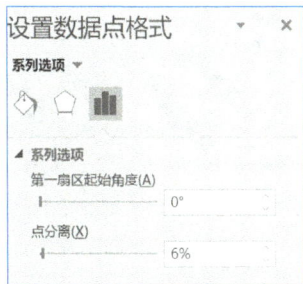

图 3.101　设置数据系列格式

5）美化图表。对图表区和绘图区设置不同的形状样式。调整格式后的三维饼图如图 3.102 所示。

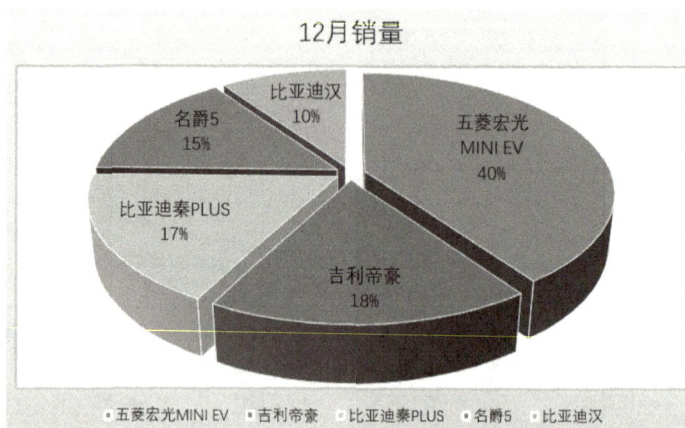

图 3.102　调整格式后的三维饼图

6）存为模板。右击图表区，在打开的快捷菜单中选择"另存为模板"选项，将其保存到默认的目录下，命名为"饼图模板"。

6. 创建数据透视图

1）打开"数据透视图"工作表，单击工作表数据清单中的任意单元格，在"插入"选项卡"图表"选项组中单击"数据透视图"下拉按钮，打开下拉列表。

2）选择"数据透视图"选项，将数据透视图放到"数据透视图"工作表中。设置筛选为所属厂商、轴为车型、值区域为 12 月销量。

3）套用数据透视图样式 6。数据透视图如图 3.103 所示。

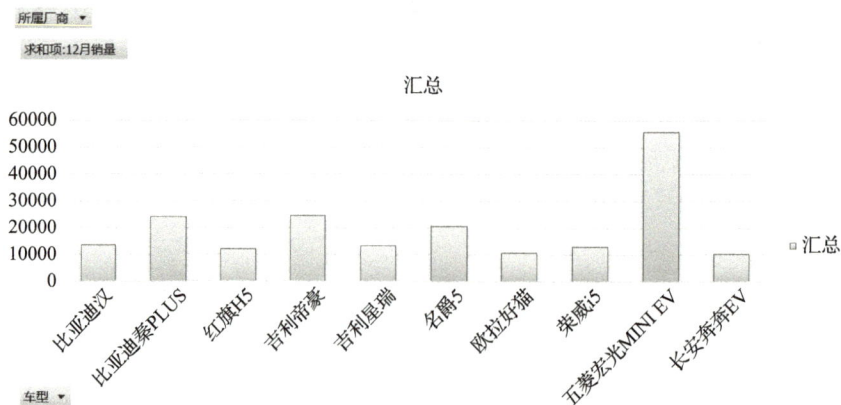

图 3.103　数据透视图

📖 **相关知识**

1. Excel 图表

在 Excel 中，图表将工作表中的数据用图形表示出来。图表可以使数据更加有趣、吸引人、易于阅读和评价。图表可以帮助用户分析和比较数据。

当基于工作表选中区域建立图表时，Excel 会使用来自工作表的值，并将其当作数据点在图表上进行显示。用条形、线条、柱形、切片、点及其他形状表示数据点。这些形状称为数据标志。

建立图表后，可以通过增加图表项，如数据标记、图例、标题、文字、趋势线、误差线及网格线来美化图表及强调某些信息。大多数图表项可被移动或调整。用户可以通过设置图案、颜色、对齐、字体及其他格式的属性来设置图表项的格式。

2. 图表的分类

在 Excel 中提供了 15 个大类的图表（图 3.104），每类图表又包含了大量的子图表类型，基本可分为标准、强调总值的堆积、强调占比的百分比堆积、复合、特殊格式设置五个子类别。

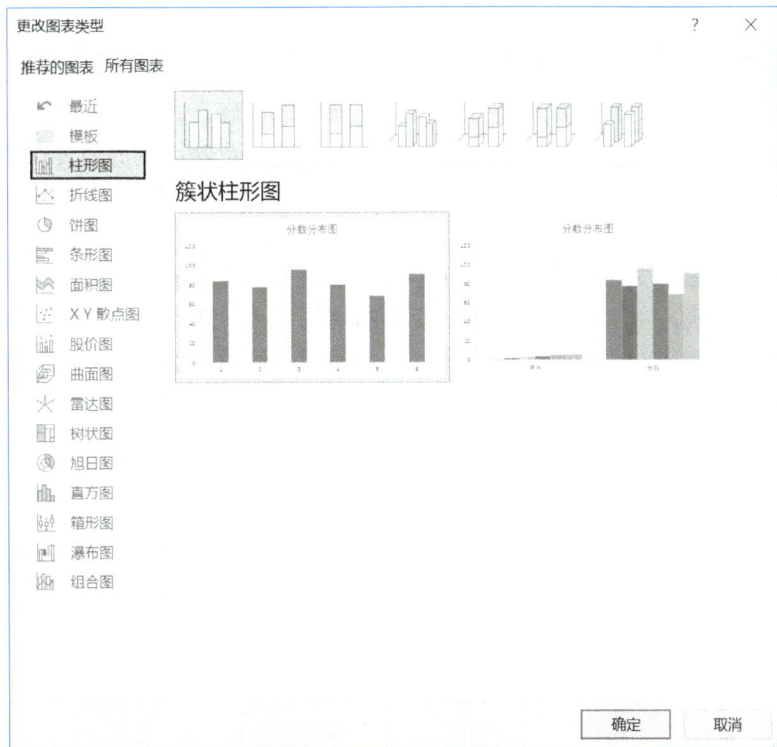

图 3.104　15 个大类的图表

对于相同的数据，如果选择不同的图表类型，那么得到的图表外观是有很大差别的。为了用图表准确地表达观点，完成数据表的创建后，应选择恰当的图表类型。在 Excel 中使用较多的图表类型有柱形图、折线图、饼图、条形图、面积图、Ｘ Ｙ 散点图等，使用较少的图表类型有股价图、曲面图、雷达图等。下面重点介绍常用的图表。

（1）柱形图

柱形图是使用柱形高度表示第二个变量数值的图表，主要用于数值大小比较和时间序列数据推移。x 轴为第一个变量的文本格式，y 轴为第二个变量的数值格式。柱形图系列还包括反映累加效果的堆积柱形图、反映比例的百分比堆积柱形图、反映多数据系列的三维柱形图等。

（2）折线图

折线图可以看作将面积图的面积填充部分设定为"无"的图表，主要用于表示时序数据的推移变化。折线图的 x 轴为第一个变量的文本格式，y 轴为第二个变量的数值格式。对于多数据系列的数据一般采用折线图表示，因为多系列面积图存在遮掩的缺陷。

（3）饼图

饼图是一种用于表示各项目比例的基础性图表，主要用于表示数据系列的组成结构，或部分在整体中的比例。平时常用的饼图类型包括二维和三维饼图、圆环图。饼图只适用于一组数据系列，圆环图适用于多组数据系列的比重关系的绘制。

（4）条形图

条形图其实是柱形图的旋转图表，主要用于数值大小与比例的比较。当第一个变量的文本名称较长时，通常会采用条形图。但是对于时序数据一般不采用条形图。

（5）面积图

面积图是将折线图中折线数据下方部分填充颜色的图表，主要用于表示时序数据的大小与推移变化。面积图包括反映累加效果的堆积面积图、反映比例的百分比堆积面积图、反映多数据系列的三维面积图等。

（6）Ｘ Ｙ 散点图

Ｘ Ｙ 散点图也被称为相关图，是一种将两个变量分布在纵轴和横轴上，在它们的交叉位置绘制出点的图表，主要用于表示两个变量的相关关系。散点图的 x 和 y 轴都为与两个变量数值大小分别对应的数值轴。散点图通过曲线或折线两种类型将散点数据连接起来，可以表示 x 轴变量随 y 轴变量数值的变化趋势。散点图如图 3.105 所示。

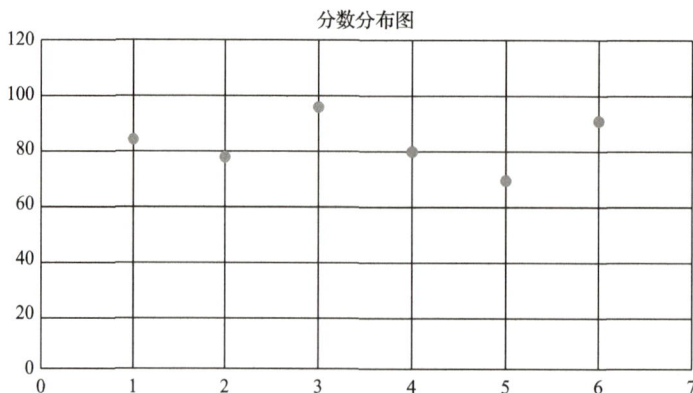

图 3.105　Ｘ Ｙ 散点图

3. 图表的组成

在 Excel 中,图表是重要的数据分析工具,运用图表的功能可以清晰地表现工作簿中的数据,Excel 图表主要由图表区、绘图区、数值轴、分类轴、数据系列、网格线、图例、图表标题组成,如图 3.106 所示。具体功能如下。

1)图表区。图表区是整个图表的背景区域,包括所有的数据信息及图表辅助的说明信息。

2)绘图区。绘图区根据用户指定的图表类型显示工作表中的数据信息,是图表中主要的组成部分。

3)数值轴。数值轴根据工作表中数据的大小来自定义数据的单位长度,它是用来表示数值大小的坐标轴。

4)分类轴。分类轴用来表示图表中需要比较的各对象。

5)数据系列。数据系列是根据用户指定的图表类型,以系列的方式显示在图表中的可视化数据,分类轴上的每个分类都对应着一个或者多个数据,不同分类上颜色相同的数据构成了一个数据系列。

6)网格线。网格线包括主要网格线和次要网格线。

7)图例。图例是为表示图表中各数据系列的名称或者分类而指定的图案或颜色。

8)图表标题。图表标题就是图表的名称,用来说明 Excel 图表主题的说明性文字。

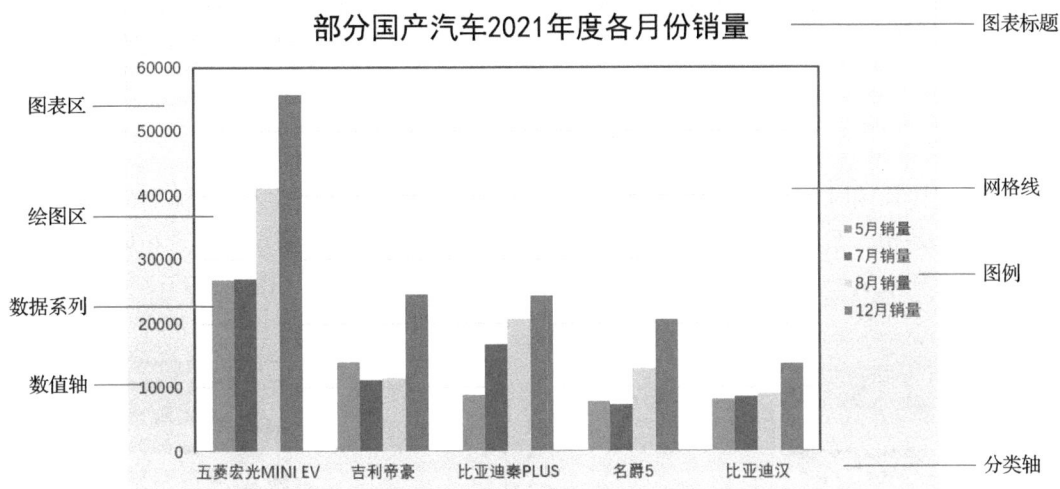

图 3.106　图表各部分组成

4. 嵌入式图表和独立图表

在 Excel 中有嵌入式图表和独立图表两种。

图表和工作表数据放在同一工作表中,称为嵌入式图表。

图表单独存放在一个工作表内,称为独立图表。

嵌入式图表和独立图表都与相应的单元格数据相链接,当改变单元格数据时,这两种图表会随之更新。

5. 使用迷你图分析数据

在单元格内插入迷你图，可以在单元格中直观地显示一系列数值的趋势，或者可以突出显示最大值和最小值。与 Excel 图表不同，迷你图不是对象，而是单元格背景中的一个微型图表。

选中需要插入迷你图的单元格，在"插入"选项卡"迷你图"选项组中，可以看到有三种类型的迷你图，分别是折线迷你图、柱形迷你图和盈亏迷你图。用户可以根据需求选择合适的迷你图。具体功能如下。

微课：使用迷你图分析数据

1）折线迷你图：插入一个线形图表，用来显示数据的趋势变化。

2）柱形迷你图：插入一个柱形图，用来显示数据的大小不同。

3）盈亏迷你图：插入一个盈亏条形图，用来显示数据是亏损还是盈利。

迷你图类型如图 3.107 所示。

序号	车型	所属厂商	5月销量	7月销量	8月销量	12月销量	折线迷你图	柱形迷你图	盈亏迷你图
1	五菱宏光MINI EV	上汽通用五菱	26742	26907	41188	55742			
2	吉利帝豪	吉利汽车	14015	11095	11454	24589			
3	比亚迪秦PLUS	比亚迪	8805	16753	20676	24287			
4	名爵5	上汽集团	7740	7317	13002	20582			
5	比亚迪汉	比亚迪	8214	8522	9035	13701			
6	吉利星瑞	吉利汽车	10056	10116	9126	13115			
7	荣威i5	上汽集团	11506	4369	7827	12818			
8	红旗H5	一汽红旗	7030	9523	876	12020			
9	欧拉好猫	长城汽车	1277	2779	4005	10685			
10	长安奔奔EV	长安汽车	8371	8726	7358	10404			

图 3.107　迷你图类型

在设置迷你图时，可以在迷你图中显示高点、低点、负点、首点、尾点和标记（图 3.108）。高点和低点是指一系列数据中的最高点和最低点；负点是负值数据点；首点和尾点是指第一个数据点和最后一个数据点；标记是指迷你图中每个数据的点（图 3.109）。

图 3.108　迷你图显示点

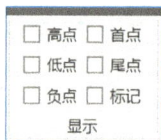

图 3.109　为折线迷你图设置标记

📘 **任务拓展** ━━━━━━━━━━━━━━━━━━━━━ ■

1. 任务要求

2022 年北京冬奥会奖牌榜统计表如图 3.110 所示。要求根据此表做出更加直观的各类图表，以便进行数据分析和总结汇报。

图 3.110 2022 年北京冬奥会奖牌榜统计表

注：ROC 英文全称为 Russian Olympic Committee，意指俄罗斯奥委会。

2. 任务实施

1）创建簇状柱形图，设置图表样式为样式 9，将其移动到柱形图工作表中，如图 3.111 所示。

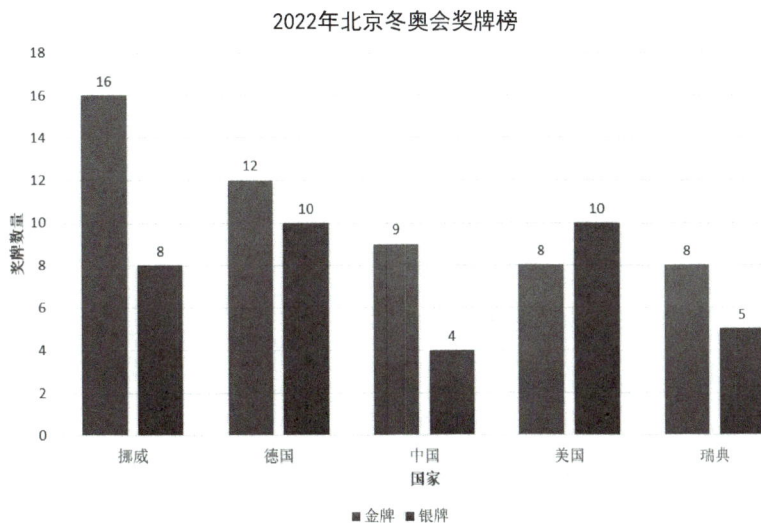

图 3.111 柱形图

2）创建折线图，设置图表样式为样式 9，将其移动到折线图工作表中，如图 3.112 所示。

3）创建条形图，设置图表样式为样式 3，将其移动到条形图工作表中，如图 3.113 所示。

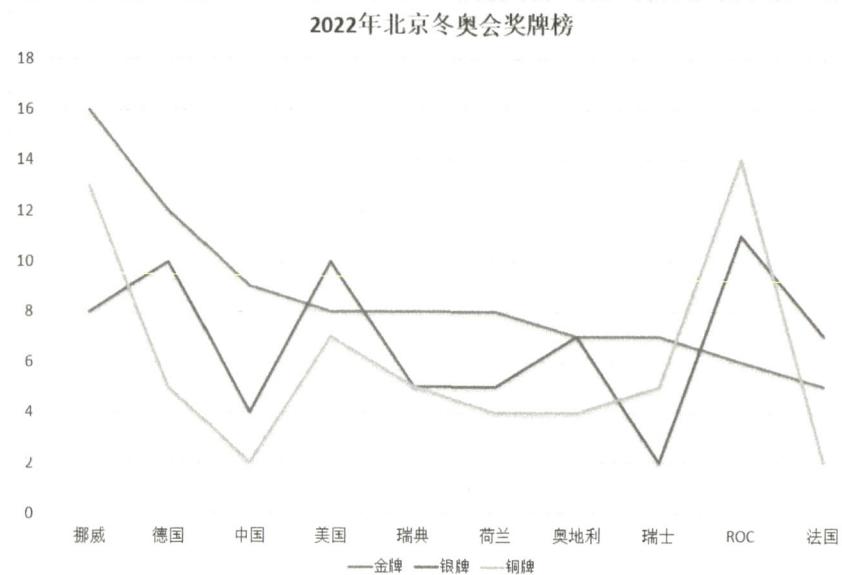

图 3.112　折线图

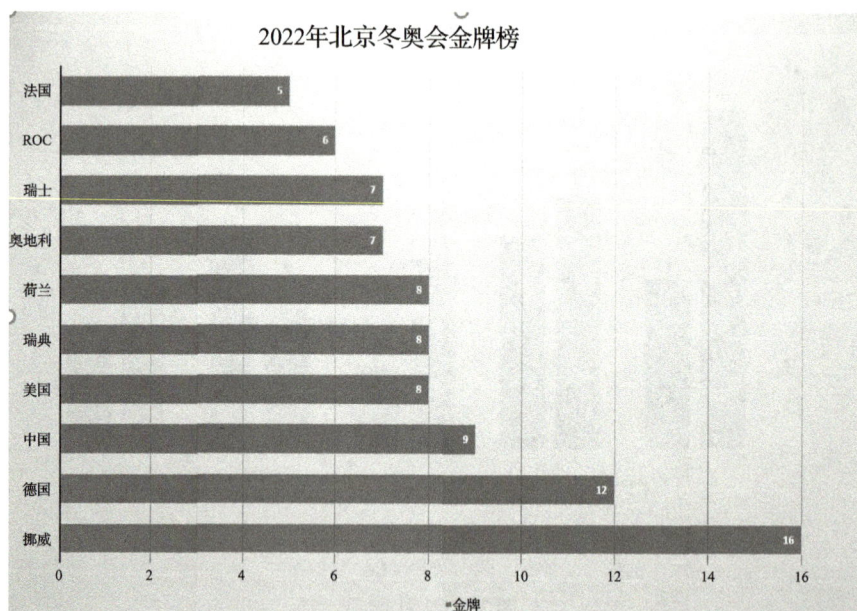

图 3.113　条形图

4）创建饼图，将其移动到饼图工作表中，如图 3.114 所示。

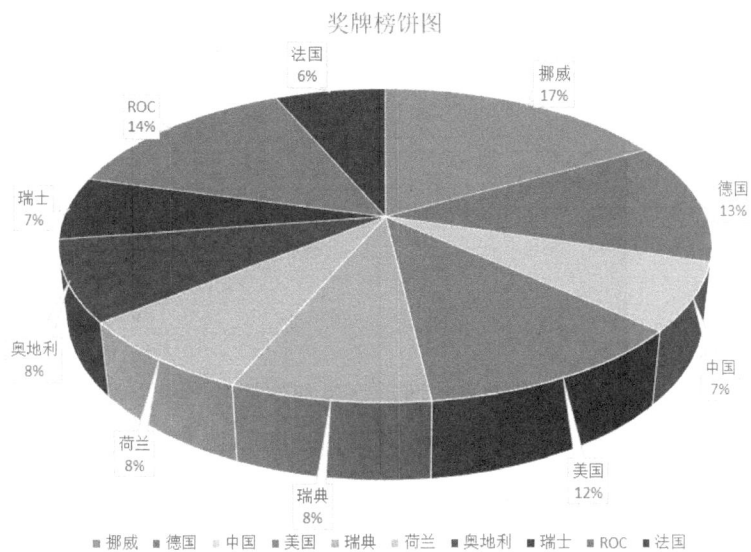

图 3.114　饼图

模块 4

演示文稿制作

模块导读

在人们的日常工作、学习和生活中，演示文稿制作软件已成为最受欢迎的办公软件之一。在工作汇报、公司宣传、产品介绍、教育培训等场景中，都能看到演示文稿的身影。本模块主要利用 PowerPoint 2016 软件中包含的文字、图形、声音、视频、动画等信息制作演示文稿，使其图文并茂、生动形象，从而有效提高工作效率。

模块目标

知识目标

● 掌握演示文稿的版式、背景、主题、母版及配色方案等格式的设置方法。

● 掌握在幻灯片中插入普通文本、图片、艺术字、音频、视频等对象的方法。

● 掌握演示文稿中的各种动画、幻灯片切换效果与交互功能的设置方法。

能力目标

● 能够利用母版合理地对演示文稿进行设计。

● 能够利用幻灯片中的对象灵活组织演示文稿。

● 能够熟练利用各种动画效果生动形象地展示主题。

素养目标

● 树立正确的世界观、人生观、价值观，知史爱党、知史爱国。

● 重温党的历史，矢志不渝爱党报国，坚定中国特色社会主义共同理想。

● 强化创新意识，勇于进行创新设计，提升创新能力。

思维导图

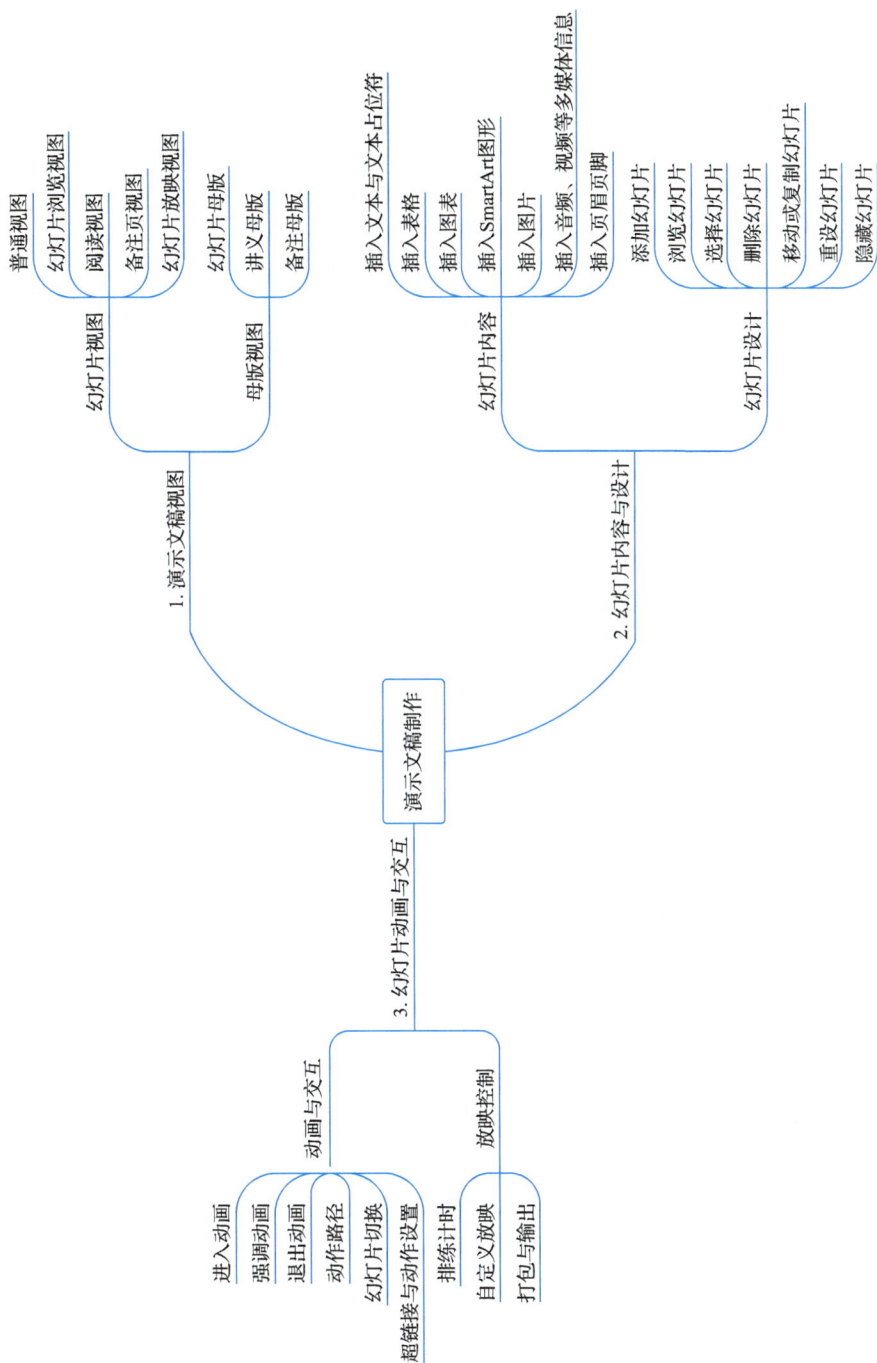

演示文稿制作

1. 演示文稿视图

- 幻灯片视图
  - 普通视图
  - 幻灯片浏览视图
  - 阅读视图
  - 备注页视图
  - 幻灯片放映视图
- 母版视图
  - 幻灯片母版
  - 讲义母版
  - 备注母版

2. 幻灯片内容与设计

- 幻灯片内容
  - 插入文本与文本占位符
  - 插入表格
  - 插入图表
  - 插入 SmartArt 图形
  - 插入图片
  - 插入音频、视频等多媒体信息
  - 插入页眉页脚
- 幻灯片设计
  - 添加幻灯片
  - 浏览幻灯片
  - 选择幻灯片
  - 删除幻灯片
  - 移动或复制幻灯片
  - 重设幻灯片
  - 隐藏幻灯片

3. 幻灯片动画与交互

- 动画与交互
  - 进入动画
  - 强调动画
  - 退出动画
  - 动作路径
  - 幻灯片切换
  - 超链接与动作设置
- 放映控制
  - 排练计时
  - 自定义放映
  - 打包与输出

任务 *4.1* 设计主题班会演示文稿母版

☞ 任务描述

在主题班会的汇报中经常用到演示文稿制作软件，利用该软件可以制作风格统一的演示文稿。本任务要求利用幻灯片母版快速制作出风格统一的演示文稿，包括统一的配色、文字格式、形状等。

☞ 任务目标

1. 了解幻灯片母版设置方法及幻灯片版式的呈现样式。
2. 能灵活运用幻灯片母版制作幻灯片。
3. 树立正确的世界观、人生观、价值观，知史爱党，知史爱国。

💻 任务实施

1. 新建空白演示文稿

启动 PowerPoint 2016 软件，新建一个空白的演示文稿。

2. 设置幻灯片母版

（1）打开幻灯片母版
单击"视图"选项卡"母版视图"选项组中的"幻灯片母版"按钮，打开幻灯片母版视图，如图 4.1 所示。

（2）编辑幻灯片母版
在幻灯片母版视图中，可以完成插入母版、插入版式、删除母版、重命名等操作。

微课：PPT 模板与主题

3. 设置幻灯片母版背景

1）单击"幻灯片母版"选项卡"背景"选项组中的对话框启动器按钮，在屏幕右侧打开"设置背景格式"窗格，如图 4.2 所示。

微课：PPT 母版设置

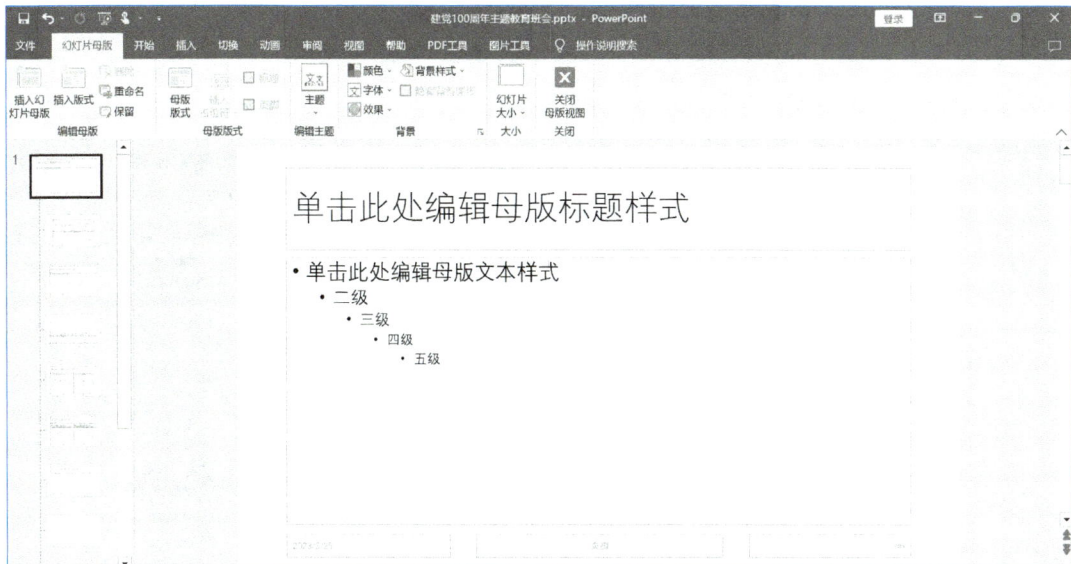

图 4.1　幻灯片母版视图

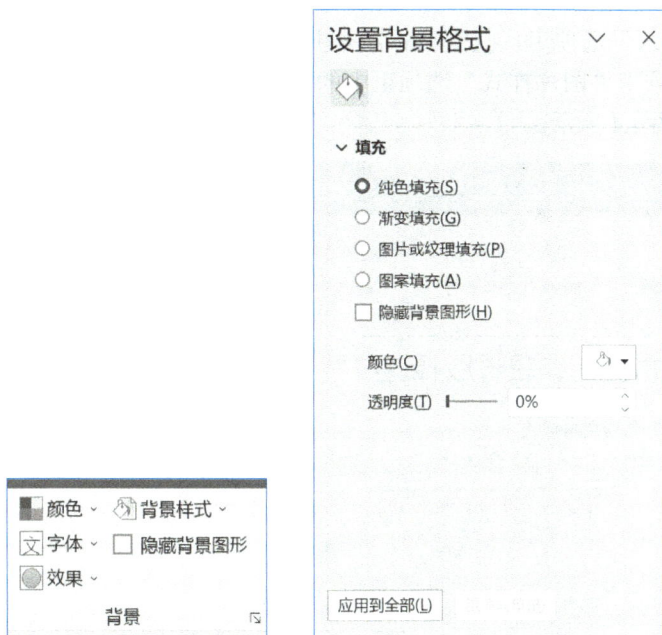

图 4.2　设置幻灯片背景格式

2）在"设置背景格式"窗格中，选中"图片或纹理填充"单选按钮，在"图片源"区域单击"插入"按钮，打开"插入图片"对话框，选中目标图片，单击"插入"按钮，在"设置背景格式"窗格中勾选"将图片平铺为纹理"复选框，设置透明度为 30%，效果如图 4.3 所示。

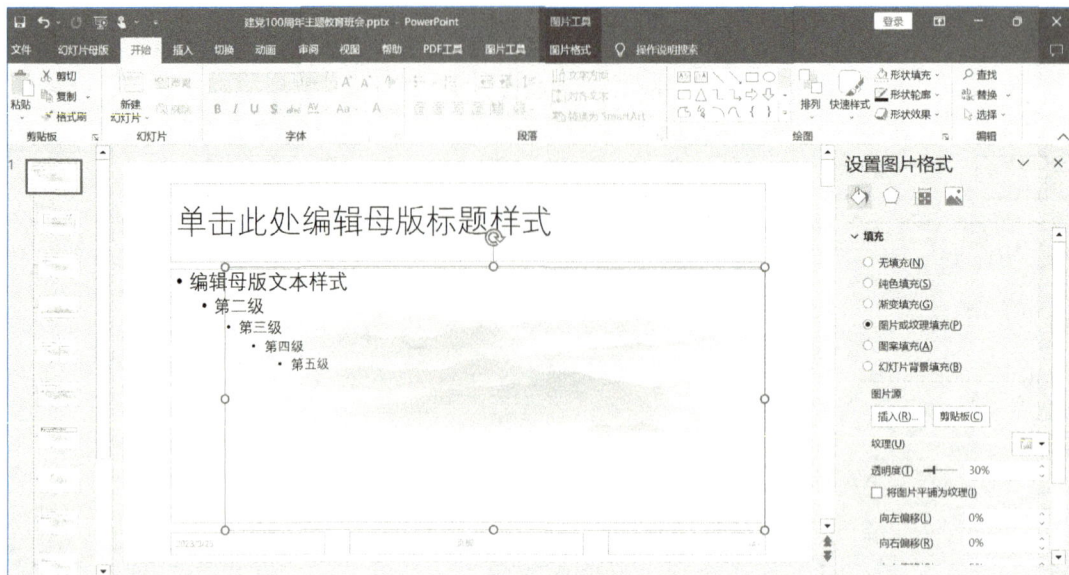

图 4.3　设置背景图片

3）选择"插入"选项卡，找到目标图片并插入，调整其位置和大小，单击"图片工具/图片格式"选项卡"图片样式"选项组中的"图片效果"下拉按钮，设置"阴影-偏移"为右下，效果如图 4.4 所示。

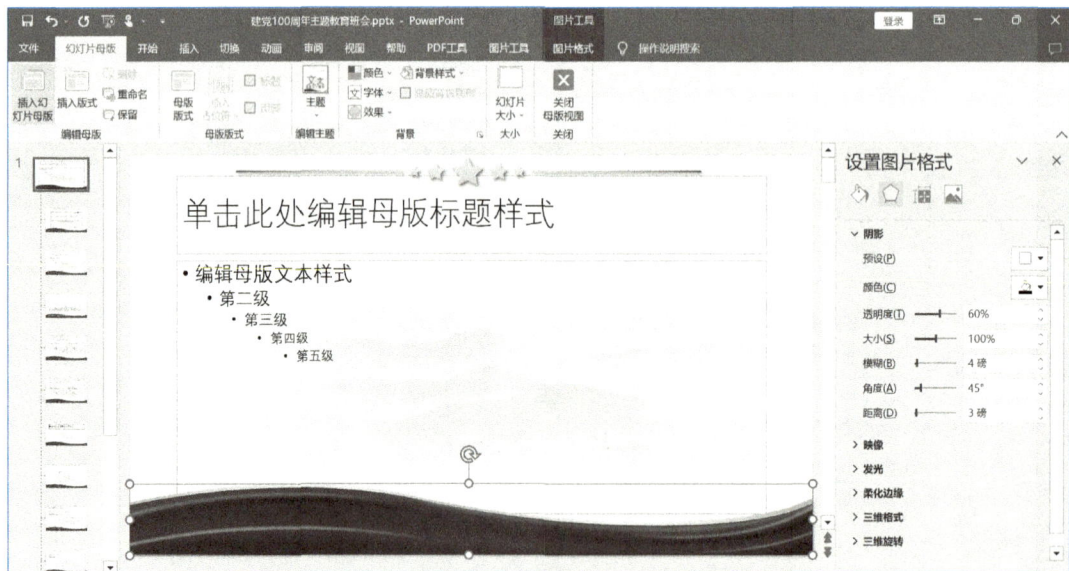

图 4.4　插入目标图片 1

4）插入目标图片后，可以在"设置图片格式"窗格"大小和属性"选项卡中设置合适的图片大小和位置，在"设置图片格式"窗格"图片"选项卡中设置"亮度"为 10%、"对比度"为 10%、"清晰度"为 20%，效果如图 4.5 所示。

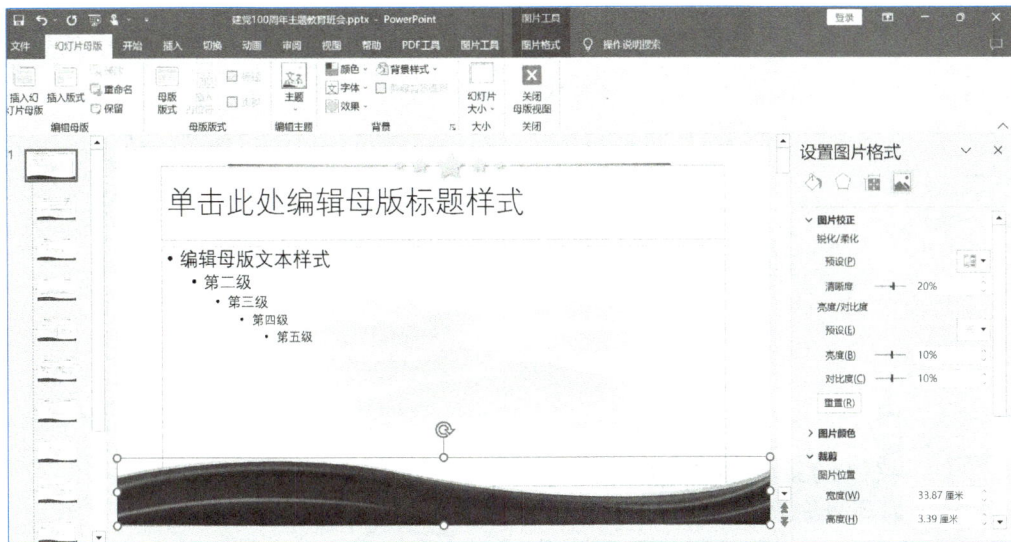

图 4.5　设置目标图片

5）继续插入目标图片，单击"图片工具/图片格式"选项卡"排列"选项组中的"下移一层"按钮，使图片处于下方图片的底部，效果如图 4.6 所示。

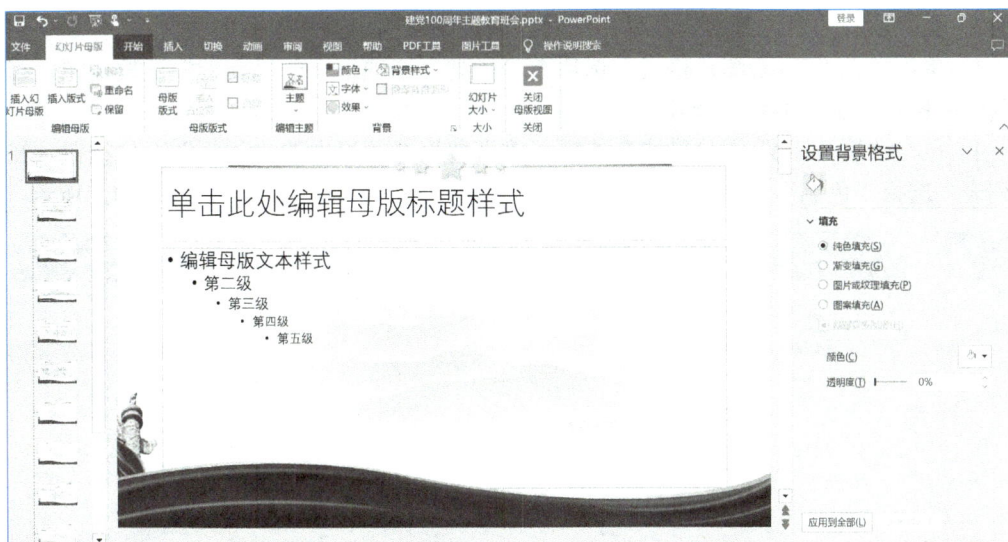

图 4.6　插入目标图片 2

4. 设置标题幻灯片版式

1）选中标题幻灯片，单击"视图"选项卡"母版视图"选项组中的"幻灯片母版"按钮，在打开的"幻灯片母版"选项卡"背景"选项组中，单击对话框启动器按钮，打开"设置背景格式"窗格。

2）插入目标图片，并调整到合适的位置和大小，在"图片工具/图片格式"选项卡"图片样式"选项组中选择"矩形投影"选项，效果如图 4.7 所示。

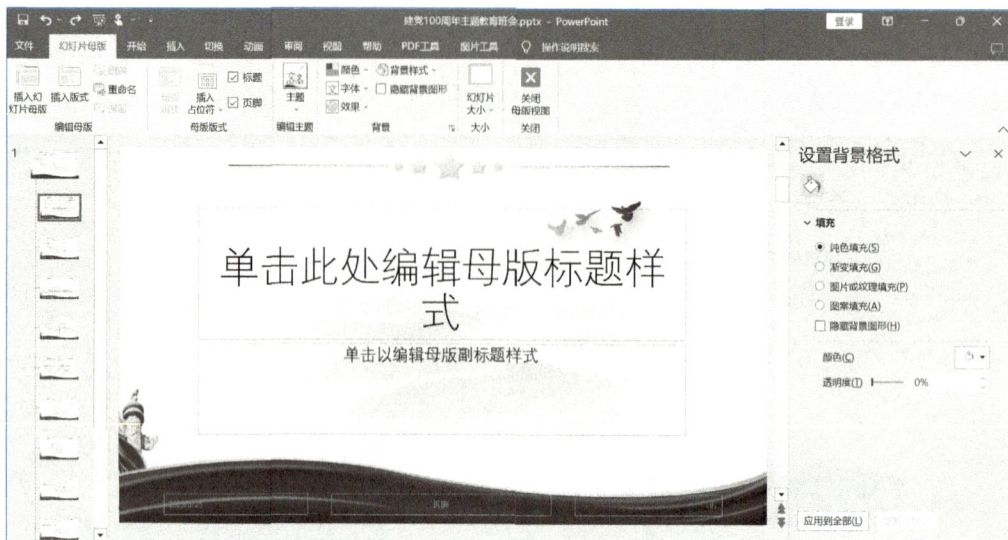

图 4.7　设置标题幻灯片版式

5．设置目录幻灯片版式

1）插入一张新的幻灯片，将其重命名为"目录幻灯片"。

2）删除所有的占位符，插入目标图片，调整图片的位置和大小。

3）单击"图片工具/图片格式"选项卡"排列"选项组中的"旋转"下拉按钮，在下拉列表中选择"水平翻转"选项。

4）单击"图片工具/图片格式"选项卡"调整"选项组中的"颜色"下拉按钮，在下拉列表中选择"色调"为"色温 7200K"、"重新着色"为"褐色"，效果如图 4.8 所示。

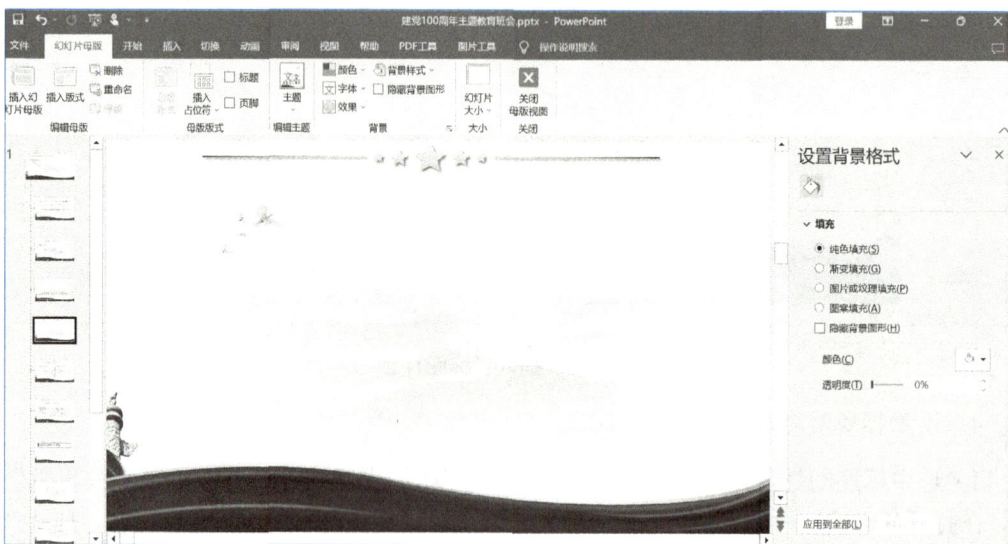

图 4.8　设置目录幻灯片版式

6. 设置仅标题幻灯片版式

1）找到仅标题幻灯片版式，单击标题占位符，设置边框为深红色、粗细为 3 磅、无填充，设置高度为 3.8 厘米，放到合适的位置。

2）调整标题占位符的大小，设置标题字体为黑体、字号为 48、颜色为深红色，效果如图 4.9 所示。

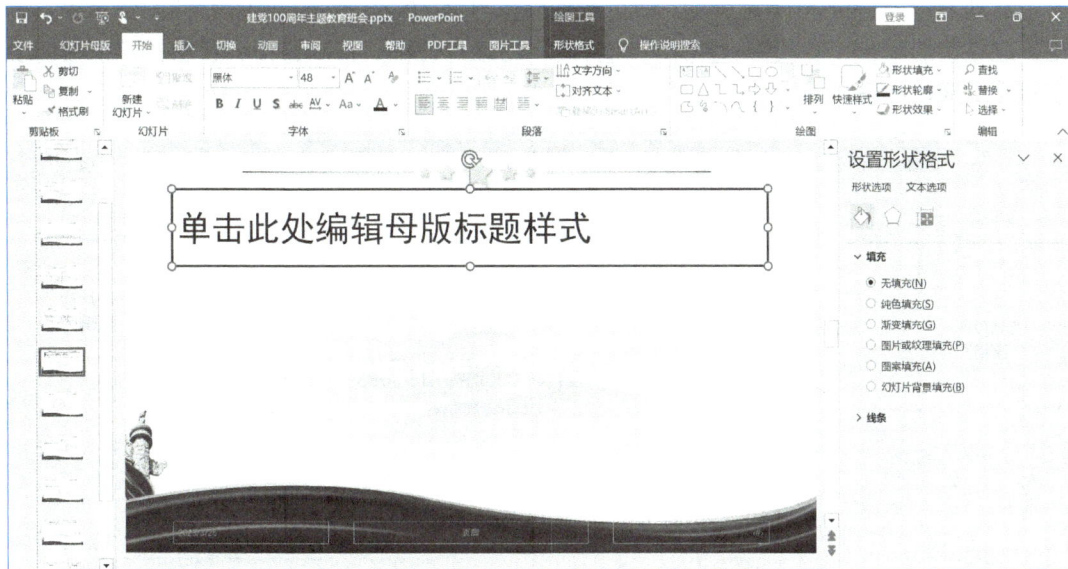

图 4.9　设置仅标题幻灯片版式

7. 保存

在"幻灯片母版"选项卡中，单击"关闭母版视图"按钮，退出编辑母版模式并保存。

相关知识

1. 基本术语

1）演示文稿。演示文稿是指用 PowerPoint 制作的".pptx"文件，能够生动形象地表达演讲者所要介绍的内容。

2）幻灯片。在 PowerPoint 中创建和编辑的单页称为幻灯片。一份演示文稿由若干相互联系并按一定顺序排列的幻灯片组成。制作演示文稿就是合理地设计每张幻灯片并将其组织联系起来。

3）对象。对象是幻灯片中的基本组成部分，幻灯片中的文字、图片、图表、组织结构图及其他可插入元素，都是以对象的形式出现在幻灯片中的。用户可以选择对象，修改对象的内容或大小，移动、复制或删除对象，还可以改变对象的属性，如颜色、阴影、边框等。

4）占位符。占位符就是一个虚线框，先占一个固定的位置，再向其中添加内容。采用占位符的好处是更换主题时内容会自动变化以契合新的主题，并且可以统一各幻灯片的格式。

5）版式。版式用于定义幻灯片中内容的显示位置。用户可根据需要在版式中放置文本、图片及表格等内容。

6）主题。主题为演示文稿提供统一、专业的外观，主要包括项目符号、字体格式、段落格式、占位符位置、背景设计和填充等一套完整的格式设置。通过应用主题，用户可以快速且轻松地设置整套幻灯片的格式。

2. PowerPoint 2016 软件操作界面组成

启动 PowerPoint 2016 软件后，即可看到操作界面。PowerPoint 2016 软件操作界面主要由标题栏、选项卡、功能区、幻灯片编辑区、幻灯片窗格、备注窗格、状态栏、视图切换按钮等组成，如图 4.10 所示。

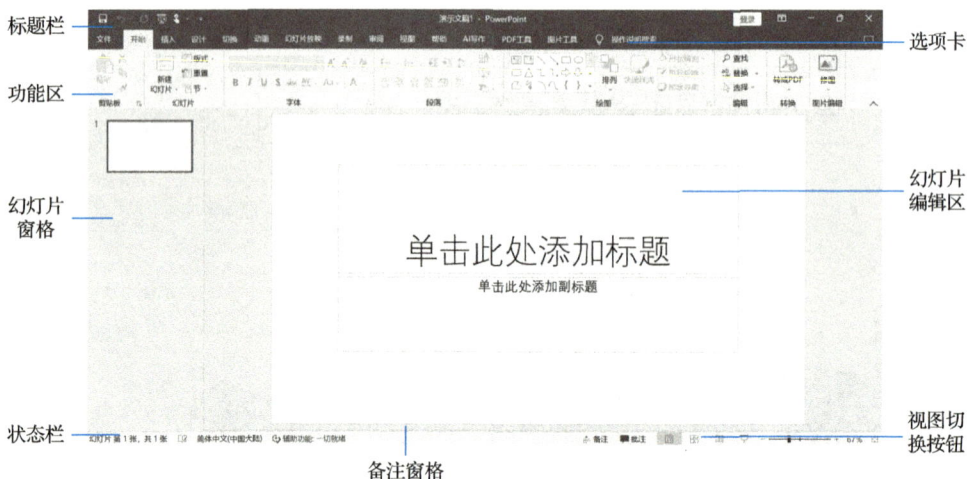

图 4.10　PowerPoint 2016 操作界面

3. PowerPoint 2016 软件中的视图

PowerPoint 2016 软件中提供了五种视图，分别是普通视图、大纲视图、幻灯片浏览视图、备注页视图和阅读视图，每种视图具有不同的作用。

（1）普通视图

普通视图是 PowerPoint 2016 软件的默认视图模式，包含大纲窗格、幻灯片窗格和备注窗格三部分。这些窗格可以让用户在同一位置使用软件提供的各种功能，拖动窗格边框可调整不同窗格的大小。

其中，在大纲窗格中可以输入演示文稿中的所有文本，然后重新排列项目符号、段落和幻灯片；在幻灯片窗格中，可以查看每张幻灯片中的文本外观，还可以在单张幻灯片中添加图形、视频和声音，并创建超链接及添加动画；在备注窗格中可以添加与观众共享的演讲者备注或信息。

（2）大纲视图

大纲视图包含大纲窗格、幻灯片窗格和备注窗格。在大纲窗格中显示演示文稿的文本内容和组织结构，不显示图形、图像、图表等对象。

在大纲视图中编辑演示文稿，可以调整各幻灯片的前后顺序；可以将某幻灯片的文本复制或移动到其他幻灯片中；可以在某张幻灯片内调整标题的层次级别和前后次序。

（3）幻灯片浏览视图

在幻灯片浏览视图中，可以在屏幕上同时看到演示文稿中的所有幻灯片，这些幻灯片以缩略图方式整齐地显示在同一窗口中。可直接拖动鼠标调整幻灯片先后顺序，当要删除幻灯片时，单击要删除的幻灯片将其删除即可。

（4）备注页视图

备注页视图主要用于为演示文稿中的幻灯片添加备注内容或对备注内容进行编辑修改。在该视图模式下无法对幻灯片的内容进行编辑。

切换到备注页视图后，页面上方显示当前幻灯片的内容缩略图，下方显示备注内容占位符。单击该占位符，向占位符中输入内容，即可为幻灯片添加备注内容。

（5）阅读视图

在阅读视图中仅显示标题栏、阅读区和状态栏，主要用于浏览幻灯片的内容。在该视图模式下，演示文稿中的幻灯片将以窗口大小进行放映。

4. 创建演示文稿

在 PowerPoint 2016 软件中，用户可以创建各种演示文稿。演示文稿中的每张幻灯片都是演示文稿中既相互独立又相辅相成的内容。

（1）新建空白演示文稿

启动 PowerPoint 2016 软件，选择"文件"→"新建"→"空白演示文稿"选项，即可新建空白演示文稿，如图 4.11 所示。

图 4.11　新建空白演示文稿

空白演示文稿是一种形式简单的演示文稿，没有应用模板设计、配色文案及动画方案，可以用于自由设计。

（2）利用模板或主题创建演示文稿

启动 PowerPoint 2016 软件，选择"文件"→"新建"选项，在"新建"窗格中选择所需演示文稿模板，双击该模板即可完成该模板演示文稿的创建，如图 4.12 所示。

图 4.12　利用模板和主题创建演示文稿

注意：利用模板或主题都可以创建版式美观的演示文稿，二者的不同之处在于：利用模板创建的演示文稿通常带有相应的内容，只需对这些内容进行修改即可；主题则是幻灯片背景、版式和字体等格式的集合，修改时较复杂。

5. 编辑演示文稿

幻灯片是演示文稿的重要组成部分，因此编辑演示文稿主要包括新建幻灯片、选择幻灯片、插入或删除幻灯片、移动和复制幻灯片、更改幻灯片背景、更改幻灯片主题样式等。

（1）新建幻灯片

1）通过选项卡新建幻灯片。单击"开始"选项卡"幻灯片"选项组中的"新建幻灯片"下拉按钮，在下拉列表中选择新建幻灯片的版式，新建一张带有版式的幻灯片。

2）通过快捷菜单新建幻灯片。在操作界面左侧的幻灯片窗格中选择需要新建幻灯片的位置，右击打开快捷菜单，选择"新建幻灯片"选项。

3）通过快捷键新建幻灯片。在幻灯片窗格中，选中任意一张幻灯片的缩略图，按 Enter 键将在选择的幻灯片后新建一张与所选幻灯片版式相同的幻灯片。

（2）选择幻灯片

1）选中单张幻灯片。在幻灯片窗格或幻灯片浏览视图中，单击幻灯片缩略图，可选中该幻灯片。

2）选中多张相邻的幻灯片。在幻灯片窗格或幻灯片浏览视图中，单击要连续选择的第一张幻灯片，按住 Shift 键，单击需选择的最后一张幻灯片，松开 Shift 键后两张幻灯片及其之间的所有幻灯片均被选中。

3）选中多张不相邻的幻灯片。在幻灯片窗格或幻灯片浏览视图中，单击要选中的第一张幻灯片，按住 Ctrl 键，依次单击所要选中的幻灯片即可。

4）选中全部幻灯片。在幻灯片窗格或幻灯片浏览视图中，按 Ctrl+A 快捷键，即可选中当前演示文稿中所有的幻灯片。

（3）插入或删除幻灯片

在幻灯片窗格或幻灯片浏览视图中可插入或删除演示文稿中的幻灯片，具体方法如下。

1）插入幻灯片。方法同新建幻灯片。

2）删除幻灯片。选中所需删除的一张或多张幻灯片后，按 Delete 键或右击，在打开的快捷菜单中选择"删除幻灯片"选项即可。

（4）移动和复制幻灯片

1）通过拖动鼠标移动和复制幻灯片。选中所需移动的幻灯片，按住鼠标左键将其拖动到目标位置后松开鼠标左键即可完成移动操作；选中幻灯片后，按住 Ctrl 键的同时将其拖动到目标位置也可实现幻灯片的复制。

2）利用菜单命令移动或复制幻灯片。选中所需移动或复制的幻灯片并右击，在打开的快捷菜单中选择"剪切"或"复制"选项，将光标定位到目标位置并右击，在打开的快捷菜单中选择"粘贴"选项，完成幻灯片的移动或复制。

3）利用快捷键移动或复制幻灯片。选中所需移动或复制的幻灯片，按 Ctrl+X 快捷键或 Ctrl+C 快捷键，然后在目标位置按 Ctrl+V 快捷键，即可完成幻灯片的移动或复制。

（5）更改幻灯片背景

单击"设计"选项卡"自定义"选项组中的"设置背景格式"按钮，在幻灯片右侧打开"设置背景格式"窗格（图4.13）。

在"设置背景格式"窗格中，选中"图片或纹理填充"单选按钮，单击"插入"按钮，打开"插入图片"对话框，选择"从文件"选项，在打开的对话框中找到图片文件，单击"插入"按钮，此时幻灯片的背景变为刚刚插入的图片，效果如图4.14所示。

在背景设置完成后默认只应用于当前幻灯片，若想应用于演示文稿中的所有幻灯片，则可单击"设置背景格式"窗格下方的"应用到全部"按钮。

（6）更改幻灯片主题样式

在"设计"选项卡"主题"选项组中任选合适的主题进行应用，即可改变当前演示文稿的主题。也可利用"设计"选项卡"变体"选项组中的"颜色""字体"等选项改变演示文稿的主题。

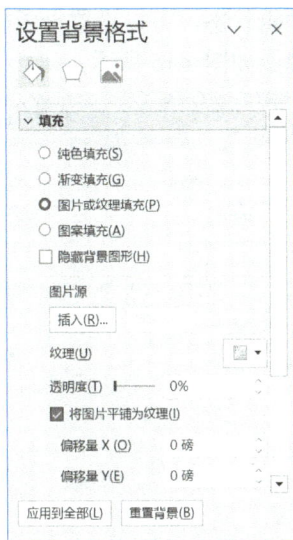

图 4.13　"设置背景格式"窗格

6. 编辑幻灯片母版

母版是演示文稿中特有的概念。通过设计、制作母版，可以快速将设置内容应用于多张幻灯片、讲义或备注。用户可以在幻灯片母版视图中统一编辑背景、颜色、样式、动画效果、占位符等。

图 4.14 更改幻灯片背景

（1）幻灯片母版

幻灯片母版是用于存储有关设计模板信息的幻灯片，这些模板信息包括字形、占位符大小和位置、背景设计和配色方案等。

单击"视图"选项卡"母版视图"选项组中的"幻灯片母版"按钮，进入幻灯片母版编辑状态，可以设置母版的字形、占位符大小和位置、背景设计和配色方案。幻灯片母版视图如图 4.15 所示。

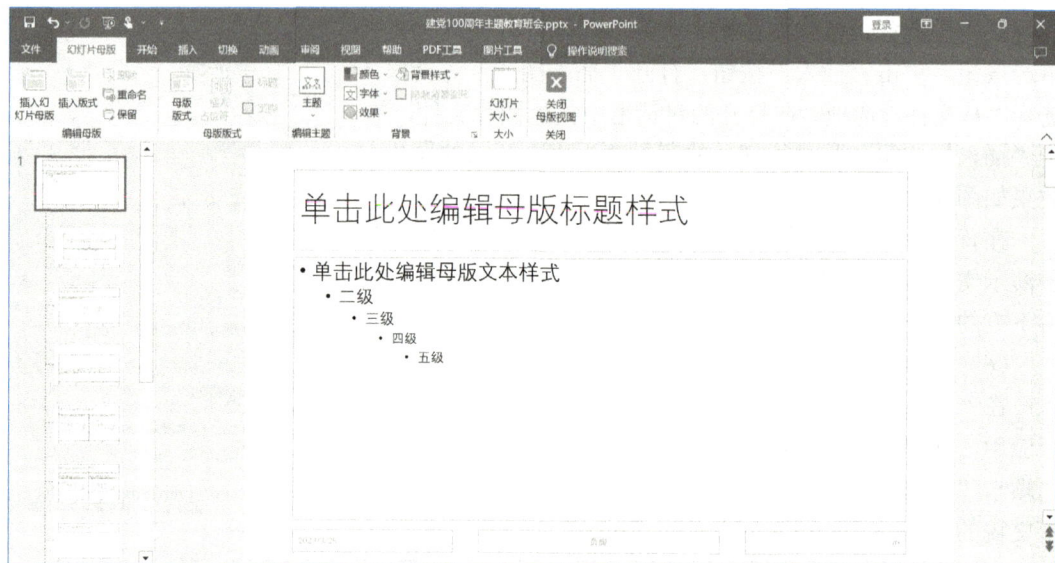

图 4.15 幻灯片母版视图

（2）讲义母版

在讲义母版中可以设置一页讲义中包含的幻灯片的数量，可将多张幻灯片打印在一张纸上。

单击"视图"选项卡"母版视图"选项组中的"讲义母版"按钮，进入讲义母版编辑状态，可以设置页眉、页脚、日期、页码等。讲义母版视图如图 4.16 所示。

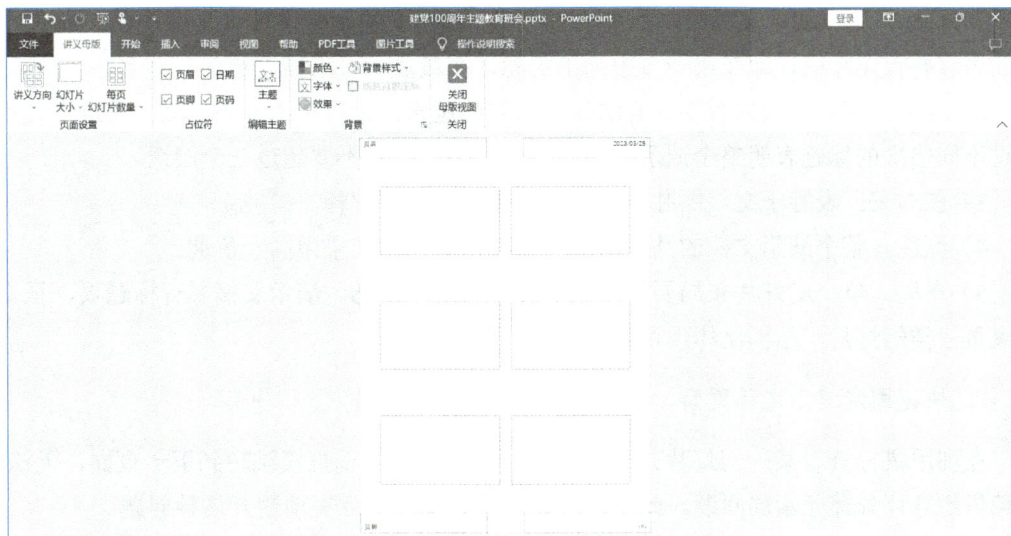

图 4.16　讲义母版视图

（3）备注母版

备注母版是指演讲者用来设置幻灯片备注格式的模板。用户可根据需要将这些内容打印出来。

单击"视图"选项卡"母版视图"选项组中的"备注母版"按钮，进入备注母版编辑状态，可以编辑具有统一格式的备注页。备注母版视图如图 4.17 所示。

图 4.17　备注母版视图

7. 演示文稿的制作原则

1）目标。制作演示文稿时，不要试图在某个演示文稿中既讲技术又讲管理。演示文稿中的内容要首尾呼应，即在第一页中列出主题，在最后一页重复主题。

2）逻辑。演示文稿内容要具有清晰、简明的逻辑。最好用"并列"或"递进"关系，通过不同层次的标题表明整个演示文稿的逻辑关系，标题不要超过三个层级。

3）图与表。表胜于文，图胜于表，图表不要加文字解释。

4）颜色。整个演示文稿的几种颜色一定要协调，建议采用同一色调。

5）布局。单个幻灯片布局要有空余空间，要有均衡感。演示文稿要有标题页、正文、结束页三类幻灯片，结构化体现逻辑性。

8. 快速固定演示文稿页面，避免鼠标滑动时自行跳转

在利用鼠标查看某一幻灯片外部的元素时，经常会出现直接跳转到下一页面，无法正常编辑幻灯片外部元素的问题。此时，可以用母版的功能完美地避开这种问题。

1）单击"视图"选项卡"母版视图"选项组中的"幻灯片母版"按钮，打开母版视图，或按住 Shift 键并单击"普通视图"按钮也可打开母版视图，把页面缩至最小，然后在幻灯片页面的四个角各放置一个小元素，用来支撑这个页面，如图 4.18 所示。

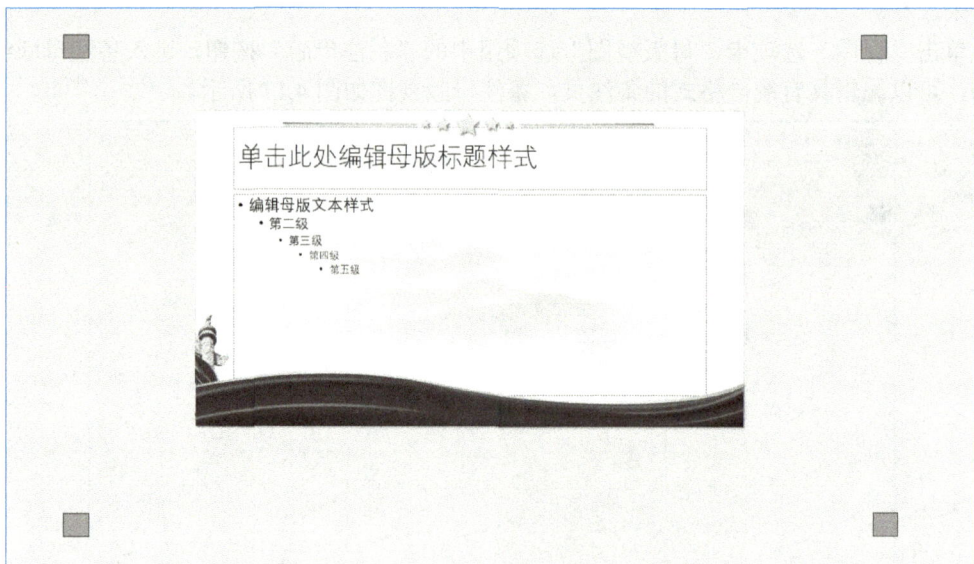

图 4.18　编辑母版视图

2）返回普通视图，将页面放大至正常大小，然后滚动鼠标，这样就不会轻易跳转页面了。

9．巧用幻灯片占位符

占位符的种类有很多，一般包含文本、图片、表格和媒体等。可以利用占位符快速实现图片更换。

1）单击"视图"选项卡"母版视图"选项组中的"幻灯片母版"按钮，打开母版视图，选择空白版式子母版，在"母版版式"选项组中单击"插入占位符"下拉按钮。

2）在"插入占位符"下拉列表中选择"图片"选项，在指定位置单击后可插入方形的图片占位符。如果想插入圆形图片占位符，则需要用到布尔运算。

3）插入一个图片占位符后，单击"插入"选项卡"插图"选项组中的"形状"下拉按钮，在下拉列表中选择插入一个圆形，选中原有的方形图片占位符，按住 Ctrl 键的同时选中圆形，单击"绘图工具/形状格式"选项卡"插入形状"选项组中的"合并形状"下拉按钮，在打开的"合并形状"下拉列表（图 4.19）中选择"相交"选项，就得到了圆形占位符。

图 4.19 "合并形状"下拉列表

4）退出幻灯片母版后，新建空白版式幻灯片时，会发现幻灯片中出现了圆形图片占位符，如图 4.20 所示。

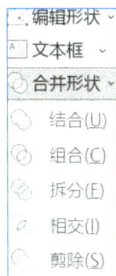

图 4.20 圆形图片占位符

此时，在普通视图下可以看到已经设置好的圆形图片占位符，直接单击该图片占位符就能插入图片，如图 4.21 所示。

图 4.21　在圆形图片占位符中插入图片

任务拓展

1. 任务要求

在主题班会中，要求制作一个主题为"自我简介"的演示文稿，主题为"除陋习，树新风"，利用母版知识完成本任务，要求演示文稿内容符合社会主义核心价值观、切合主题、排版合理美观。

2. 任务实施

1）新建一个空白演示文稿，要求设计不少于五张幻灯片。

2）设计演示文稿母版，使格式主题统一。

3）插入统一主题背景，契合主题。

4）添加文字和图片，合理排版，使演示文稿清晰美观。

5）利用不同格式的母版效果完成主题幻灯片的设计并进行演示。

任务 *4.2* 编辑主题班会演示文稿内容

☞ 任务描述

　　演示文稿创建完成后，通常还需对其进行相应组织和编辑，确保演示文稿内容清晰流畅。本任务要求对主题班会演示文稿进行设计与排版，用最简洁明了的方式展现演示文稿中的图片、形状、SmartArt 图、音频、视频等，做到图文并茂、主题突出。

☞ 任务目标

1. 掌握演示文稿中图片、形状、艺术字、SmartArt 图形、音频、视频等内容的编辑方法。
2. 能够灵活运用演示文稿中的各种对象，合理有效地组织演示文稿。
3. 重温党的历史，矢志不渝爱党报国，坚定中国特色社会主义共同理想。

💻 任务实施

1. 设计标题幻灯片

1）单击"开始"选项卡"幻灯片"选项组中的"新建幻灯片"下拉按钮，在下拉列表中选择"标题幻灯片"选项。

2）设置标题为"青春心向党 奋进新征程"，将标题文字格式设置为"微软雅黑、44 磅、深红色加粗"。

微课：PPT 抠图技巧

3）设置副标题为"庆祝中国共产党成立 100 周年主题教育班会"，设置副标题文字格式为"微软雅黑、24 磅、深红色"。

4）单击"插入"选项卡"插图"选项组中的"形状"按钮，插入一个"流程图：终止"形状，设置为填充深红色、无形状轮廓，编辑文字"汇报人：×××"，设置文字格式为"微软雅黑、16 号、白色、加粗"。

微课：一键提取素材

标题幻灯片效果如图 4.22 所示。

2. 设计前言幻灯片

1）单击"开始"选项卡"幻灯片"选项组中的"新建幻灯片"下拉按钮，在下拉列表中选择"标题和内容幻灯片"选项。

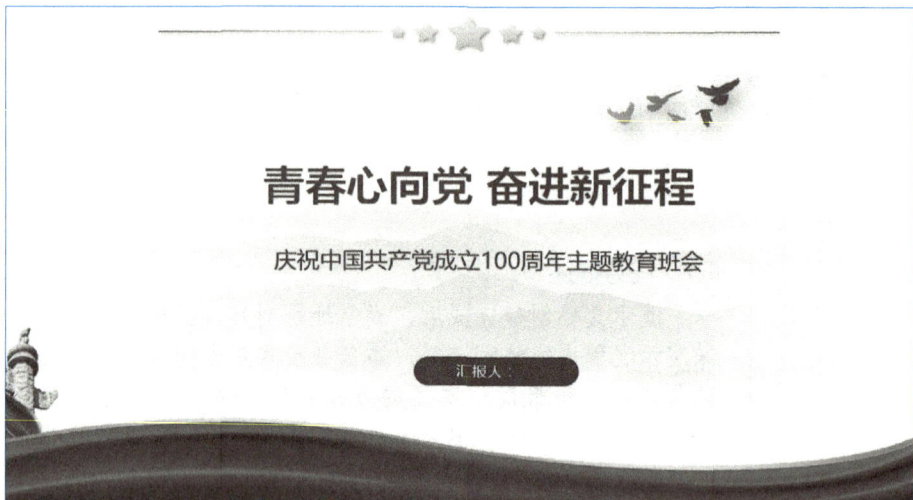

图 4.22　标题幻灯片效果

　　2）单击"插入"选项卡"插图"选项组中的"形状"下拉按钮，绘制一个高 11 厘米、宽 24 厘米的矩形，设置填充色为橙色；再绘制一个高 10 厘米、宽 23 厘米的矩形，设置填充色为深红色。将两个矩形调整到合适的位置，选中这两个矩形，右击打开快捷菜单并选择"组合"选项，将其合并为一个矩形。

　　3）绘制一个五边形箭头，设置填充色为橙色，绘制一个文本框，添加文字"前言"，设置文字格式为"微软雅黑、32 磅、白色"。

　　4）绘制一个文本框，添加文字"未来属于青年，希望寄予青年"，设置文字格式为"微软雅黑、18 磅、橙色"，然后单击"绘图工具/形状格式"选项卡"艺术字样式"选项组中的"文本效果"下拉按钮，在打开的下拉列表中选择"棱台"→"斜面"选项。

　　5）绘制另外一个文本框，添加相应文字，设置文字格式为"微软雅黑、15 磅、白色"。

前言幻灯片效果如图 4.23 所示。

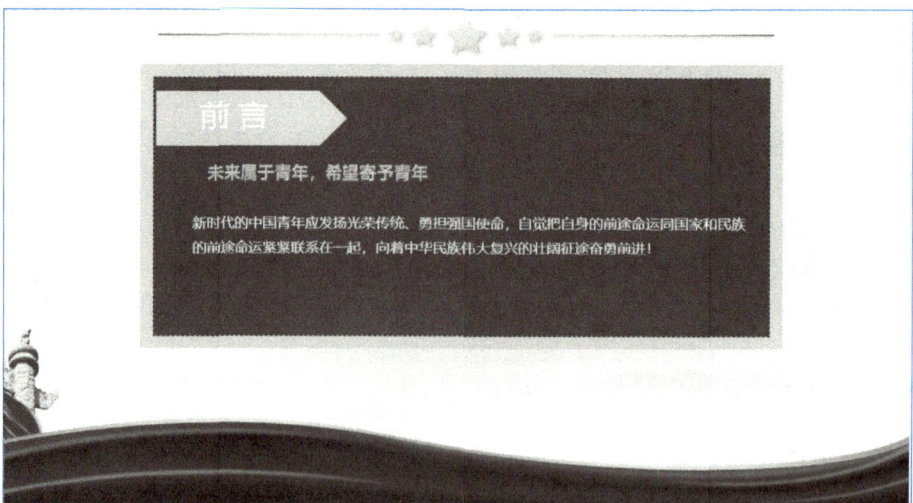

图 4.23　前言幻灯片效果

3．设计目录幻灯片

1）单击"开始"选项卡"幻灯片"选项组中的"新建幻灯片"下拉按钮，在下拉列表中选择"标题和内容幻灯片"选项。

2）绘制一个五边形箭头，设置填充色为红色，然后单击"绘图工具/形状格式"选项卡"形状样式"选项组中的"形状效果"下拉按钮，选择"阴影"→"外部，偏移：右下"选项，右击此形状打开快捷菜单并选择"编辑文字"选项，输入文字"目录"，设置文字格式为"微软雅黑、36 磅、黄色"。

3）绘制一个高 1.8 厘米、宽 16 厘米的矩形，设置填充色为橙色，设置形状轮廓为深红色，右击此形状打开快捷菜单并选择"编辑文字"选项，输入文字"新使命，新征程"；插入图片，设置合适大小，选中两个图形，右击打开快捷菜单并选择"组合"选项，将其合并为一个图形。

4）选中该组合图形，复制出三个同样的图形，调整到合适位置，设置图形中的文字。目录幻灯片效果如图 4.24 所示。

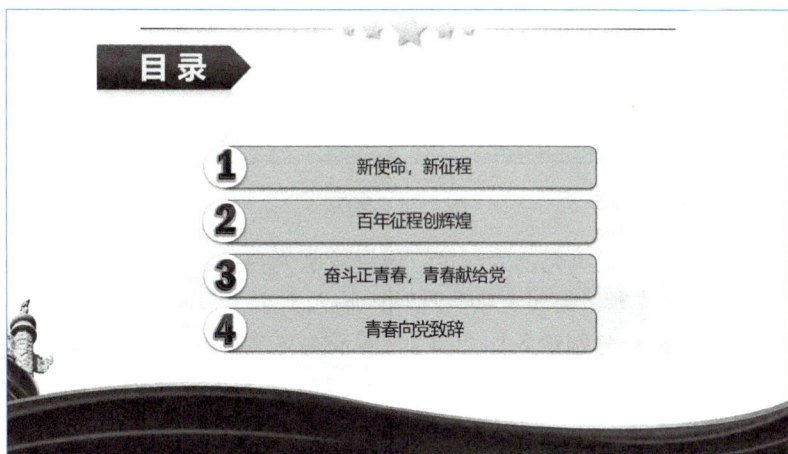

图 4.24　目录幻灯片效果

4．设计节标题幻灯片

1）单击"开始"选项卡"幻灯片"选项组中的"新建幻灯片"下拉按钮，在下拉列表中选择"节标题幻灯片"选项。

2）插入节标题文字"新使命，新征程"，设置文字格式为"微软雅黑、44 磅、深红"，然后单击"绘图工具/形状格式"选项卡"艺术字样式"选项组中的"文本效果"下拉按钮，在下拉列表中选择"棱台"→"斜面"选项。

3）复制出三个同样的节标题幻灯片，修改文字分别与四个目录对应。

节标题幻灯片效果如图 4.25 所示。

5．编辑其他幻灯片

（1）编辑第 5 张幻灯片

1）在节标题为"第 1 部分"的幻灯片下新建一张版式为"标题和内容"的幻灯片。

2）编辑此幻灯片的标题文字为"新使命，新征程"，设置文字格式为"微软雅黑、36磅、白色"。

图 4.25　节标题幻灯片效果

3）绘制如图 4.26 所示的矩形条，设置填充色为由深红色到橙色渐变，将标题文字置于此矩形条上。

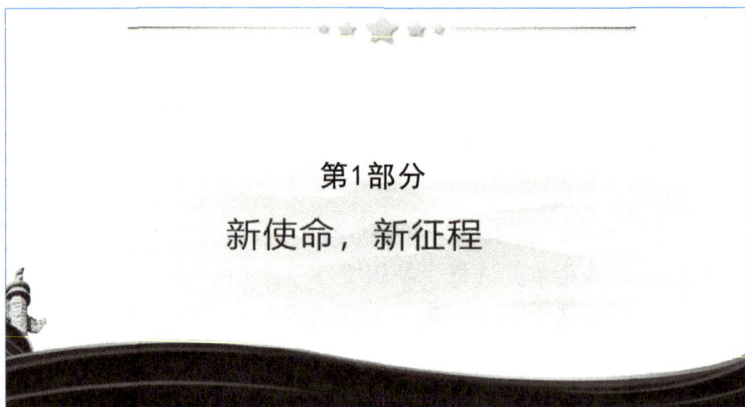

图 4.26　题头

4）绘制圆角矩形，设置填充色为红色，设置轮廓为白色，设置形状效果为阴影，右击此形状打开快捷菜单并选择"编辑文字"选项，输入文字"迈向新征程"。

5）绘制两个文本框，分别输入如图 4.27 所示的文字，设置文字格式为"黑色、微软雅黑、18 磅"，设置文本框的边框为无，将两个文本框调整到合适的位置。

6）绘制两个大小不同的标准圆：一个设置填充色为无，设置轮廓为深红色；另一个设置填充色为深红色，无轮廓。将两个标准圆调整大小后合并，同时将其复制一个，调整位置。

7）绘制长短不同的五条直线，调整角度，找准位置。

第五张幻灯片如图 4.27 所示。

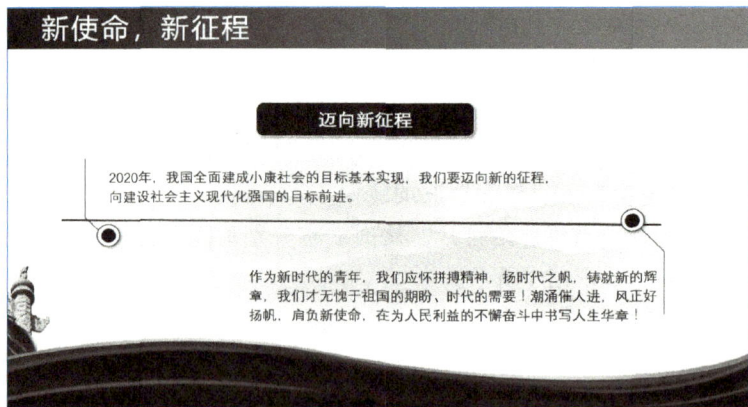

图 4.27　第 5 张幻灯片

（2）编辑第 6 张幻灯片

1）选中第 5 张幻灯片，按 Ctrl+D 快捷键复制此幻灯片。

2）可在第 5 张幻灯片的基础上对第 6 张幻灯片相应文本信息进行修改。

第 6 张幻灯片如图 4.28 所示。

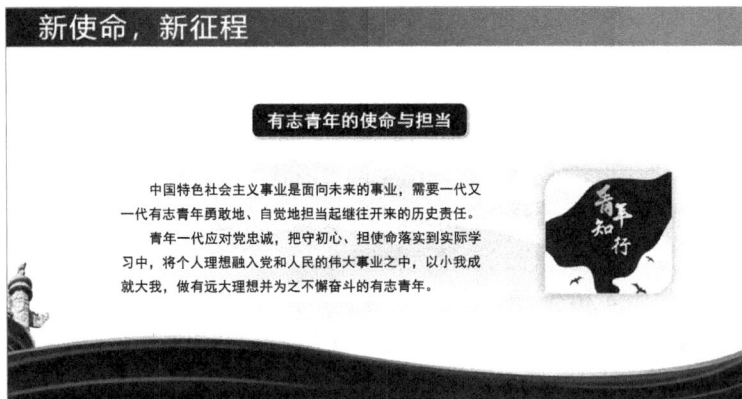

图 4.28　第 6 张幻灯片

（3）编辑第 8 张幻灯片

1）在节标题为"第 2 部分"的幻灯片下新建一张版式为"标题和内容"的幻灯片。

2）设置此幻灯片标题文字为"百年征程创辉煌"，设置文字格式为"微软雅黑、36 磅、白色"。

3）绘制如图 4.29 所示的矩形条，设置填充色为由深红色到橙色渐变，将标题文字置于此矩形条上。

4）单击"插入"选项卡"插图"选项组中的"SmartArt"按钮，在打开的"选择 SmartArt 图形"对话框中选择"列表"→"垂直图片重点列表"选项，双击圆形插入相应图片，将矩形设置为深红色，并添加相应文字。

第 8 张幻灯片如图 4.29 所示。

图 4.29　第 8 张幻灯片

（4）编辑第 10 张幻灯片

1）在节标题为"第 3 部分"的幻灯片下新建一张版式为"标题和内容"的幻灯片。

2）设置此幻灯片标题文字为"奋斗正青春，青春献给党"，设置文字格式为"微软雅黑、36 磅、白色"。

3）绘制如图 4.30 所示的矩形条，设置填充色为由深红色到橙色渐变，将标题文字放于此矩形条上。

4）插入文本框，输入相应文字，将标题文字格式设置为"深红色、微软雅黑、18 磅"，设置其他文字格式为"黑色、微软雅黑、14 磅"，并在相应位置插入"五角星"图片。

5）单击"插入"选项卡"插图"选项组中的"形状"下拉按钮，在下拉列表中选择"基本形状"→"空心弧"选项，调整相应形状，并设置填充色为深红色，设置形状轮廓为无。

6）插入相应图片，将图片样式设置为椭圆形。

第 10 张幻灯片如图 4.30 所示。

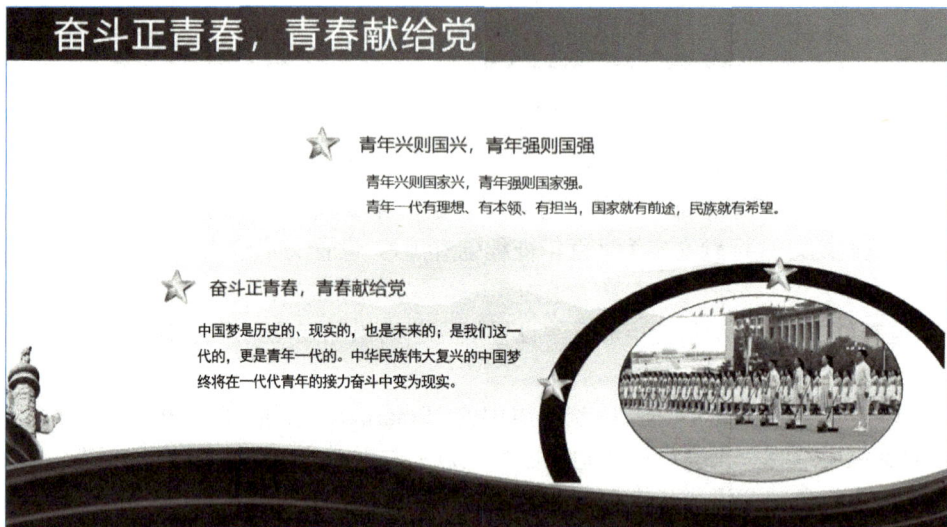

图 4.30   第 10 张幻灯片

（5）编辑第 11 张幻灯片

1）选中第 10 张幻灯片，按 Ctrl+D 快捷键复制此幻灯片。

2）将复制出的幻灯片中间内容删除，插入如图 4.31 所示的艺术字"青年是国家的希望、民族的未来，是实现党的奋斗目标的重要力量。"，设置文字格式为"微软雅黑、54 磅"，设置艺术字文本效果为"转换"中的"拱形"。

第 11 张幻灯片如图 4.31 所示。

（6）编辑第 13 张幻灯片

1）在节标题为"第 4 部分"的幻灯片下新建一张版式为"标题和内容"的幻灯片。

2）设置此幻灯片标题文字为"青春向党致辞"，设置文字格式为"微软雅黑、36 磅、白色"。

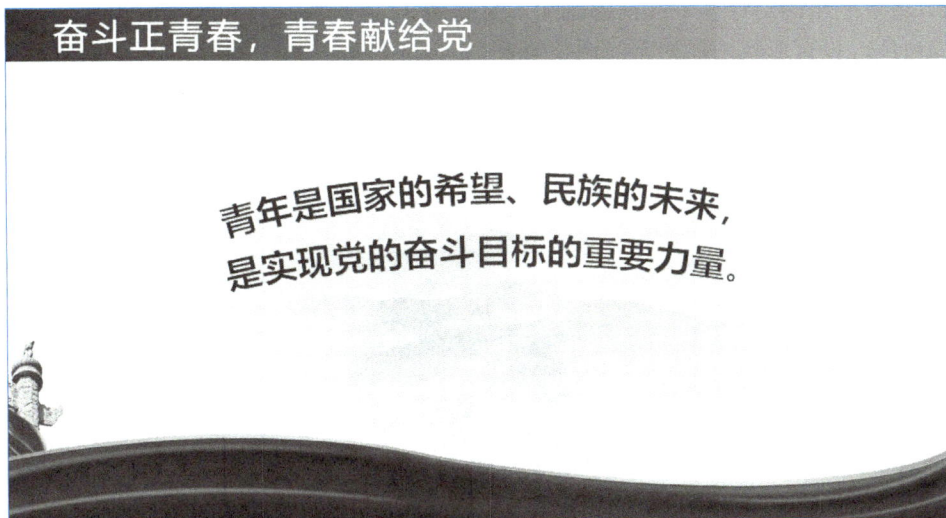

图 4.31　第 11 张幻灯片

3）绘制如图 4.32 所示的矩形条，设置填充色为由深红色到橙色渐变，将标题文字放于此矩形条上。

4）插入视频素材"建党 100 周年大会共青团员和少先队员代表集体致献词.mp4"，调整视频的大小和位置，在"视频工具/播放"选项卡中设置"视频开始播放"为"单击时"，选择"全屏播放"选项。

第 13 张幻灯片如图 4.32 所示。

图 4.32　第 13 张幻灯片

（7）编辑第 14 张幻灯片

1）选中第 13 张幻灯片，按 Ctrl+D 快捷键复制此幻灯片。

2）将复制出的幻灯片中的视频删除，绘制高 12.3 厘米、宽 6 厘米的矩形，设置形状填充为白色，设置形状轮廓为无，调整位置。

3）插入三幅与主题相关的图片，设置大小为高 3.6 厘米、宽 5.4 厘米，调整图片的位置，使图片与白色形状融合在一起，如图 4.33 所示。

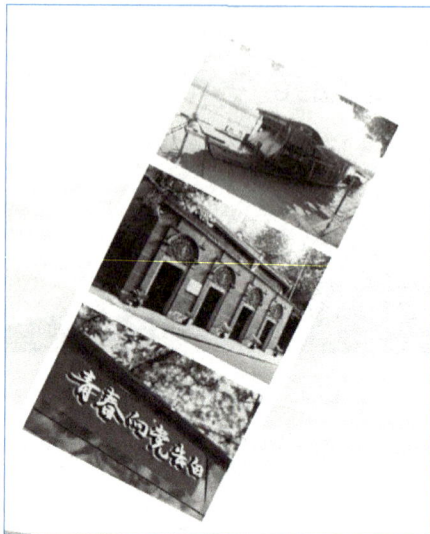

图 4.33　插入图片

4）绘制高 8 厘米、宽 16 厘米的矩形，设置形状填充为深红色，设置形状轮廓为无，绘制文本框，输入相应文字，设置文字格式为"微软雅黑、16 磅、白色"。

第 14 张幻灯片如图 4.34 所示。

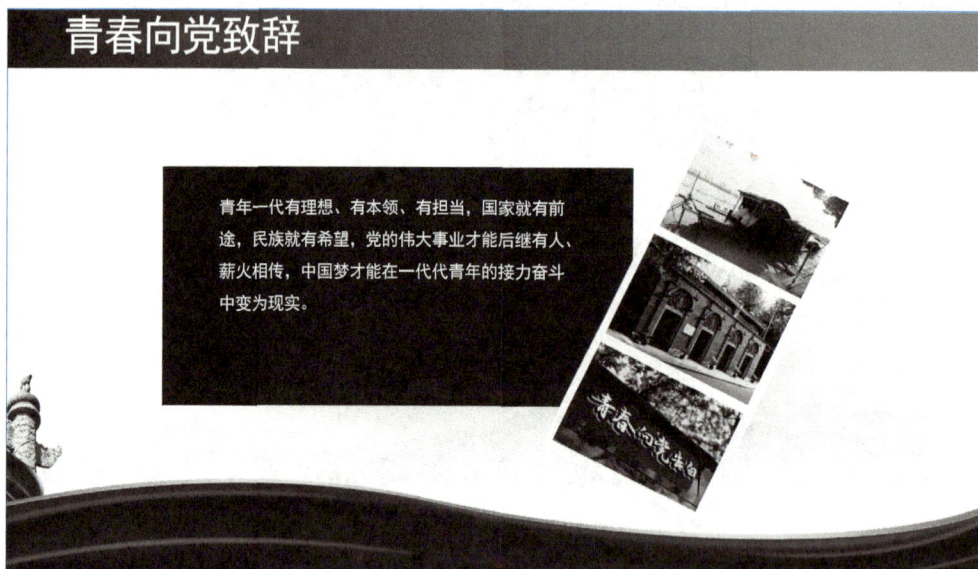

图 4.34　第 14 张幻灯片

（8）编辑第 15 张幻灯片

1）单击"开始"选项卡"幻灯片"选项组中的"新建幻灯片"下拉按钮，在下拉列表中选择"空白版式"选项。

2）添加文字"谢谢您的聆听"，设置文字格式为"微软雅黑、55 磅、红色"，调整好位置。

第 15 张幻灯片如图 4.35 所示。

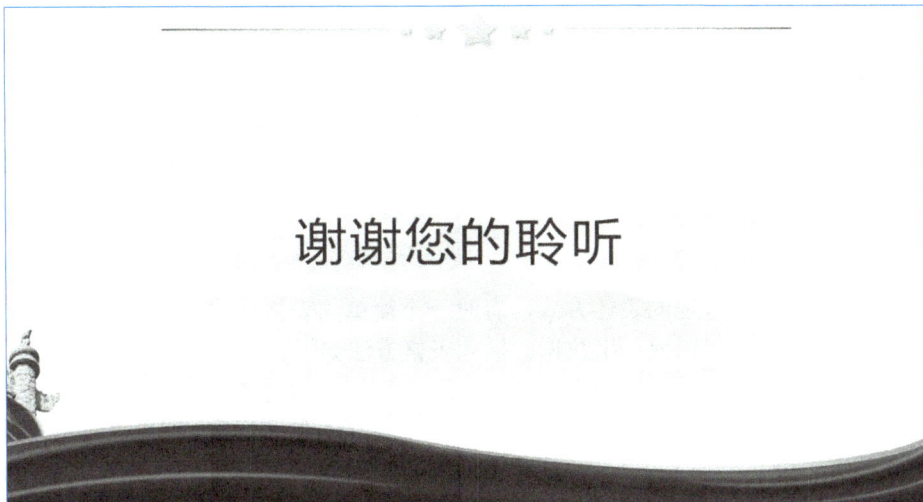

图 4.35　第 15 张幻灯片

相关知识

1．编辑文本

文本内容是幻灯片的基础，在幻灯片中编辑文本一般有四种方式。

（1）在占位符中编辑文本

单击占位符内部，待光标变为闪烁的"|"形状时，即可编辑文本。

（2）在文本框中编辑文本

单击"插入"选项卡"文本"选项组中的"文本框"按钮，向幻灯片中插入一个文本框，然后单击文本框内部，待光标变为闪烁的"|"形状时，即可编辑文本。

（3）在"幻灯片窗格"中输入文本

在大纲视图下，在幻灯片窗格中，将光标定位到需要输入文本的幻灯片中，即可在当前幻灯片的第一个占位符中输入文本，若要在此幻灯片其他占位符中输入文本，则按Ctrl+Enter 快捷键即可。

（4）将 Word 文档转化为演示文稿

对 Word 文档进行大纲调整后，单击"开始"选项卡"幻灯片"选项组中的"新建幻灯片"下拉按钮，在下拉列表中选择"幻灯片（从大纲）"选项，选择调整好格式的 Word文档即可。

2. 插入图片

在演示文稿中插入图片，可使整个演示文稿变得生动、形象、通俗易懂。

1）单击"插入"选项卡"图像"选项组中的"图片"下拉按钮，在下拉列表中选择"此设备"选项，在打开的"插入图片"对话框中找到所需图片插入即可；也可在"图片"下拉列表中选择"联机图片"选项，在打开的"联机图片"对话框中搜索所需图片并插入。

2）在内容占位符中按上述方法选择"图片"或"联机图片"选项，在打开的对话框中找到所需图片并插入。

3. 插入形状

利用演示文稿提供的绘制图形功能，可以在演示文稿中绘制各种样式的形状。

单击"插入"选项卡"插图"选项组中的"形状"下拉按钮，可根据具体要求选择相应的形状进行绘制。

4. 插入表格

表格是一种简明、直观的表达方式，有时一个简单的表格远比一大段文字更能说明问题，更能表达清楚一个问题或一组数据。插入表格方法如下。

1）单击"插入"选项卡"表格"选项组中的"表格"下拉按钮，在下拉列表中选择"插入表格"选项，在打开的"插入表格"对话框中输入需要的列数和行数，即可生成相应的表格。

2）在内容占位符中按上述方法选择"插入表格"选项，在打开的"插入表格"对话框中输入列数和行数，单击"确定"按钮，即可插入表格。

5. 插入 SmartArt 图形

SmartArt 图形是信息和观点的视觉表示形式，用来表达文本之间的逻辑关系。可以在多种不同布局中创建 SmartArt 图形，从而快速、轻松、有效地传达信息。

微课：神奇的
SmartArt 图

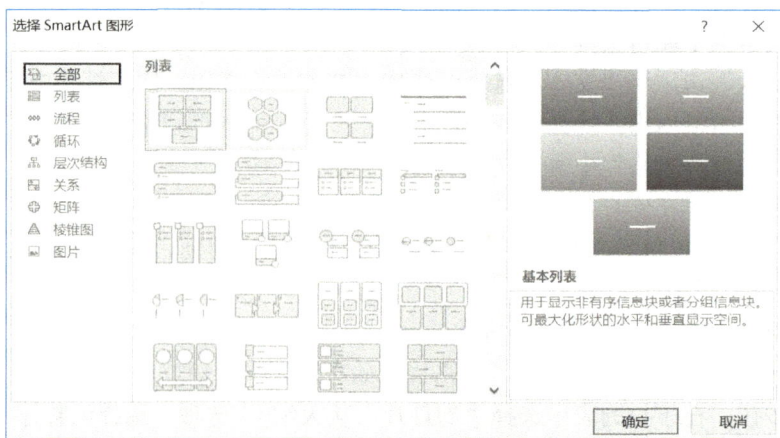

创建 SmartArt 图形。单击"插入"选项卡"插图"选项组中的"SmartArt"按钮，在打开的"选择 SmartArt 图形"对话框（图 4.36）中选择需要插入的SmartArt 图形即可。

图 4.36 "选择 SmartArt 图形"对话框

在包含"内容"版式的幻灯片中，单击占位符内的"插入 SmartArt 图形"按钮，也可以打开"选择 SmartArt 图形"对话框。

6. 插入媒体文件

1）音频在演示文稿中的应用。可以在幻灯片中插入扩展名为.midi、.mp3、.wav 等音频文件来作为演示文稿的背景音乐或演示解说等。此外，还可以对插入的音频文件进行编辑，以满足设计需要。

2）视频在演示文稿中的应用。在幻灯片中可以插入扩展名为.avi、.mp4、.mov、.wmv 等视频文件及扩展名为.swf 的 Flash 动画文件，并且可以对插入的视频和动画文件进行编辑，以满足设计需要。

7. 插入页眉和页脚

单击"插入"选项卡"文本"选项组中的"页眉和页脚"按钮，打开"页眉和页脚"对话框，在该对话框中选择"幻灯片"选项卡，如图 4.37 所示。

图 4.37　"页眉和页脚"对话框中的"幻灯片"选项卡

勾选相应的复选框，可以在幻灯片的下方添加日期和时间、幻灯片编号、页脚等。设置完毕，若单击"全部应用"按钮，则所做的设置将应用于所有幻灯片；若单击"应用"按钮，则所做的设置仅应用于当前幻灯片；若勾选"标题幻灯片中不显示"复选框，则所有设置将不应用于标题幻灯片。

8. 用"节"管理幻灯片

"节"是 PowerPoint 2016 软件中新增加的功能。当演示文稿包含的幻灯片较多时，使用"节"管理幻灯片可以实现对幻灯片的快速导航，还可以对不同节的幻灯片设置不同的背景、主题等。

9. 演示文稿排版的原则

（1）对齐

相关内容必须对齐，次级标题必须缩进，以方便读者视线快速移动，一眼看到最重要的信息。

（2）重复

进行多页面排版时，注意各页面设计上的一致性和连贯性。在内容上，重要信息可以重复出现。重复利用各元素，会使页面整体看起来非常整齐、内容统一，加深读者印象，从而有效避免单调和乏味。

（3）对比

对比可以加大不同元素的视觉差异，这样既增加了页面的活泼性，又方便读者快速理解关键信息，从而使幻灯片更有层次感。

（4）降噪

颜色过多、字数过多、图形过繁，都是分散读者注意力的"噪声"，因此要对整版元素进行删减。

（5）留白

留出一定的空白，这样既能减少页面的压迫感，又能引导阅读者视线、突出重点内容。

10. 一键提取演示文稿中的图片

PowerPoint 是用于制作幻灯片的应用软件，可使每张幻灯片中都包含文字、图形、图像、表格、声音和影像等多种信息。当需要使用演示文稿中的某些图片时，一般可将这些图片一张张地保存，如果需要将演示文稿中所有图片全部提取出来，则这样操作既费时又费力。如何批量提取演示文稿中的所有图片呢？具体操作如下。

1）打开需要从中提取图片的演示文稿，将其扩展名.pptx 改为.rar 或.zip，若计算机未显示文件扩展名，则可先在桌面双击"此电脑"（不同计算机，名称可能不同）图标，打开"此电脑"窗口，选择"查看"选项卡，勾选"文件扩展名"复选框即可。

2）解压.rar 或.zip 文件，生成与文件同名的文件夹，打开该文件夹，如图 4.38 所示。找到并打开"media"文件夹，演示文稿中所有的图片均保存在这个文件夹中，如图 4.39 所示。

图 4.38　生成文件夹

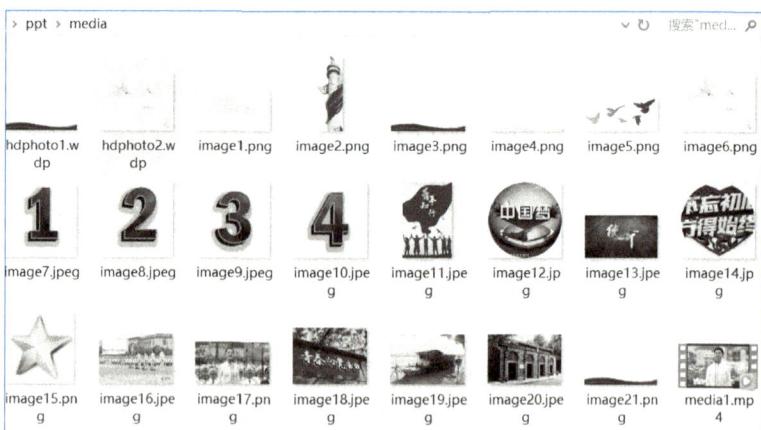

图 4.39　提取图片

11. 演示文稿抠图

在演示文稿制作过程中，图片的巧妙使用可以有效提升演示文稿整体的视觉效果。使用演示文稿软件不仅可以制作演示文稿，还可以实现抠图功能。抠图前素材如图 4.40 所示。

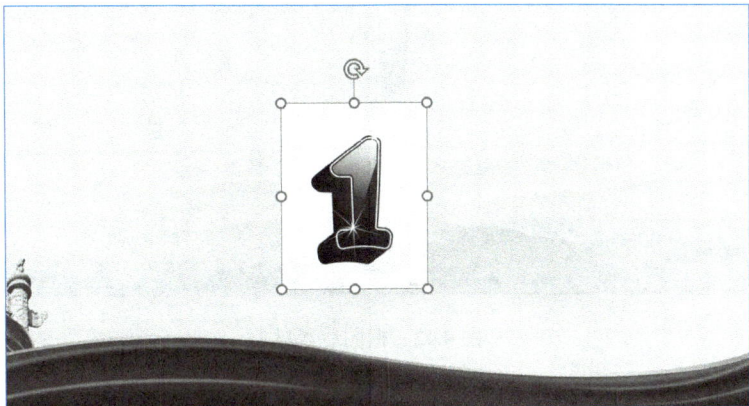

图 4.40　抠图前素材

1）在幻灯片中插入需抠图的图片，对图片中的数字 1 进行抠图。

2）选中该图片，单击"图片工具/图片格式"选项卡"调整"选项组中的"删除背景"按钮，此时系统会自动识别图片背景，并用紫色覆盖识别出的背景，如图 4.41 所示。如果图片比较复杂，背景没有被全部识别出来，则可以单击"背景清除"选项卡"优化"选项组中的"标记要保留的区域"或"标记要删除的区域"按钮，在图片中进行标记，此时系统会根据标记继续识别。

图 4.41　删除图片背景

3）将所要删除的区域标记成紫色，未被标记为紫色的就是要保留的部分，单击"保留更改"按钮，完成抠图工作，如图 4.42 所示。

12. SmartArt 图形的功能

（1）多图快速排版

需要在演示文稿中插入很多图片时，如何快速进行图片排版呢？具体操作如下。

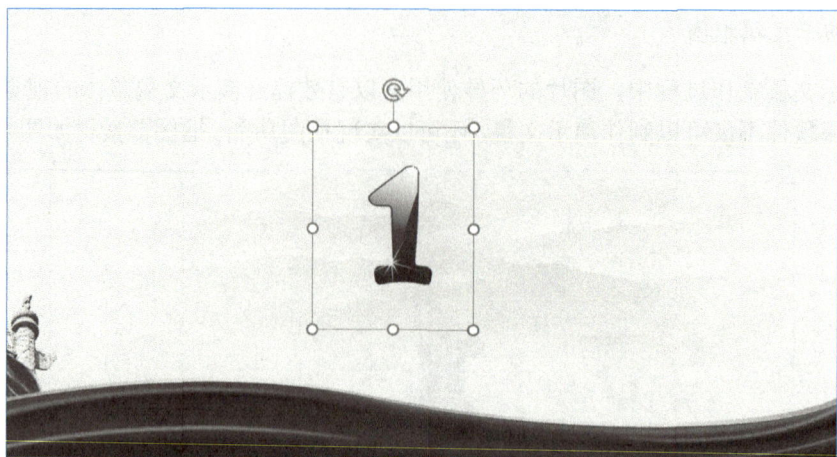

图 4.42　抠图后素材

1）将所有图片插入演示文稿中，选中图片，单击"图片工具/图片格式"选项卡"图片样式"选项组中的"图片版式"下拉按钮，打开下拉列表，如图 4.43 所示。

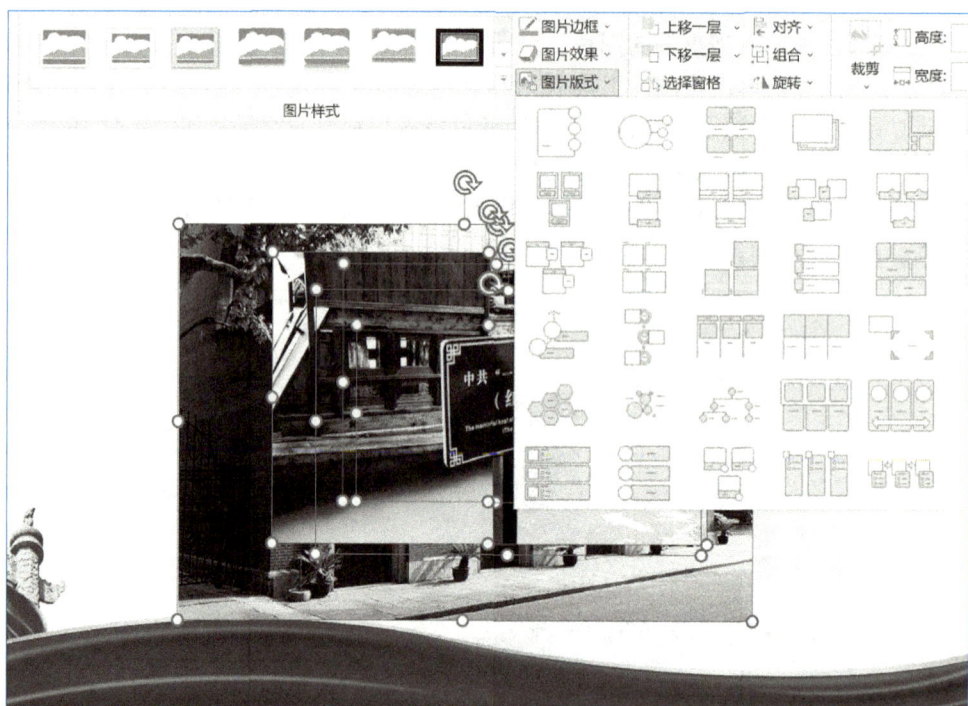

图 4.43　快速排版

2）选择"图片"类中的"标题图片块"版式，即可实现快速排版。快速排版完成效果如图 4.44 所示。

（2）一键生成高级海报

利用 SmartArt 图形功能除了可处理多张图片，还可处理单张图片，生成独特的样式。

1）在演示文稿的幻灯片中插入一张 SmartArt 图形，如图 4.45 所示。

图 4.44 快速排版完成效果

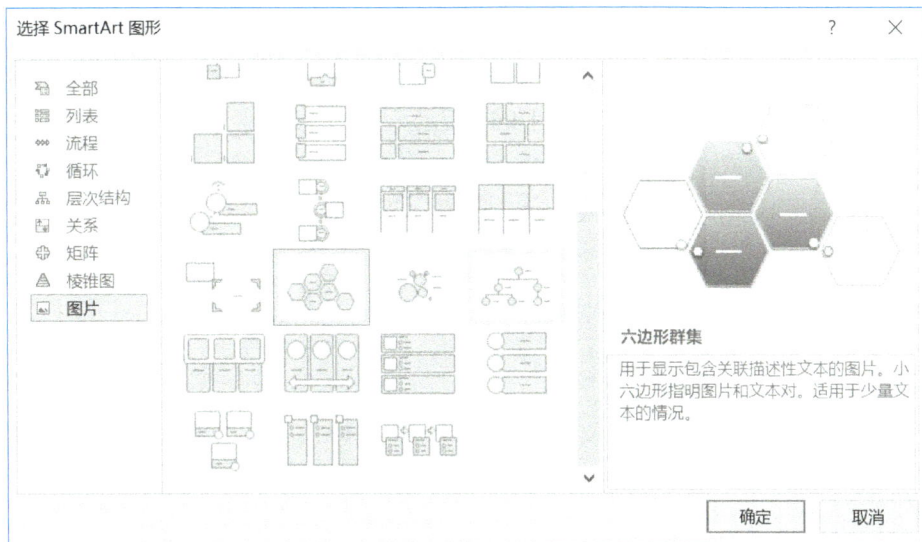

图 4.45 选择一张 SmartArt 图形

2）单击"SmartArt 工具/SmartArt 设计"选项卡"重置"选项组中的"转换"下拉按钮，在下拉列表中选择"转换为形状"选项，如图 4.46 所示。此时将 SmartArt 图形转换为形状。

3）选中形状，右击打开快捷菜单，选择"设置形状格式"选项，打开"设置形状格式"窗格，选中"填充"下的"图片或纹理填充"单选按钮，选择图片进行填充，

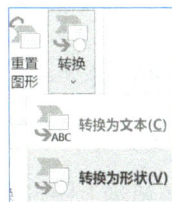

图 4.46 选择"转换为形状"选项

如图 4.47 所示，即可做出好看的图片效果。

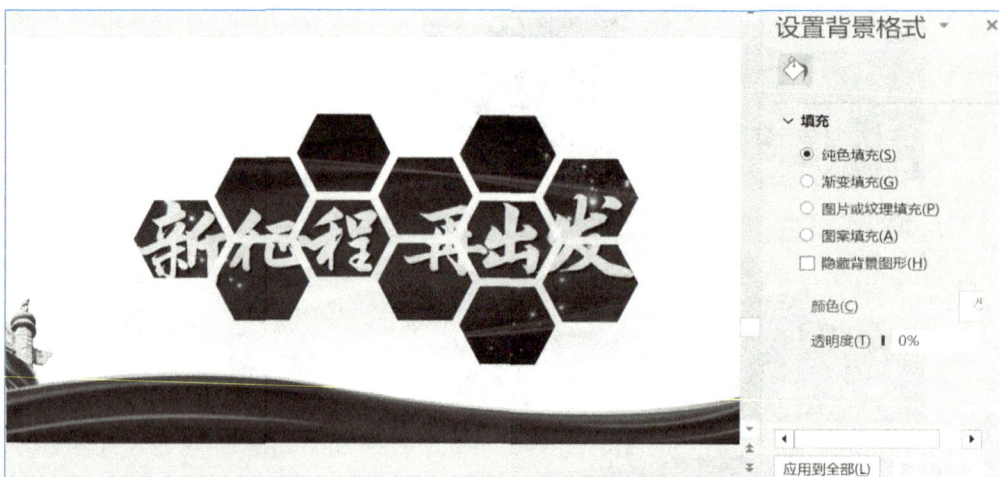

图 4.47　填充图片

（3）快速生成目录

1）在演示文稿中设计好目录页的内容，如图 4.48 所示。单击文字中间或者全选文字。

2）单击"开始"选项卡"段落"选项组中的"转换为 SmartArt 图形"下拉按钮，或右击所选文字，打开快捷菜单，选择"转换为 SmartArt"选项，选择 SmartArt 图形，如图 4.49 所示，即可快速生成目录，如图 4.50 所示。

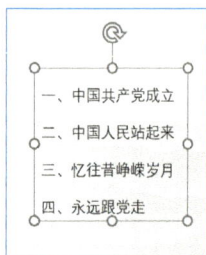

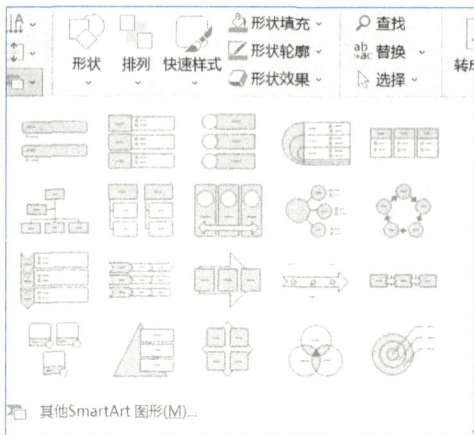

图 4.48　设置目录内容　　　　图 4.49　选择 SmartArt 图形　　　　图 4.50　快速生成目录

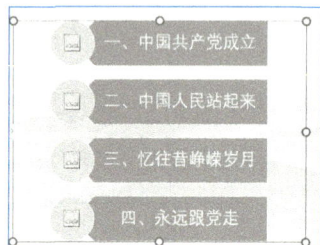

📖 **任务拓展**

1. 任务要求

学校要举办一场关于"五四青年节"活动主题的演讲，现在班里安排你作为代表为班级组织的活动做一次演讲汇报展示，要求如下：符合主题且有新意，页面布局合理且美观大方，添加文字、图片和其他多媒体资源。

2．任务实施

1）新建一个空白演示文稿，要求设计不少于六张的幻灯片。

2）合理利用占位符插入文字、图片等，且排版合理美观。

3）通过组合图形、插入音频文件、视频文件等形式使演示文稿更加生动形象。

4）插入页眉和页脚，内容为汇报人的姓名和班级。

5）如果有陈列的数据，则可使用恰当的图表来展现，要求图表清晰美观。

任务 *4.3* 设计主题班会演示文稿动画和交互

☞ 任务描述

为演示文稿设计动画与交互效果，让幻灯片"动"起来，使重点内容更加醒目。本任务要求对主题班会演示文稿的动画与切换效果进行设计：为各幻灯片中的对象设置动画效果，并调整合适的出现顺序；对各幻灯片切换的效果加以设计，以突出演示文稿各页面的层次感。

☞ 任务目标

1．掌握文字、图片等对象动画效果的设置方法。

2．能设置幻灯片的切换效果及交互效果。

3．能够熟练利用各种动画效果生动形象地展示主题。

4．强化创新意识，勇于探索，提升创新能力。

🖥 任务实施

1．设置标题幻灯片动画效果

1）单击"动画"选项卡"高级动画"选项组中的"动画窗格"按钮，打开"动画窗格"。

2）选中标题文字"青春心向党 奋进新征程"，在"动画"选项卡"动画"选项组中为标题添加擦除动画，设置开始时间为上一动画之后、持续时间为 1 秒、延迟时间为 0.5 秒。

3）选中副标题文字"庆祝中国共产党成立 100 周年主题教育班会"，在"动画"选项卡"动画"选项组中为副标题添加擦除动画，设置开始时间为"上一动画之后"、持续时间为 1 秒、延迟时间为 0.5 秒。

微课：PPT 中的两把刷子——格式刷和动画刷

4）选中"汇报人"图形，添加浮入动画，设置开始时间为"上一动画之后"、持续时间为 1 秒、延迟时间为 0.5 秒。

标题幻灯片动画效果如图 4.51 所示。

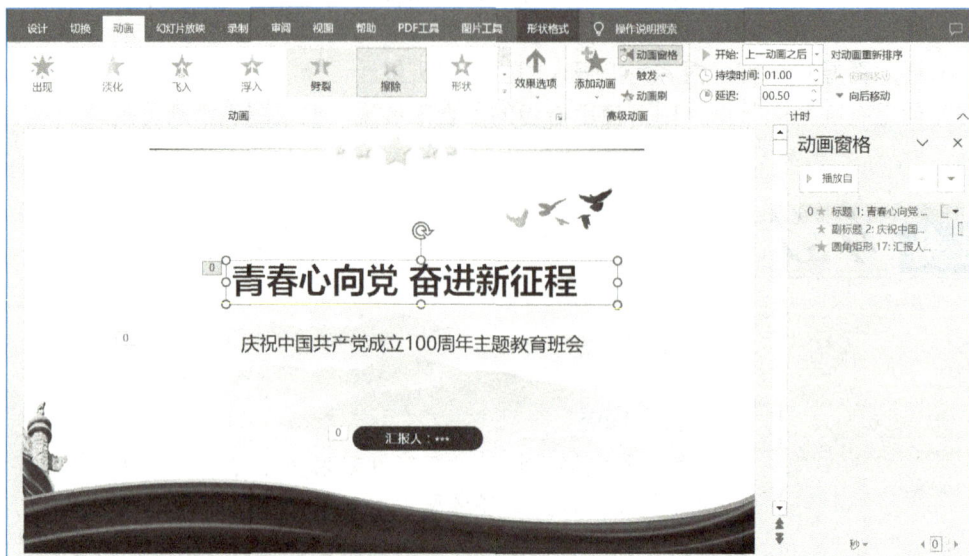

图 4.51　标题幻灯片动画效果

2.　设置前言幻灯片动画效果

1）选中"五边形"，在"动画"选项卡"动画"选项组中添加切入动画，设置开始时间为"上一动画之后"、持续时间为 1 秒、延迟时间为 0.5 秒。

2）选中文本框中的文字"前言"，在"动画"选项卡"动画"选项组中添加浮入动画，设置开始时间为"上一动画之后"、持续时间为 1 秒、延迟时间为 0.5 秒。

3）选中文本框中的文字"未来属于青年，希望寄予青年"，在"动画"选项卡"动画"选项组中添加形状动画，设置开始时间为"上一动画之后"、持续时间为 1 秒、延迟时间为 0.5 秒。

4）选中最后一段文字的文本框，在"动画"选项卡"动画"选项组中添加曲线向上动画，设置开始时间为"上一动画之后"、持续时间为 0.5 秒。

前言幻灯片动画效果如图 4.52 所示。

3.　设置目录幻灯片动画效果

1）选中"目录"，在"动画"选项卡"动画"选项组中添加飞入动画，设置开始时间为"上一动画之后"、持续时间为 1 秒、延迟时间为 0.5 秒。

2）为四个目录添加浮入动画，设置开始时间为"上一动画之后"、持续时间为 1 秒、延迟时间为 0.5 秒。

目录幻灯片动画效果如图 4.53 所示。

4.　设置其他幻灯片动画效果

（1）设置第 4、7、9、12 张节标题幻灯片动画效果

1）选中标题文字"第 1 部分"，在"动画"选项卡"动画"选项组中为标题添加缩放

动画，设置开始时间为"上一动画之后"、持续时间为 0.5 秒。

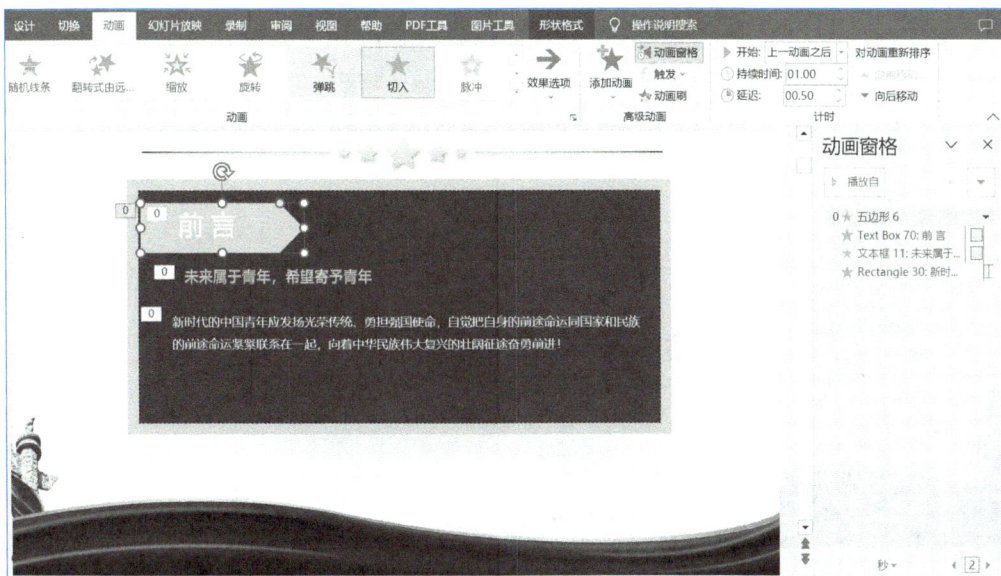

图 4.52　前言幻灯片动画效果

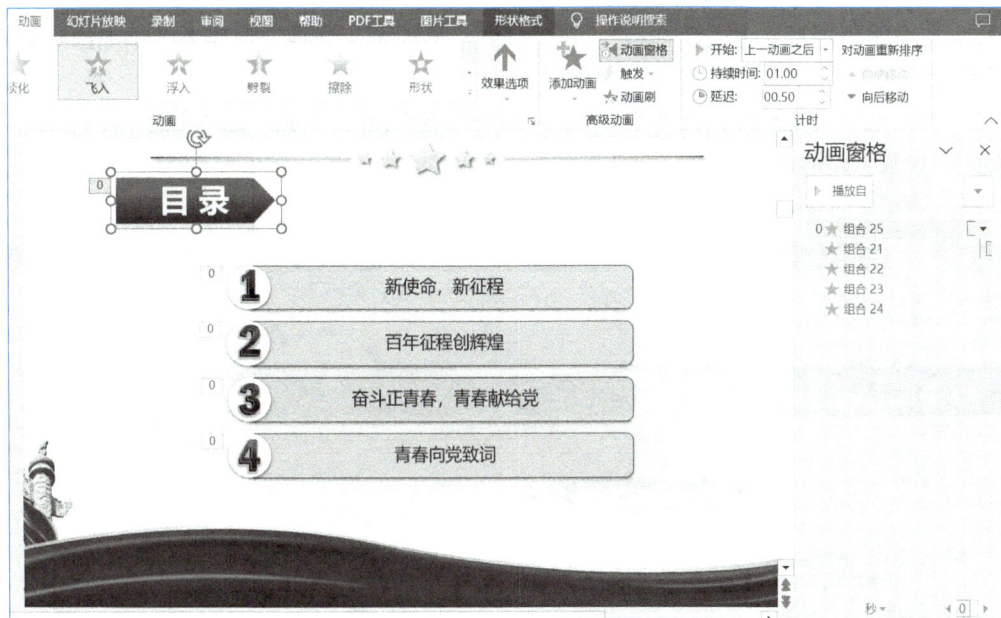

图 4.53　目录幻灯片动画效果

2）选中标题文字"新使命，新征程"，在"动画"选项卡"动画"选项组中为标题添加缩放动画，设置开始时间为"上一动画之后"、持续时间为 0.5 秒。

3）使用"动画"选项卡"高级动画"选项组中的"动画刷"工具为第 7、9、12 张幻灯片设置各对象同样的动画。

节标题幻灯片动画效果如图 4.54 所示。

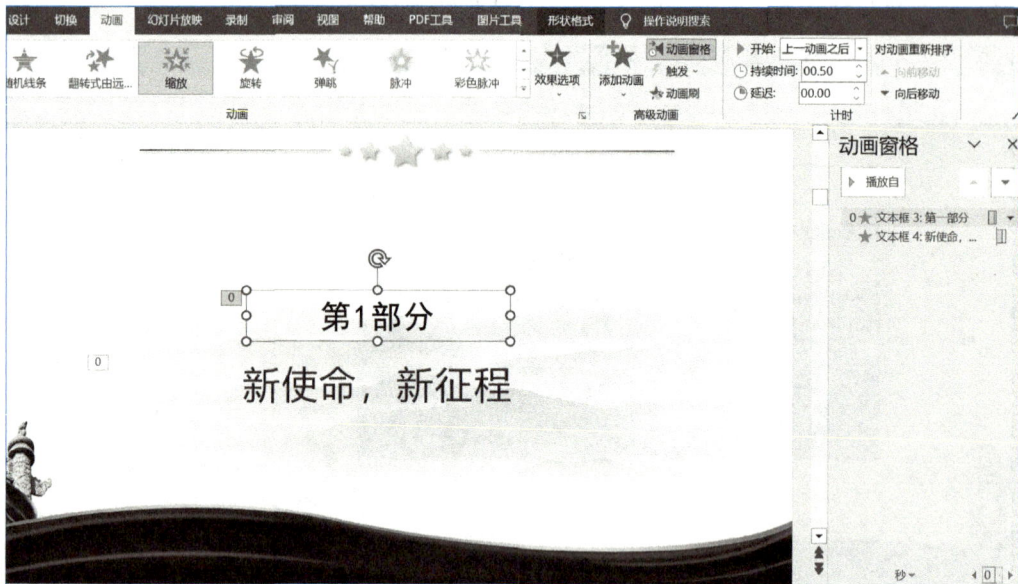

图 4.54　节标题幻灯片动画效果

（2）设置第 5 张幻灯片动画效果

1）选中圆角矩形"迈向新征程"，在"动画"选项卡"动画"选项组中添加擦除动画，设置开始时间为"上一动画之后"、持续时间为 2 秒、延迟时间为 1 秒。

2）分别选中文本框 1、文本框 2，在"动画"选项卡"动画"选项组中为内容添加浮入动画，设置开始时间为"上一动画之后"、持续时间为 1 秒、延迟时间为 0.5 秒。

第 5 张幻灯片动画效果如图 4.55 所示。

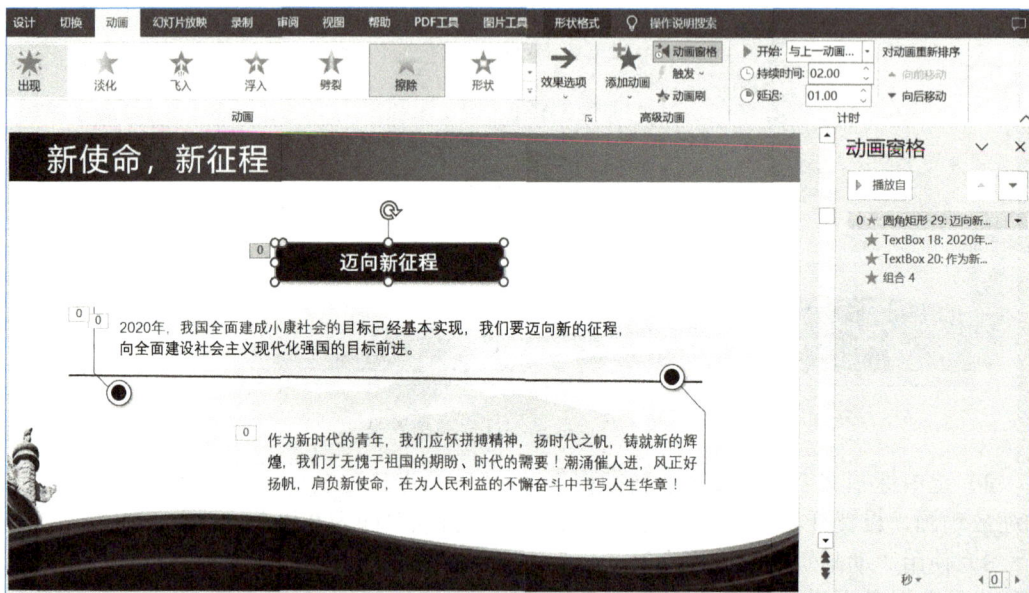

图 4.55　第 5 张幻灯片动画效果

3）选中组合形状，在"动画"选项卡"动画"选项组中为形状添加翻转式由远及近动画，设置开始时间为"上一动画之后"、持续时间为 1 秒、延迟时间为 0.5 秒。

（3）设置第 6 张幻灯片动画效果

1）选中圆角矩形"有志青年的使命与担当"，在"动画"选项卡"动画"选项组中为内容添加擦除动画，设置开始时间为"上一动画之后"、持续时间为 2 秒、延迟时间为 1 秒。

2）选中正文文字文本框，在"动画"选项卡"动画"选项组中为内容添加浮入动画，设置开始时间为"上一动画之后"、持续时间为 1 秒、延迟时间为 0.5 秒。

3）选中图片，在"动画"选项卡"动画"选项组中为图片添加轮子动画，设置开始时间为"上一动画之后"、持续时间为 2 秒、延迟时间为 1 秒。

第 6 张幻灯片动画效果如图 4.56 所示。

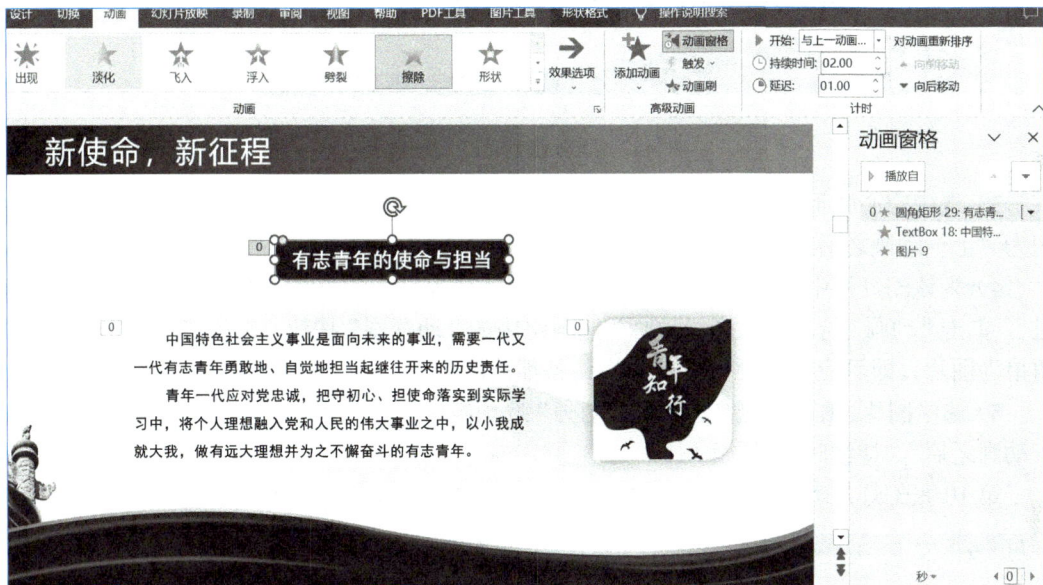

图 4.56　第 6 张幻灯片动画效果

（4）设置第 8 张幻灯片动画效果

选中整个 SmartArt 图，在"动画"选项卡"动画"选项组中添加缩放动画，设置效果选项为"逐个"，设置开始时间为"上一动画之后"、持续时间为 1 秒、延迟时间为 1 秒。

第 8 张幻灯片动画效果如图 4.57 所示。

（5）设置第 10 张幻灯片动画效果

1）选中"五角星"图片，在"动画"选项卡"动画"选项组中添加缩放动画，设置开始时间为"上一动画之后"、持续时间为 0.5 秒。

2）选中文本框，在"动画"选项卡"动画"选项组中为内容添加浮入动画，设置开始时间为"上一动画之后"、持续时间为 1 秒。单击"动画"选项卡"高级动画"选项组中的"动画刷"按钮，为该幻灯片中其他文本框设置动画效果。

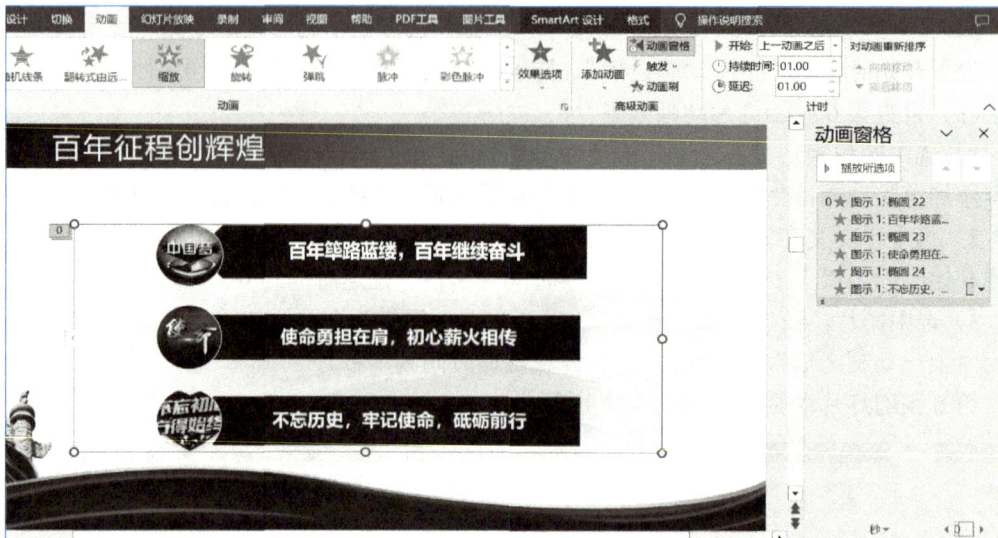

图 4.57　第 8 张幻灯片动画效果

3）选中空心弧形状，在"动画"选项卡"动画"选项组中添加擦除动画，设置开始时间为"上一动画之后"、持续时间为 0.5 秒。

4）为该幻灯片中其他"五角星"图片添加动画效果，可选中已设置动画效果的"五角星"，单击"动画"选项卡"高级动画"选项组中的"动画刷"按钮，然后依次单击其他"五角星"图片，即可应用动画效果，最后调整播放顺序。

5）选中图片，在"动画"选项卡"动画"选项组中添加轮子动画，设置开始时间为"上一动画之后"、持续时间为 1 秒。

第 10 张幻灯片动画效果如图 4.58 所示。

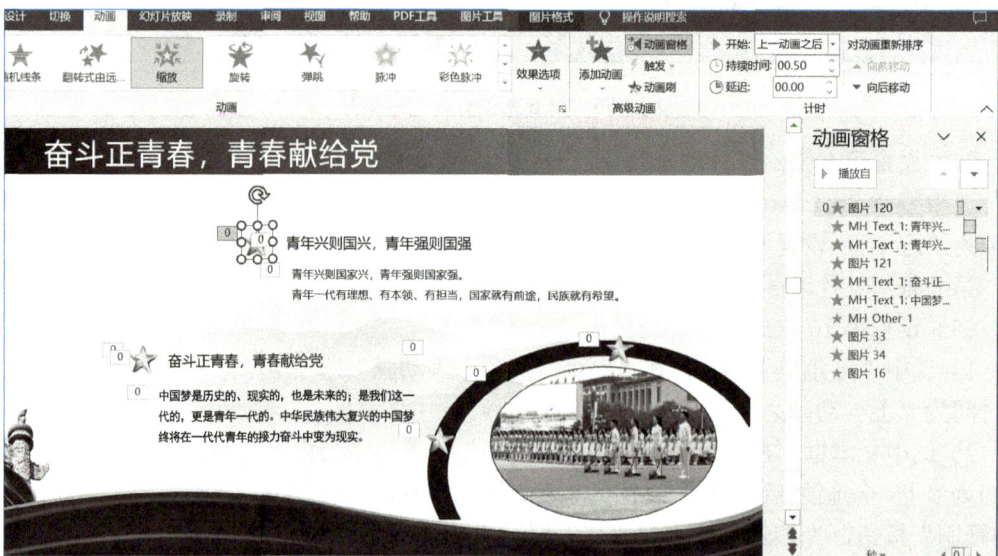

图 4.58　第 10 张幻灯片动画效果

（6）设置第 11 张幻灯片动画效果

选中艺术字，在"动画"选项卡"动画"选项组中添加形状动画，设置开始时间为"上一动画之后"、持续时间为 2 秒、延迟时间为 1 秒。

第 11 张幻灯片动画效果如图 4.59 所示。

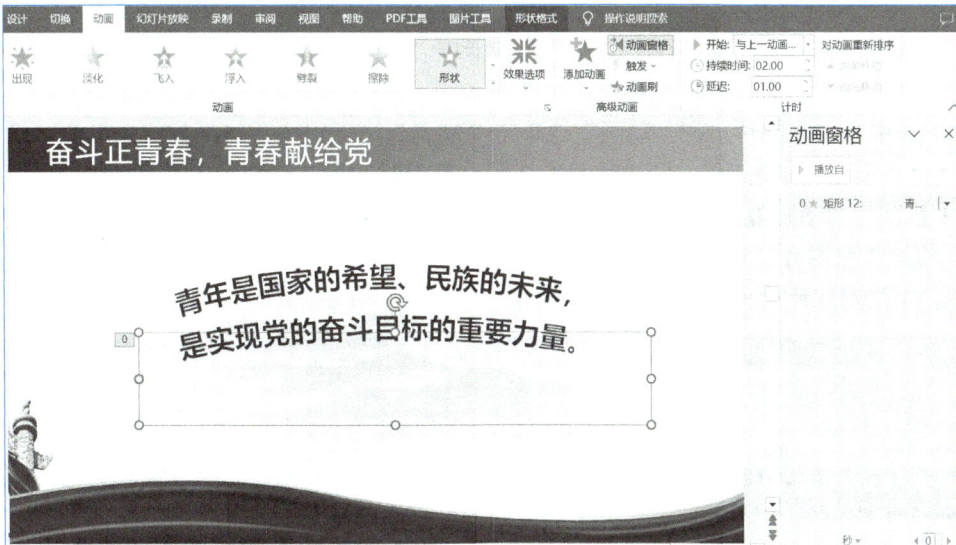

图 4.59　第 11 张幻灯片动画效果

（7）设置第 13 张幻灯片动画效果

选中视频，在"动画"选项卡中"动画"组中添加飞入动画，设置开始时间为"上一动画之后"、持续时间为 2 秒、延迟时间为 1 秒，设置播放为单击时全屏播放。

第 13 张幻灯片动画效果如图 4.60 所示。

图 4.60　第 13 张幻灯片动画效果

（8）设置第 14 张幻灯片动画效果

1）选中深红色矩形，在"动画"选项卡"动画"选项组中添加光速动画，设置开始时间为"上一动画之后"、持续时间为 1 秒。

2）选中文本框文字，在"动画"选项卡"动画"选项组中添加挥鞭式动画，设置开始时间为"上一动画之后"、持续时间为 1 秒、延迟时间为 0.5 秒。

3）选中白色倾斜矩形，在"动画"选项卡中"动画"选项组中添加飞入动画，设置开始时间为"上一动画之后"、持续时间为 1 秒。

4）选中第 1 张图片，在"动画"选项卡"动画"选项组中添加螺旋飞入动画，设置开始时间为"上一动画之后"、持续时间为 2 秒、延迟时间为 0.5 秒；利用"动画刷"工具，将第 1 张图片的动画效果依次应用于第 2 张和第 3 张图片，将第 2 张图片延迟时间设置为 1 秒，将第 3 张图片延迟时间设置为 1.5 秒。

第 14 张幻灯片动画效果如图 4.61 所示。

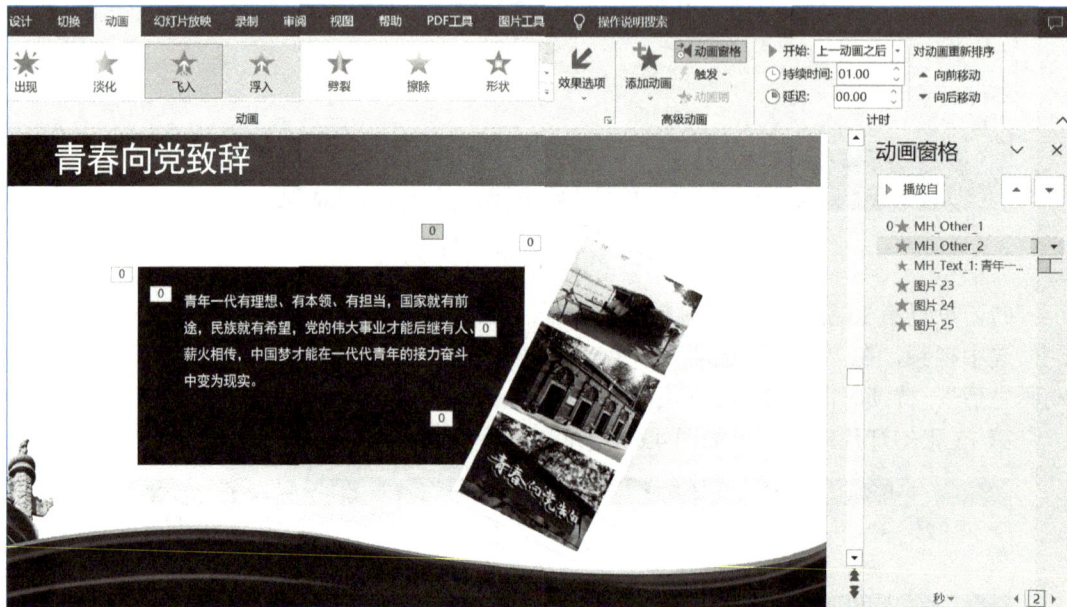

图 4.61　第 14 张幻灯片动画效果

（9）设置第 15 张幻灯片动画效果

选中艺术字"谢谢您的聆听"，在"动画"选项卡"动画"选项组中添加翻转式由远及近动画，设置开始时间为"上一动画之后"、持续时间为 2 秒、延迟时间为 1 秒。

第 15 张幻灯片动画效果如图 4.62 所示。

5. 设置幻灯片切换效果

选中第 1 张幻灯片，单击"切换"选项卡"切换到此幻灯片"选项组中的"立方体"按钮，设置持续时间为 2 秒，设置换片方式为"单击鼠标时"，单击"应用到全部"按钮，将此效果应用到所有幻灯片。

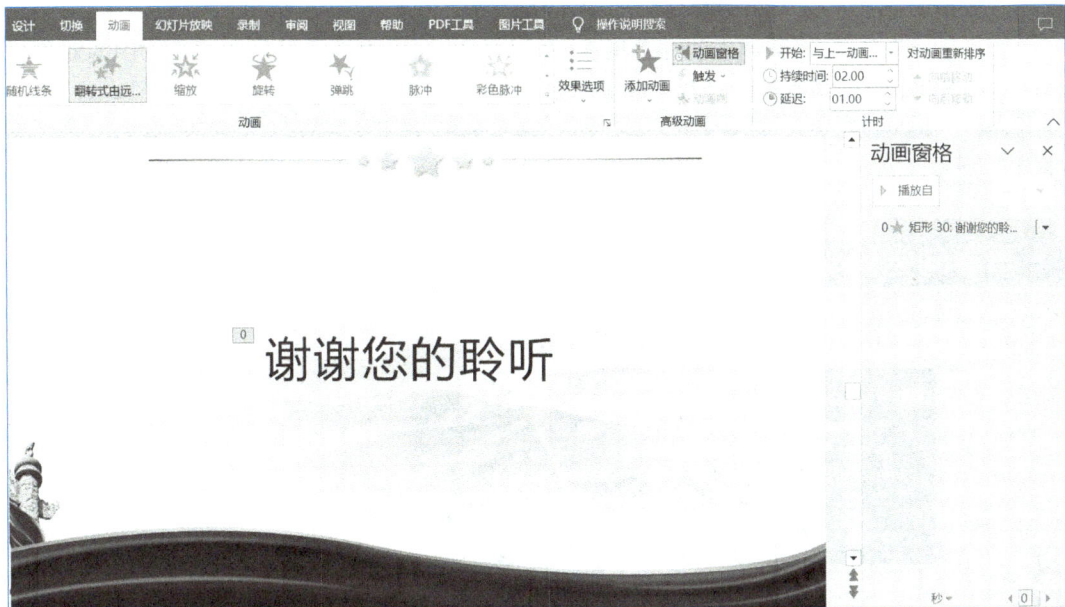

图 4.62　第 15 张幻灯片动画效果

6. 设置幻灯片间交互效果

选择目录幻灯片，选中第 1 部分，为其内容添加超链接，链接到相应的子标题页面；同时在每部分结束的页面中添加一个返回的形状，设置该形状的超链接为返回到目录页。

7. 排练幻灯片放映时间

单击"幻灯片放映"选项卡"设置"选项组中的"排练计时"按钮，设置幻灯片放映方式为"循环放映"，按 Esc 键终止。

8. 打包文件

选择"文件"→"导出"→"将演示文稿打包成 CD"选项，单击"打包成 CD"按钮，在打开的"打包成 CD"对话框中选择相应的路径保存即可。

📘 **相关知识** ━━━━━━━━━━━━━━━━━━━━━━━━━━━━━━━━━━━━━━━■

1. 设置对象的动画效果

动画类型主要有"进入""强调""退出""动作路径"四种类型，可利用"动画"选项卡来添加和设置动画效果，如图 4.63 所示。

1）"进入"动画。"进入"动画是应用最多的动画类型，是指放映某张幻灯片时，幻灯片中的文本等对象进入放映画面时的动画效果。

微课：多图轮播展示

以设置"进入"动画效果为例，具体操作如下：选中要设置动画效果的对象，单击"动画"选项卡"动画"选项组中的"其他"下拉按钮，在下拉列表中选择一种绿色的进入动画效果，或者选择"更多进入效果"选项，打开"更改进入效果"对话框，在其中选择一

223

种动画效果。添加"进入"动画效果如图 4.64 所示。

2）"强调"动画。"强调"动画是指在幻灯片放映过程中为已显示在幻灯片中的对象设置的动画效果，目的是强调幻灯片中的某些重要对象。添加"强调"动画效果如图 4.65 所示。

图 4.63　"动画"选项卡

图 4.64　添加"进入"动画效果　　　图 4.65　添加"强调"动画效果

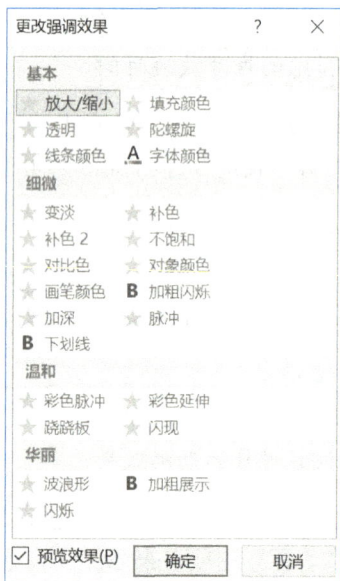

3）"退出"动画。"退出"动画是指在幻灯片放映过程中为了使指定对象离开幻灯片而设置的动画效果，它是进入动画的逆过程。添加"退出"动画效果如图 4.66 所示。

4）"动作路径"动画。不同于上述三种动画效果，"动作路径"动画可以使幻灯片中的对象沿着系统自带的或自己绘制的路径进行运动。添加"动作路径"动画效果如图 4.67 所示。

图 4.66　添加"退出"动画效果　　　　图 4.67　添加"动作路径"动画效果

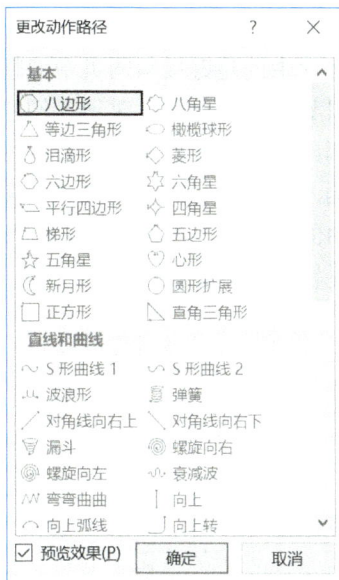

若要为一个对象插入多个动画，则可选中要插入多个动画的对象，单击"动画"选项卡"高级动画"选项组中的"添加动画"下拉按钮，在下拉列表中选择合适的动画，这样就添加了一个动画，重复这一步骤即可添加多个动画。单击"动画"选项卡"高级动画"选项组中的"动画窗格"按钮，打开"动画窗格"窗格，可以看到全部的动画。

使用"动画窗格"窗格管理动画，可管理已添加的动画效果，如选择、删除动画效果，调整动画效果的播放顺序，以及对动画效果进行更多设置等。

2. 设置幻灯片切换效果

幻灯片的切换效果是指放映幻灯片时从一张幻灯片过渡到下一张幻灯片时的动画效果。在默认情况下，各幻灯片之间的切换是没有任何效果的。可以通过设置，为每张幻灯片添加具有动感的切换效果，以丰富其放映过程，还可以控制每张幻灯片切换的速度，以及添加切换声音等。

要为幻灯片设置切换效果，可在选中目标幻灯片后，在"切换"选项卡"切换到此幻灯片"选项组中选择幻灯片切换方式，添加幻灯片切换方式后还可利用"效果选项""声音""持续时间""换片方式"等选项对当前切换方式进行进一步设置。若要对当前演示文稿中所有幻灯片都使用这种换片方式，则在该选项卡中单击"应用到全部"按钮即可。"切换"选项卡如图 4.68 所示。

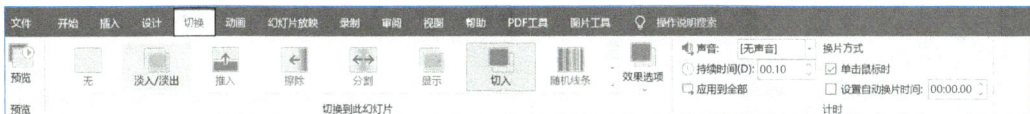

图 4.68　"切换"选项卡

3. 设置动画交互效果

（1）超链接

幻灯片中的超链接与网页中的超链接类似，是从一个对象跳转到
另一个对象的快捷途径。对于在幻灯片中添加超链接的对象并没有严
格的限制，可以是文本或图形，也可以是表格或图示。

微课：PPT 交互动画

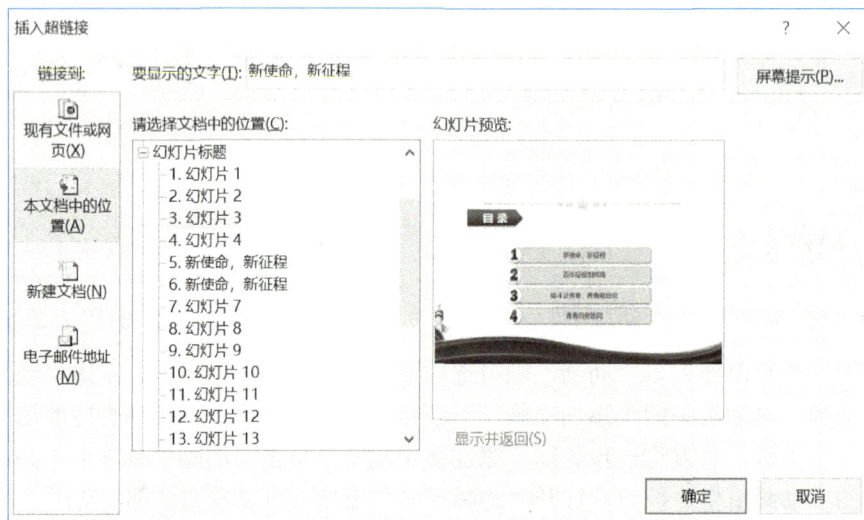

在插入超链接时，首先选中要插入超链接的对象，然后单击"插入"选项卡"链接"
选项组中的"链接"按钮。这时会打开"插入超链接"对话框，如图 4.69 所示。在该对话
框中可进行相应设置。

图 4.69 "插入超链接"对话框

（2）动作设置

除了使用超链接，还可以利用动作按钮来实现交互效果。在放映演示文稿时，单击相
应的按钮，可以切换到指定的幻灯片或启动其他应用程序。PowerPoint 软件中提供了 12 种
动作按钮，并预设了相应的功能，只需将其添加到幻灯片中即可，如图 4.70 所示。

4. 播放和打印演示文稿

（1）隐藏幻灯片

如果在放映演示文稿时既不想放映其中的某些幻灯片，又不想将它们从演示文稿中删
除，则可以将这些幻灯片设置为"隐藏"。被隐藏的幻灯片仍然保留在演示文稿中。

在幻灯片窗格中选中需要隐藏的幻灯片，然后单击"幻灯片放映"选项卡"设置"选
项组中的"隐藏幻灯片"按钮，即可将选中的幻灯片隐藏起来。再次单击"隐藏幻灯片"
按钮，即可取消隐藏，也可直接选中要隐藏的幻灯片，右击后打开快捷菜单，选择"隐藏
幻灯片"选项。

（2）排练计时

为了使演讲者的讲述与幻灯片的切换保持同步，除了将幻灯片切换方式设置为"单击
鼠标时"，还可以使用"排练计时"功能，预先排练好每张幻灯片的播放时间。

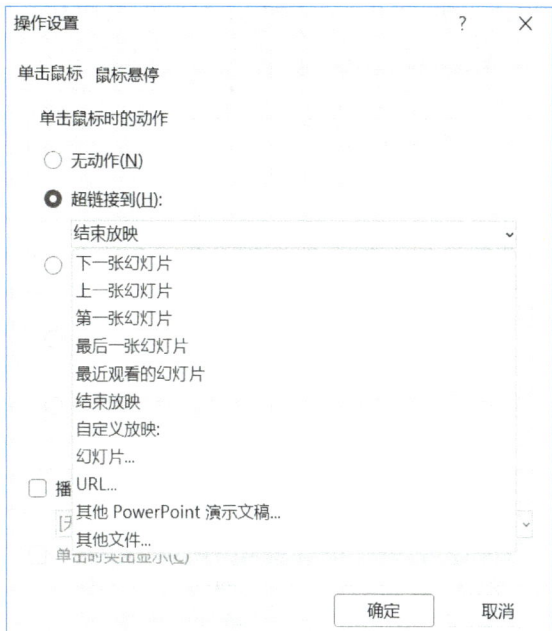

图 4.70　"操作设置"对话框

1）打开要设置排练计时的演示文稿，然后单击"幻灯片放映"选项卡"设置"选项组中的"排练计时"按钮，此时从第 1 张幻灯片开始进入全屏放映状态，并在左上角显示"录制"计时工具栏（图 4.71）。演讲者可以对要讲述的内容进行排练，以确定当前幻灯片的放映时间。

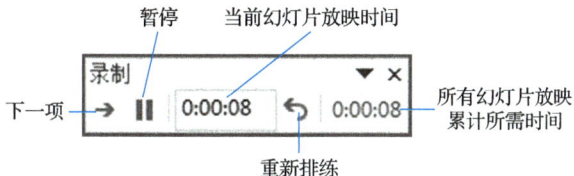

图 4.71　"录制"计时工具栏

2）确定放映时间后，单击幻灯片任意位置，或单击"录制"计时工具栏中的"下一项"按钮，切换到下一张幻灯片，可以看到"录制"计时工具栏中间的时间重新开始计时，而右侧演示文稿总放映时间将继续计时。

3）当演示文稿中所有幻灯片的放映时间排练完毕后（若想在中途结束排练，则可按 Esc 键），屏幕上会出现提示对话框（图 4.72）。如果单击"是"按钮，则可保存排练结果，以后播放演示文稿时，每张幻灯片的自动切换时间都会与设置的一样；如果想放弃刚才的排练结果，则可单击"否"按钮。上述操作完成后，切换到幻灯片浏览视图，在每张幻灯片的左下角可看到幻灯片播放时间。

（3）设置幻灯片放映方式

在放映幻灯片时，可根据不同的场所设置不同的放映方式，可以由演讲者控制放映，也可以由观众自行浏览，还可以让演示文稿自动播放。此外，对于每种放映方式，还可以设置是否循环播放、指定播放哪些幻灯片及确定幻灯片的换片方式等。

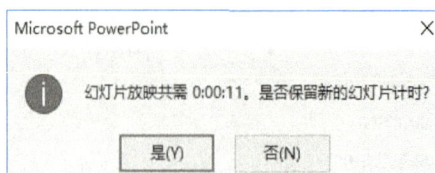

图 4.72　提示对话框

　　若要设置幻灯片放映方式，则可单击"幻灯片放映"选项卡"设置"选项组中的"设置幻灯片放映"按钮，打开"设置放映方式"对话框（图 4.73），在该对话框中进行相关设置。

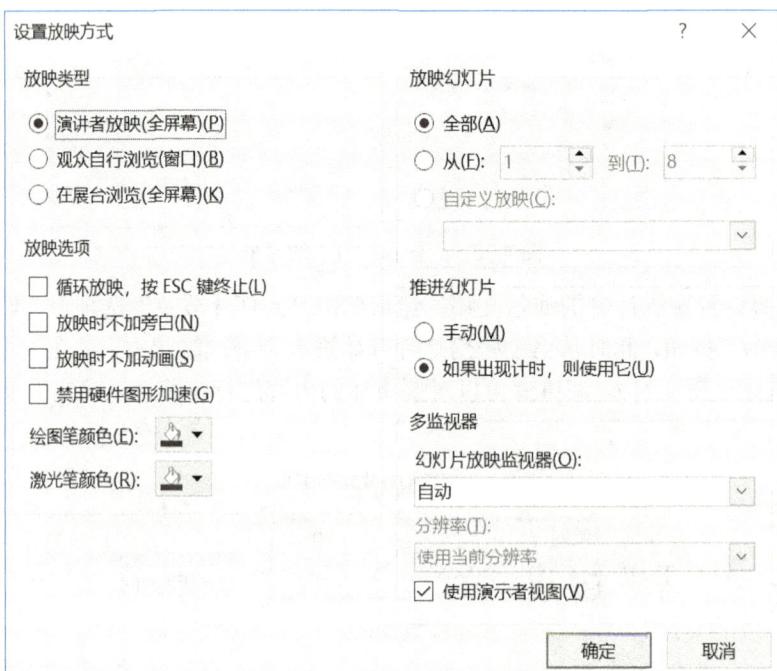

图 4.73　"设置放映方式"对话框

幻灯片放映类型介绍如下。

　　1）演讲者放映（全屏幕）：在放映过程中可以暂停演示文稿、添加会议细节等；还可以在放映过程中录下旁白。

　　2）观众自行浏览（窗口）：在放映过程中可利用滚动条、PageDown 键、PageUp 键切换放映的幻灯片。

　　3）在展台浏览（全屏幕）：不需要人为控制，系统可自动全屏循环放映演示文稿。

　　（4）放映幻灯片

图 4.74　"开始放映幻灯片"选项组

单击"幻灯片放映"选项卡"开始放映幻灯片"选项组（图 4.74）中的相关按钮可放映当前打开的演示文

稿。具体操作如下。

1）单击"从头开始"按钮或按 F5 键，可从第 1 张幻灯片开始放映演示文稿。

2）单击"从当前幻灯片开始"按钮或按 Shift+F5 快捷键，可从当前幻灯片开始放映演示文稿。单击"自定义幻灯片放映"下拉按钮，在下拉列表中选择"自定义放映"选项，可将演示文稿中指定的幻灯片组成一个放映集进行放映。

3）在放映演示文稿过程中，可以利用鼠标和键盘来控制整个放映过程，如单击鼠标切换幻灯片和播放动画、按 Esc 键结束放映、为幻灯片添加墨迹注释等。

（5）打印演示文稿

打印演示文稿是指将制作完成的演示文稿按照要求通过打印设备输出并呈现在纸上。选择"文件"→"打印"选项，打开"打印"窗格，即可对打印选项进行设置。

（6）打包演示文稿

使用电子邮件可以将演示文稿发布到网上，可以将其打包成 CD 或输出为其他格式文件等。选择"文件""导出"选项，可以将演示文稿保存为 PDF 文件或视频文件，还可以将演示文稿打包成 CD，以保证在没有安装 PowerPoint 软件的计算机中也能播放演示文稿。

5. 使用动画的五大基本原则

（1）适当原则

在演示文稿中使用动画时，既不能因给每一页的每行字都设置动画而造成动画满天飞、滥用动画及错用动画等问题，也不能在整个演示文稿中不使用任何动画。

（2）醒目原则

使用动画是为了使重点内容更加醒目，因此在使用动画时要遵循醒目原则。

（3）自然原则

自然原则是指所使用的动画样式、文字格式、图形元素出现的顺序等自然且不生硬。

（4）简化原则

使用动画可以使大型的组织结构图、流程图等化繁为简。

（5）创意原则

具有创意的动画可以牢牢抓住读者的心。

6. 制作倒计时动画效果

在制作演示文稿时，有时需要在一张幻灯片上做出倒计时动画效果以丰富整体演示效果。具体操作如下。

1）选中幻灯片，单击"插入"选项卡"文本"选项组中的"文本框"下拉按钮，在下拉列表中选择"绘制横排文本框"选项，如图 4.75 所示。输入"9876543210"，在"开始"选项卡"字体"选项组中设置字体大小为 120，单击"加粗"按钮，拖动文本框，使所有数字显示在同一水平线上，如图 4.76 所示。

2）选中文本框，单击"开始"选项卡"字体"选项组中的"字符间距"下拉按钮，在下拉列表中选择"其他间距"选项，如图 4.77 所示。打开"字体"对话框，选择"字符间距"选项卡，将间距改为"紧缩"，将度量值改为"150 磅"，如图 4.78 所示。单击"确定"按钮，将文本框的"对齐方式"设置为"居中对齐"。

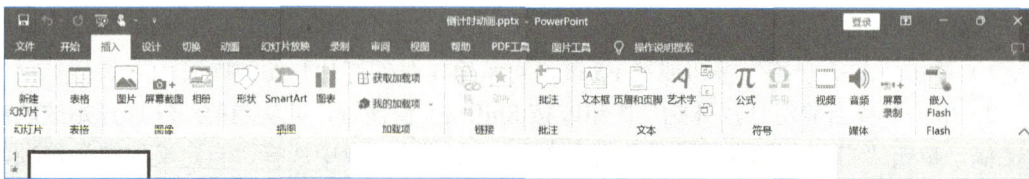

图 4.75　插入文本框

图 4.76　插入数字效果

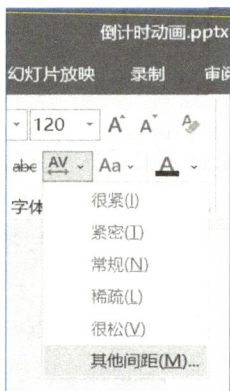

图 4.77　选择"其他间距"选项

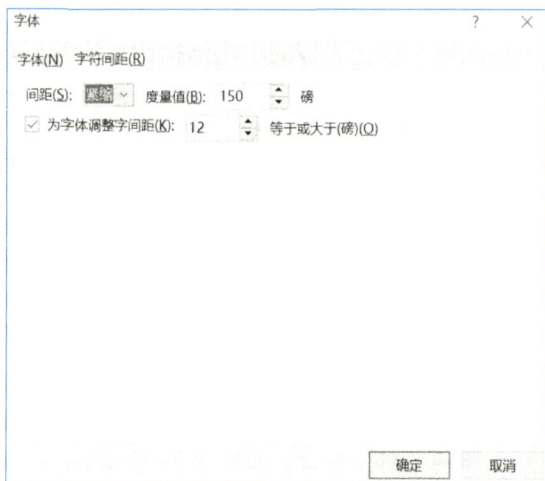

图 4.78　设置字符间距

3）选中文本框，单击"动画"选项卡"高级动画"选项组中的"添加动画"下拉按钮，在下拉列表中选择"进入"动画中的"出现"效果，再次单击"添加动画"下拉按钮，在下拉列表中选择"退出"动画中的"消失"效果，单击"高级动画"选项组中的"动画窗格"按钮，在"动画窗格"窗格中选择第 1 个动画选项，右击打开快捷菜单，选择"效果选项"选项，在打开的"出现"对话框中，设置"设置文本动画"为"按字母顺序"，设置"字母之间延迟秒数"为 1，单击"确定"按钮，如图 4.79 所示。选择第 2 个动画选项，重复对第 1 个动画的操作，在"消失"对话框中选择"计时"选项卡，设置"开始"为"与上一动画同时"，设置"延迟"为 0.5，如图 4.80 所示。单击"确定"按钮，播放幻灯片，即可完成一个简单的倒计时动画效果。

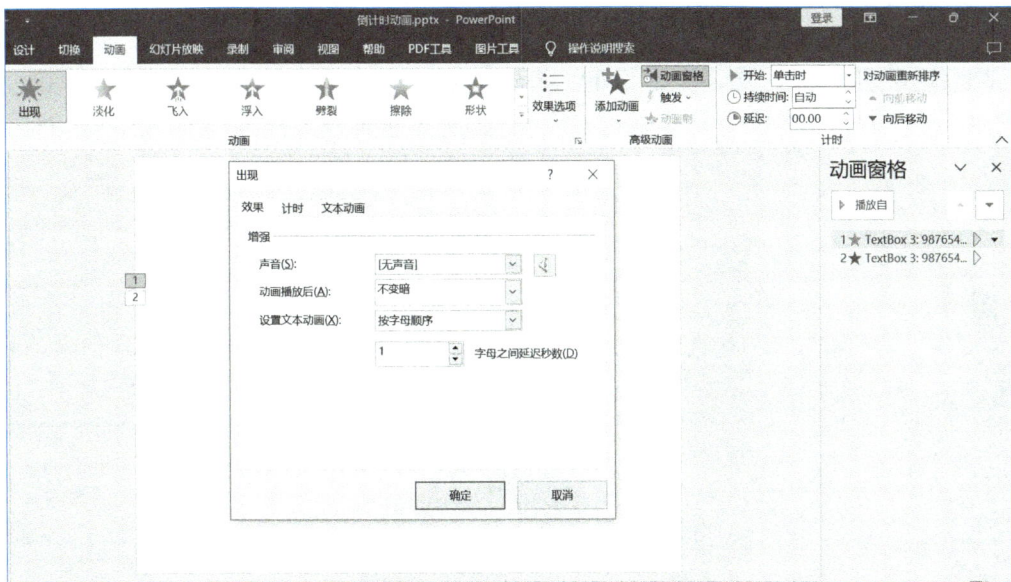

图 4.79　设置"出现"动画效果

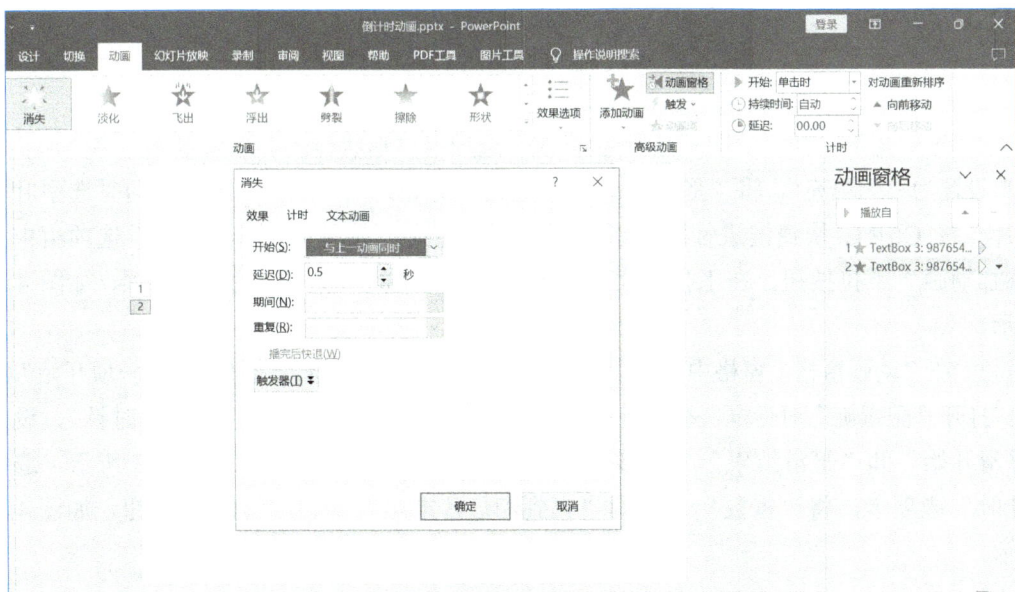

图 4.80　设置"消失"动画效果

7. 制作"叶子摇摆"动画效果

可以利用 PowerPoint 软件制作动画，下面介绍如何做一片叶子摇摆的动画效果。

1）选中幻灯片，单击"插入"选项卡"图像"选项组中的"图片"下拉按钮，在下拉列表中选择相应选项，插入一张叶子的图片。单击"插入"选项卡"插图"选项组中的"形状"下拉按钮，在下拉列表中选择"矩形"形状，将插入的矩形放在叶子下方。插入叶子图片和矩形效果如图 4.81 所示。

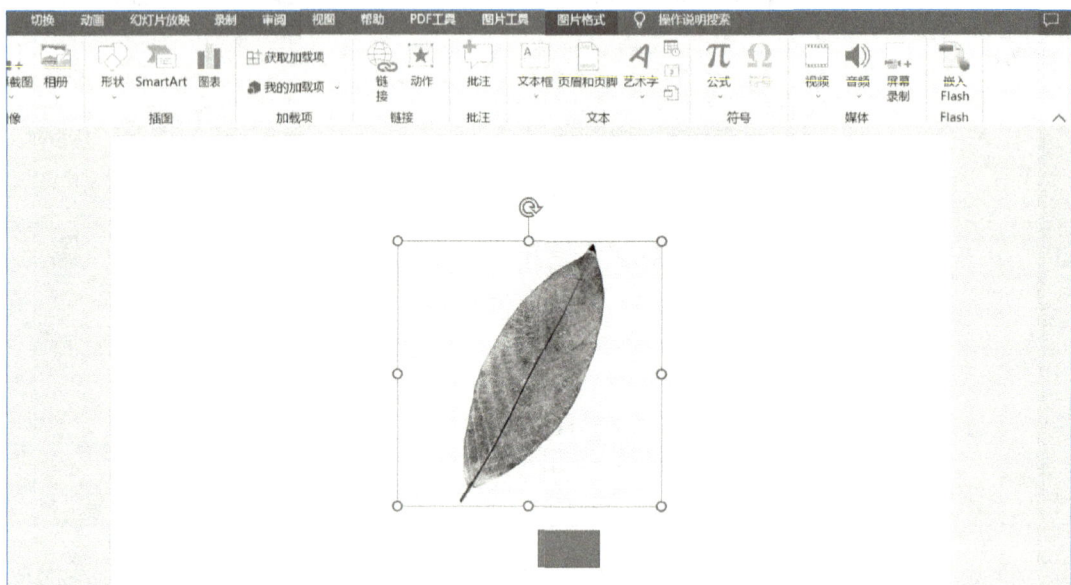

图 4.81 插入叶子图片和矩形效果

2）选中矩形，在"绘图工具/形状格式"选项卡"形状样式"选项组中，将"形状填充"设置为"无填充"，将"形状轮廓"设置为"无轮廓"，按住 Ctrl 键的同时选中叶子图片，按 Ctrl+G 快捷键进行图片组合。单击"动画"选项卡"高级动画"选项组中的"添加动画"下拉按钮，在下拉列表中选择"强调"中的"陀螺旋动画"选项，如图 4.82 所示。

3）在"动画窗格"窗格中，选中动画后右击打开快捷菜单，选择"从上一项开始"选项。打开"陀螺旋"对话框，在"效果"选项卡中设置"数量"为"15°顺时针"，设置"平滑开始"和"平滑结束"为 1 秒，勾选"自动翻转"复选框，如图 4.83 所示。选择"计时"选项卡，将"重复"设置为"直到幻灯片末尾"，单击"确定"按钮，如图 4.84 所示。

图 4.82　选择强调动画

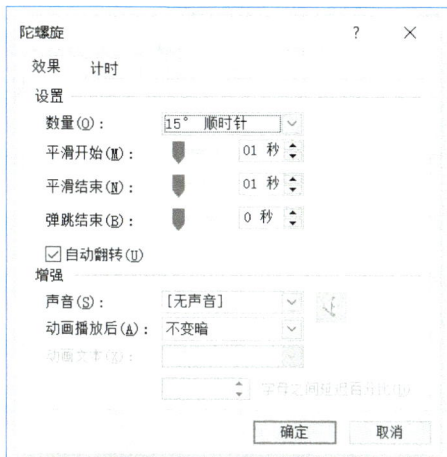

图 4.83　设置陀螺旋效果 1

图 4.84　设置陀螺旋效果 2

任务拓展

1. 任务要求

为了提高当代大学生的主人翁意识，张同学所在的班级将组织一场关于"爱"的演讲汇报。假设你是张同学，现在需要主持这场演讲，并制作用于演讲展示的演示文稿，要求如下：演示文稿内容符合社会主义核心价值观，页面布局合理且美观大方，具有相应的动画和切换效果，能够清晰地表达主题。

2. 任务实施

1）新建一个空白演示文稿，要求设计不少于八张的幻灯片。

2）合理安排版式，编辑内容。

3）优化、个性化演示文稿，添加自定义样式和动画效果，添加切换效果和音频、视频文件，达到更好的效果。

4）添加超链接，实现交互功能。

5）设置排练和计时时，可手动或者自动展示演示文稿。

5 模块

多媒体技术应用

▌模块导读

多媒体技术是指利用计算机对文本、图形、图像、音频、动画、视频等多种媒体信息进行综合处理和管理，使用户可以通过多种感官与计算机进行实时信息交互的技术。作为新时代的大学生，必须具备多种媒体信息的处理能力。本模块主要从图片处理、视频制作和在线动画制作三个方面介绍多媒体技术的应用。

▌模块目标

知识目标

- 了解图像及色彩的相关知识。
- 了解短视频的特点。
- 熟悉剪映软件的界面组成与常用功能。
- 掌握证件照处理的步骤、方法和技巧。
- 掌握木疙瘩在线平台各类工具的使用方法。
- 掌握交互动画中图文、素材的编辑方法。

能力目标

- 能利用 Photoshop 软件对照片进行校色、修图、美化等操作。
- 能利用剪映软件对短视频进行剪辑、配乐、添加字幕、转场、保存等操作。
- 能利用交互动画添加文字、控件等，制作交互效果，如点赞、投票。

素养目标

- 增强美学意识，提高艺术鉴赏水平和艺术修养。
- 传承与弘扬一丝不苟、精益求精、追求卓越的工匠精神。
- 自觉以习近平新时代中国特色社会主义思想武装自身，坚定道路自信、理论自信、制度自信、文化自信。

▌思维导图

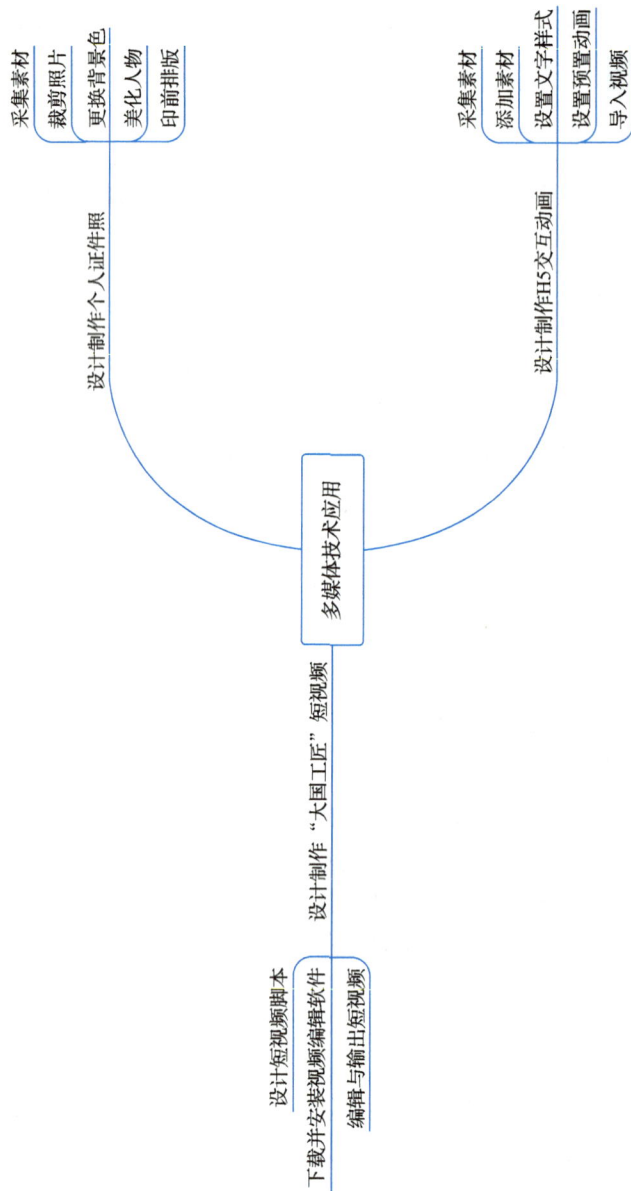

任务 *5.1* 设计制作个人证件照

☞ **任务描述**

个人证件照在学习、工作和生活中不可或缺。本任务要求利用 Photoshop 软件完成对个人证件照的设计制作。具体要求如下：美化人物面部；更换背景色；进行一寸照印前排版；保存文件格式为 JPEG。

☞ **任务目标**

1. 掌握个人证件照处理的步骤、方法、技巧。
2. 能熟练运用 Photoshop 软件对照片进行校色、修图、美化等操作。
3. 增强美学意识，提高艺术鉴赏水平和艺术修养。

💻 **任务实施**

1. 采集素材

用手机或者照相机拍摄一张人像纯色背景照片，可以在学校教学楼内选一处白墙作背景，要求必须是人物端正的正面照，且拍摄光线充足、照片清晰。照片效果越好，处理起来越轻松；相反，则会增加照片处理的难度。素材采集照片如图 5.1 所示。

微课：一寸证件照的裁剪与美化

2. 裁剪照片

（1）第一种方法

1）新建文件。新建文件尺寸为 2.5 厘米×3.5 厘米（1 寸照片尺寸），分辨率为 300ppi（pixels per inch，每英寸像素数）。

2）打开素材文件。选择"文件"→"打开"选项，在打开的"新建"对话框（图 5.2）中选择要打开的文件。

3）移动图像到目标文件。用移动工具将素材图像拖动至新建的 1 寸照片文件中，并适当调整人物的位置与大小，如图 5.3 所示。

（2）第二种方法

直接裁剪。单击软件工具栏中的裁剪工具按钮，并在工具属性栏中设置裁剪属性，在照片中框选出目标区域，如图 5.4 所示。按 Enter 键确认即可。

3. 更换背景色

1）将图层 1 与背景图层合并。

2）复制三个背景图层并修改图层名称，如图 5.5 所示。

微课：证件照背景更改
与印前排版

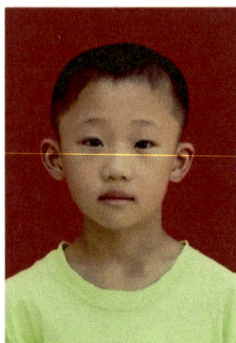

图 5.1　素材采集照片

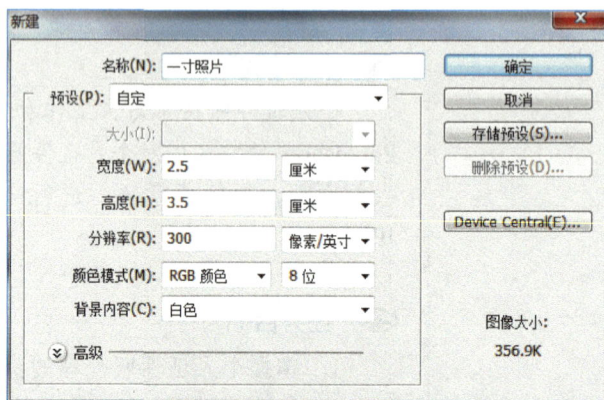

图 5.2　"新建"对话框

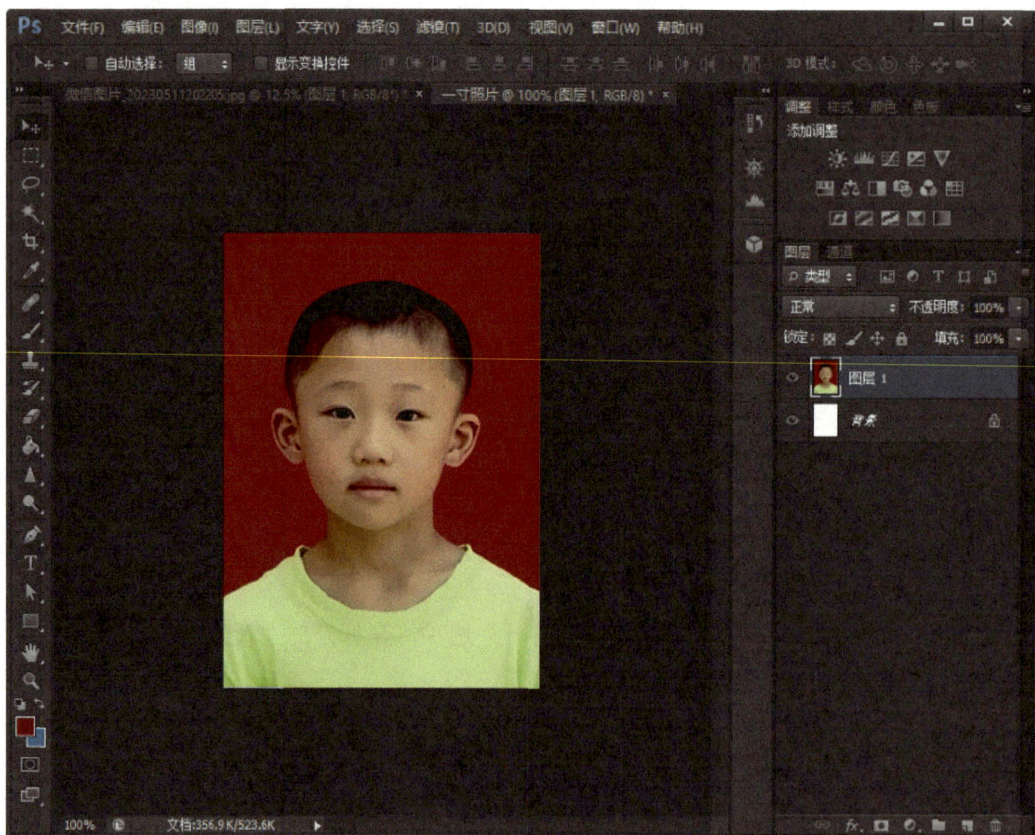

图 5.3　移动图像到目标文件

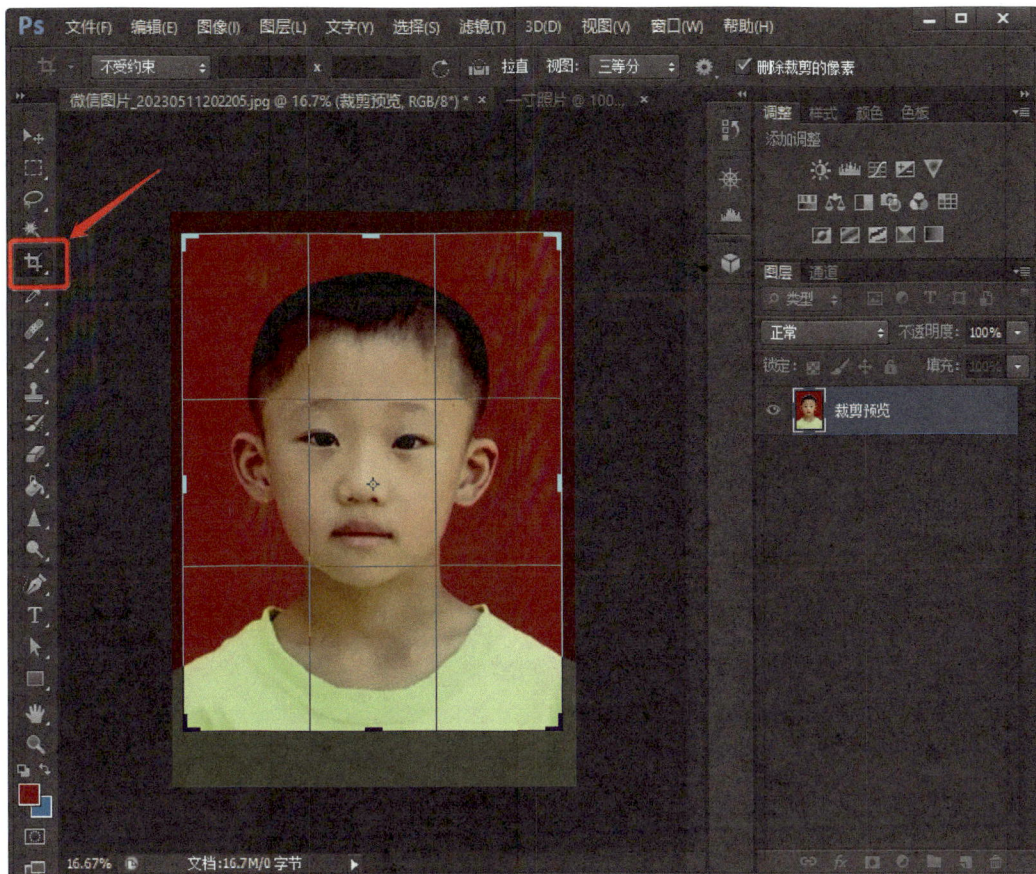

图 5.4　照片裁剪

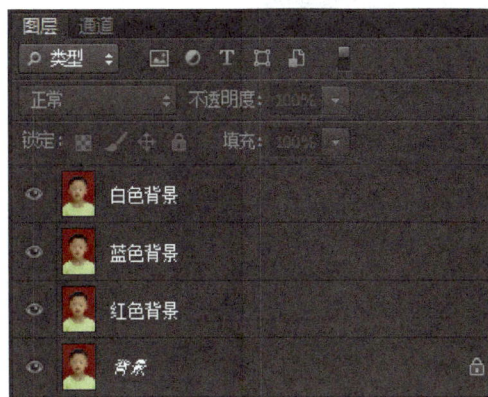

图 5.5　复制背景图层

　　3）选中图层列表中名为"红色背景"的图层，单击工具栏中的"魔棒"按钮，然后单击图像区域中的背景色部分，如图 5.6 所示。

　　4）将前景色设置为红色（R181，G4，B7），如图 5.7 所示。

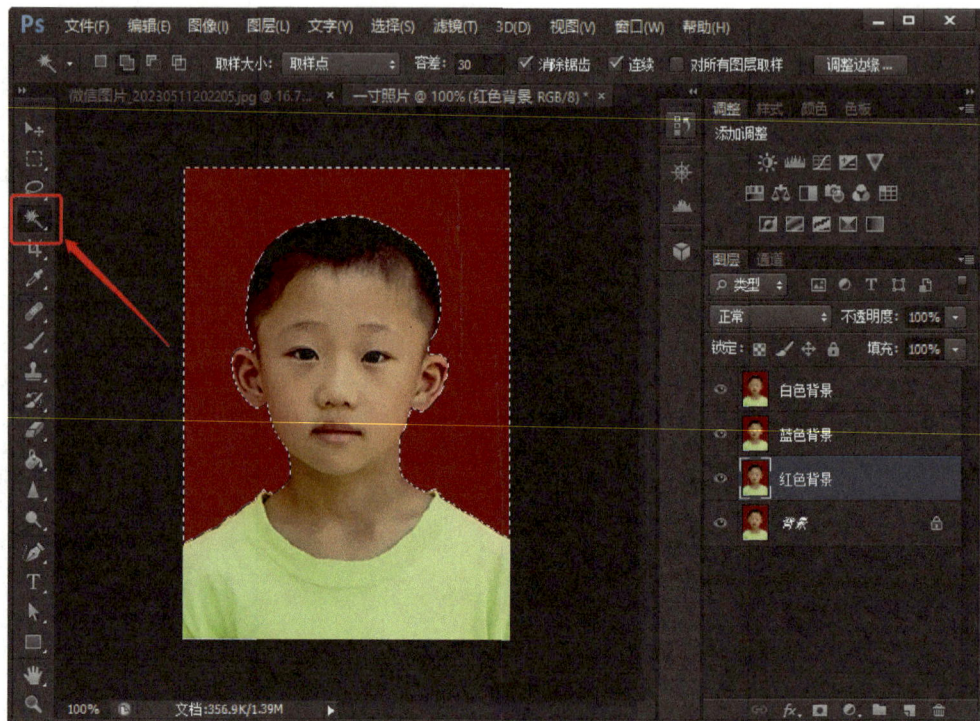

图 5.6　选取背景部分

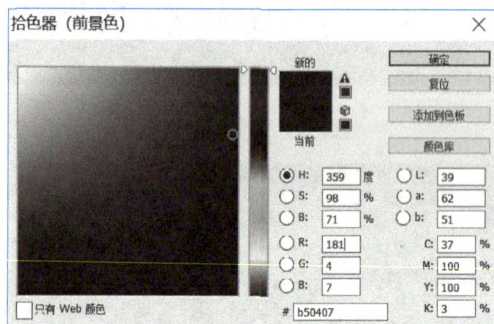

图 5.7　设置前景色

5）按 Ctrl+Delete 快捷键将前景色填充到选区中，按 Ctrl+D 快捷键取消选区，即可完成个人证件照背景色的更换。最终效果如图 5.8 所示。

6）使用制作红色背景的方法可得到蓝底 1 寸照片（蓝色：R84，G132，B172）及白底 1 寸照片（白色：R255，G255，B255），如图 5.9 和图 5.10 所示。

4. 美化人物

1）选择"图像"→"调整"→"亮度/对比度"选项，适当调整人物面部肤色，如图 5.11 所示。

2）选择"滤镜"→"模糊"→"表面模糊"选项，调整相应数值，使人物面部变得光滑，减少斑点，如图 5.12 所示。

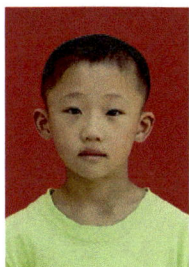

图 5.8　红色背景的个人证件照　　图 5.9　蓝色背景的个人证件照　　5.10　白色背景的个人证件照

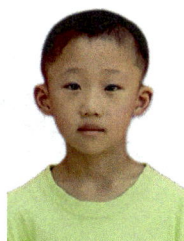

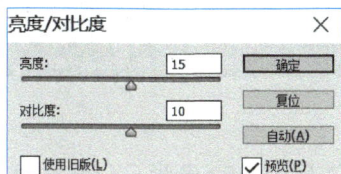

图 5.11　调整人物面部肤色　　　　　　图 5.12　"表面模糊"对话框

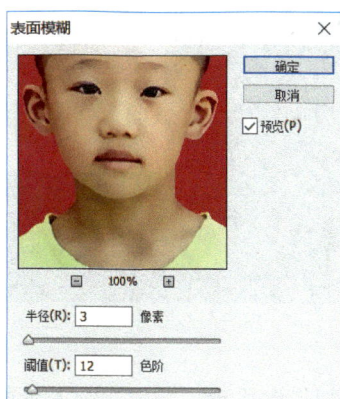

3）若照片中有少量杂色，则可使用模糊工具进行局部调整。

4）借助修复画笔工具（图 5.13）去除面部斑点。

5. 印前排版

1）在进行排版前，先将 1 寸照片外围拓展一层白边，用于后期裁剪。选择"图像"→"画布大小"选项，打开"画布大小"对话框（图 5.14），将宽度、高度分别拓宽 0.5 厘米，最终效果如图 5.15 所示。

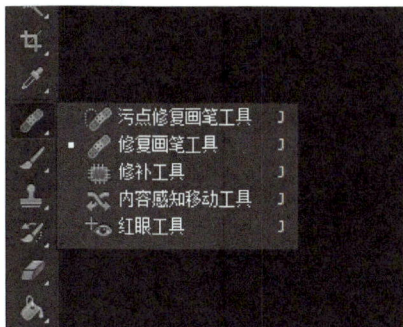

图 5.13　修复画笔工具　　　　　　　　图 5.14　"画布大小"对话框

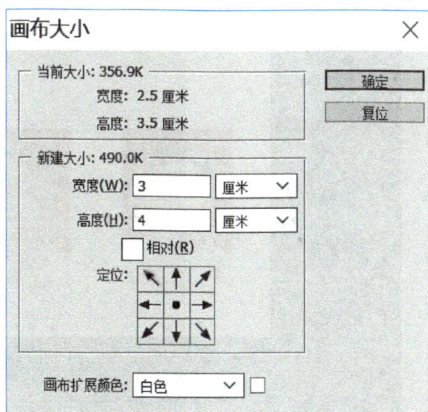

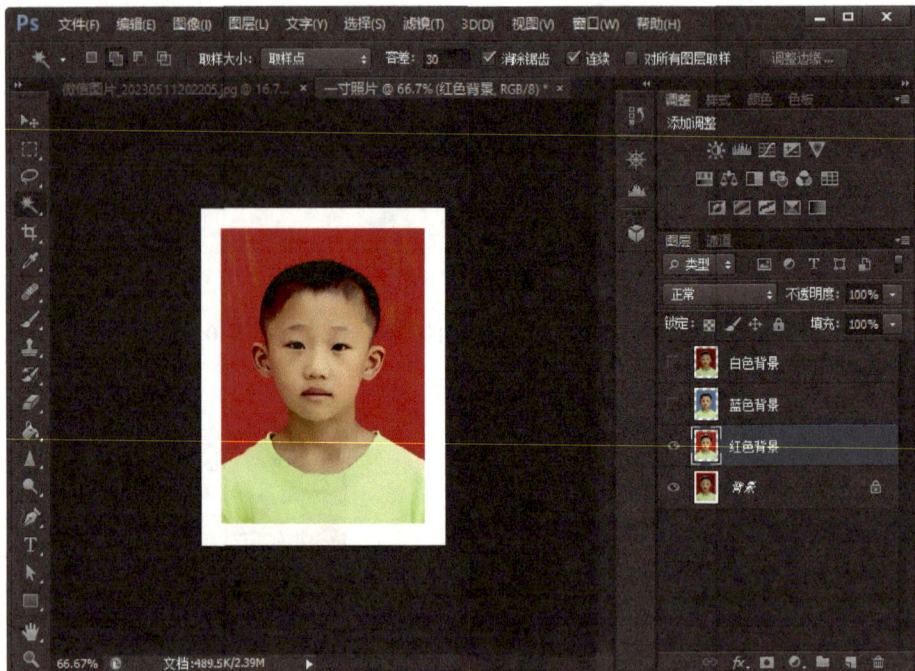

图 5.15　最终效果

2）制作完成后，新建一个 6 寸的文件，尺寸为 152 毫米×102 毫米，分辨率为 300ppi，对 1 寸照片进行排版后即可印刷。打印排版效果如图 5.16 所示。

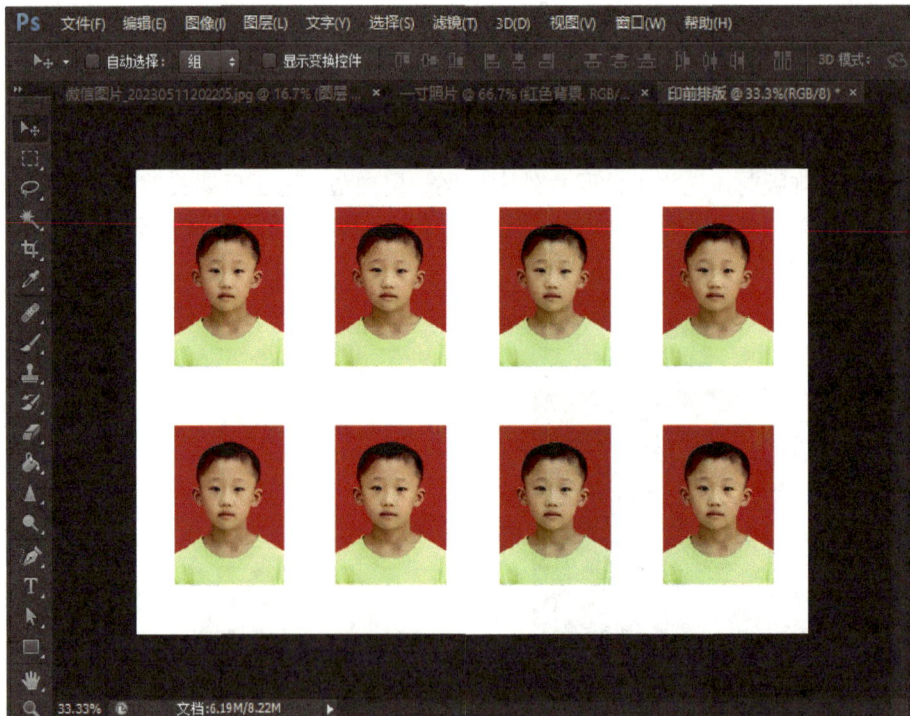

图 5.16　打印排版效果

📖 **相关知识**

1. 常见的图像文件格式

1）GIF 格式是 CompuServe 公司开发的存储 8 位图像的文件格式，支持图像的透明背景，采用无失真压缩技术。

2）JPEG 格式是采用静止图像压缩编码技术的图像文件格式，是目前网络上应用最广泛的图像格式之一，支持不同程度的压缩比。

3）BMP 格式是位图格式，有单色位图、16 色位图、256 色位图、24 位真彩色位图等格式。

4）TGA 格式属于一种图形图像数据的通用格式，在多媒体领域有很大影响，是计算机生成图像向电视图像转换的一种首选格式。

5）TIFF 格式是用于扫描仪和台式计算机出版软件的图像文件格式。它定义了黑白图像、灰度图像和彩色图像的存储格式，格式可长可短，与操作系统平台及软件无关，扩展性好。

2. Photoshop 软件的组成

从功能上看，Photoshop 软件包括图像编辑、图像合成、校色调色及特效制作等部分。

图像编辑是图像处理的基础，可以对图像进行各种变换，如放大、缩小、旋转、倾斜、镜像、透视等；也可进行复制图像，去除斑点，修补、修饰图像的残损等操作。

图像合成则是将几幅图像通过图层操作、工具应用合成完整且能表达明确意义的图像，是美术设计的必经之路。Photoshop 软件提供的绘图工具可将图像与创意很好地融合在一起。

校色调色可使用户方便快捷地对图像的颜色进行明暗、色偏的调整和校正，也可在不同颜色间进行切换以满足图像在如网页设计、印刷等领域的应用。

特效制作主要由滤镜、通道及工具组成，包括图像的特效创意和特效字的制作，如油画、浮雕、石膏画、素描等，都可借助该软件特效制作完成。

📖 **任务拓展**

1. 任务要求

在毕业季来临之际，毕业生韩某想制作带有个人证件照的个人简历投给相关用人单位。该单位对简历中的个人证件照做出如下要求：本人 6 个月以内的免冠正面证件照；照片为 JPG/JPEG 格式，不大于 20KB；蓝色背景。

请下载 Photoshop 软件，并使用该软件制作一张符合用人单位要求的个人证件照。

2. 任务实施

1）从 Photoshop 官网下载并安装软件。
2）用手机或照相机拍摄一张符合要求的免冠正面照片。
3）在 Photoshop 软件中打开需要修改的证件照。

4）将该照片中的多余部分裁剪掉。

5）将背景色换成蓝色（R84，G132，B172）。

6）选择"滤镜"→"模糊"→"表面模糊"选项，对人物面部进行修饰。

7）使用修复画笔工具去除照片中的污点、斑点等。

8）将修改后的个人证件照保存、导出为 JPG 或 JPEG 格式。

9）将修改完毕的照片进行排版留存，以备后续打印使用。

10）将处理之后的照片插入个人简历中。

任务 5.2 设计制作"大国工匠"短视频

☞ **任务描述**

本任务要求以"大国工匠"为背景，利用剪映软件制作"大国工匠"短视频。具体要求如下：画幅比为 16∶9；文件格式为 MP4；画面的动态演绎与音乐节奏点吻合，视频中包含转场、字幕、特效、贴纸等效果，所用的图片需保持动态效果；视频内容积极向上、感染力强，整体协调流畅，画面明亮清晰。

☞ **任务目标**

1. 了解短视频的特点。
2. 熟悉剪映软件的界面组成与常用功能。
3. 能利用剪映软件对短视频进行剪辑、配乐、添加字幕、转场、保存等操作。
4. 传承与弘扬一丝不苟、精益求精、追求卓越的工匠精神。

💻 **任务实施**

1. 设计短视频脚本

脚本是一个短视频剧情的最初模板，是在拍摄或剪辑之前搭建的思路框架。脚本设计方法很多，一般采用脚本表格的方式开展剧情设计，设计结构高效且清晰。在表 5.1 中列举了脚本表格的格式与用法。在进行视频编辑之前，可根据自己的构思，发挥创意思维，优化剧本细节，创作出精彩的短视频作品，吸引更多人的关注。

微课：短视频的制作流程

表 5.1　《大国工匠》短视频设计脚本

序号	内容	画面	标题	背景音乐
1	开场效果	中国红背景，中国元素衬托，特效展示"大国工匠"文字	大国工匠、匠心筑梦	
2	"大国工匠"人物、事迹	展示有代表性的"大国工匠"年度人物工作事迹图片或视频、工作事迹字幕	大勇无惧 大术无极 大艺法古 大工传世 大技贵精 ……	万疆
3	片尾	使用动画特效，点睛主题	工匠精神，照亮追梦征程	
……	……	……	……	

2. 下载并安装视频编辑软件

剪映软件是一款全能易用、功能强大的视频剪辑软件，支持手机、平板电脑、计算机端安装与应用，剪辑精准快速，支持变速、多样滤镜效果，拥有丰富的曲库资源，支持几乎所有主流媒体格式。

（1）下载

登录剪映官方网站，单击网页中的"立即下载"按钮，如图 5.17 所示，即可下载该软件。

微课：剪映基础功能介绍

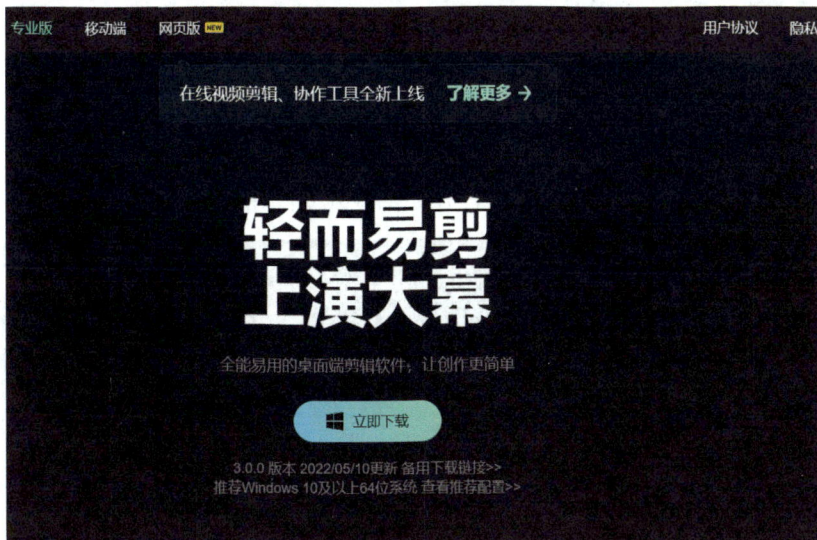

图 5.17　剪映软件下载界面

（2）安装

安装程序下载完成后，双击该程序，打开安装对话框并单击"运行"按钮，如图 5.18 所示。在打开的安装界面中单击"立即安装"按钮，进行安装，如图 5.19 所示。

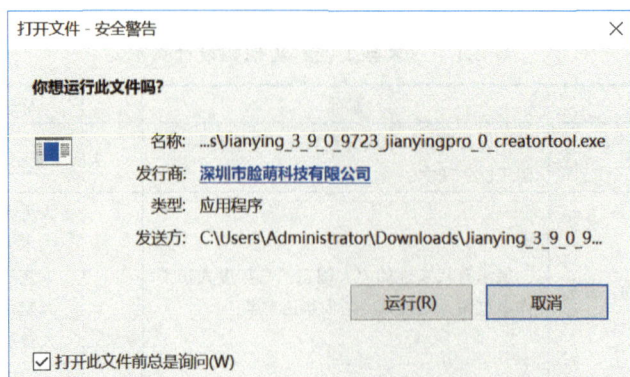

图 5.18　剪映软件安装 1

图 5.19　剪映软件安装 2

（3）打开软件

安装完成后，双击软件图标，即可打开如图 5.20 所示的创作界面，进行短视频创作。

图 5.20　剪映软件创作界面

3. 编辑与输出短视频

（1）设置屏幕尺寸

1）启动剪映软件，根据视频编辑需求，选择合适的屏幕比例。本任务的目标发布平台为计算机端，根据任务要求的"画幅比为16∶9"，将屏幕尺寸设置为高清宽屏幕 1080×720。

2）单击"开始创作"按钮，进入操作界面，单击如图 5.21 所示的"修改"按钮，打开"草稿设置"对话框，在"分辨率"选项组中选择"自定义"选项，设置"长 1080、宽 720"，如图 5.22 所示。

微课：剪映的界面组成

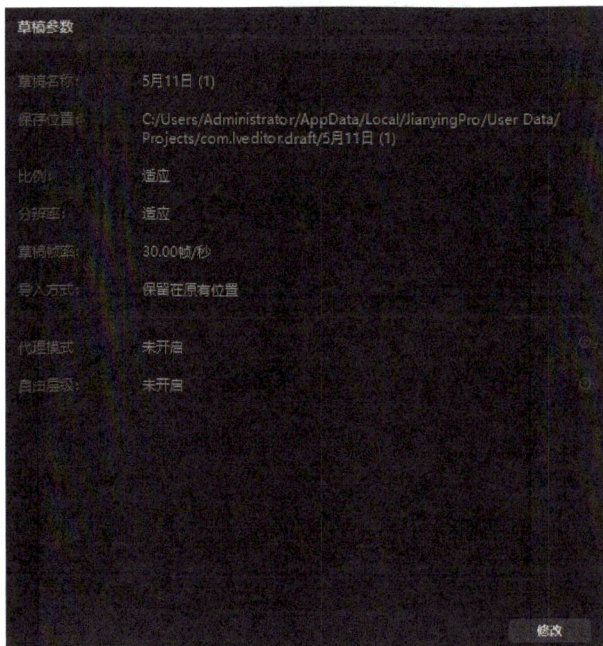

图 5.21　视频尺寸调整 1

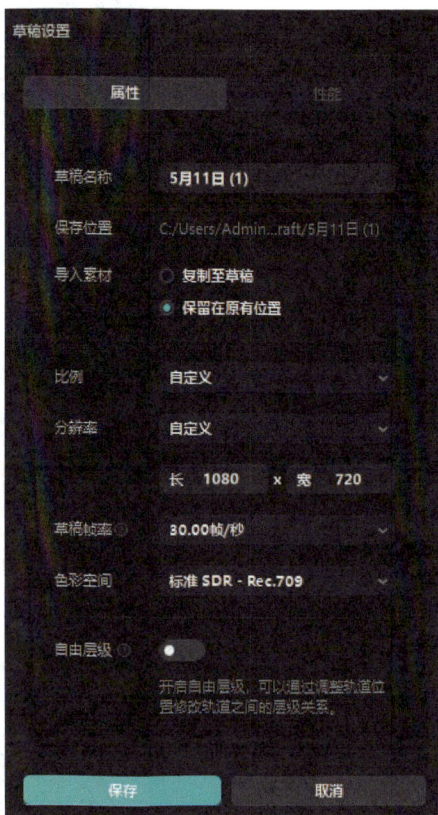

图 5.22　视频尺寸调整 2

（2）导入素材

1）设置图片素材时间长度。在视频创作中，可以根据任务需求，设置导入图片素材的时间长度。在本任务中统一将图片素材的时间长度设置为 3 秒。选择"菜单"→"全局设置"选项，打开"全局设置"对话框，选择"剪辑"选项卡，如图 5.23 所示，将"图片默认时长"修改为 3 秒。修改后，导入的图片素材的时间长度默认为 3 秒。

2）导入素材。进入剪映编辑操作窗口，选择"媒体"选项卡，单击"导入"按钮或直接拖动文件，按照主题依次将素材导入编辑器的素材窗口中，将其拖动到下方的时间线轨道上，如图 5.24 所示。

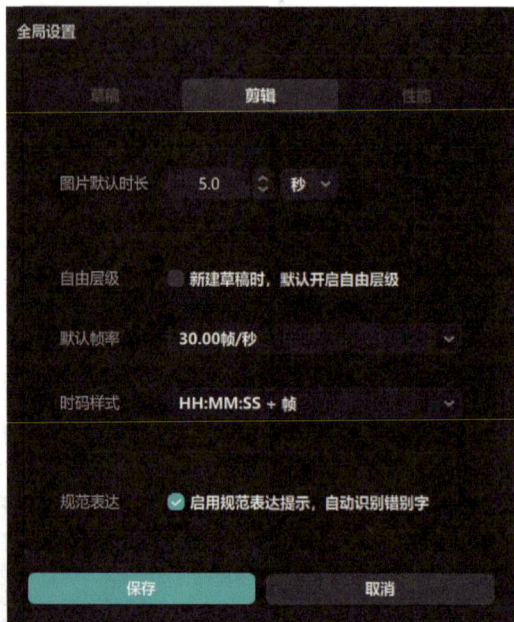

图 5.23　设置图片素材时间长度

图 5.24　导入素材

（3）编辑图片、视频素材

为保证画面效果的整齐、统一、规范，在本任务中展示画面所用图片、视频的时间长度均为 3 秒，画幅比均为 16∶9。

在时间轴上方提供了各类工具按钮，包括分割、删除、定格、倒放、镜像、旋转、裁剪等，如图 5.25 所示。可以使用工具按钮对导入时间轴的图片、视频等素材进行编辑调整，使其符合主题要求。具体操作如下。

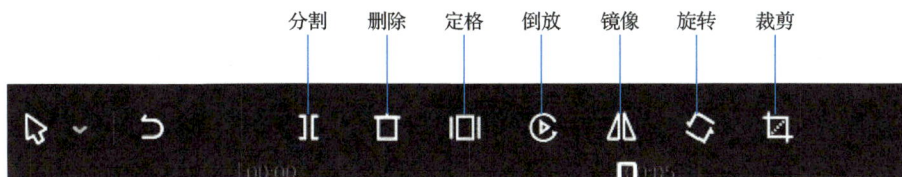

图 5.25　视频编辑工具按钮

1）利用分割工具裁剪视频素材时间长度为 3 秒。

2）利用裁剪工具调整图像的显示比例、显示区域，如图 5.26 所示。

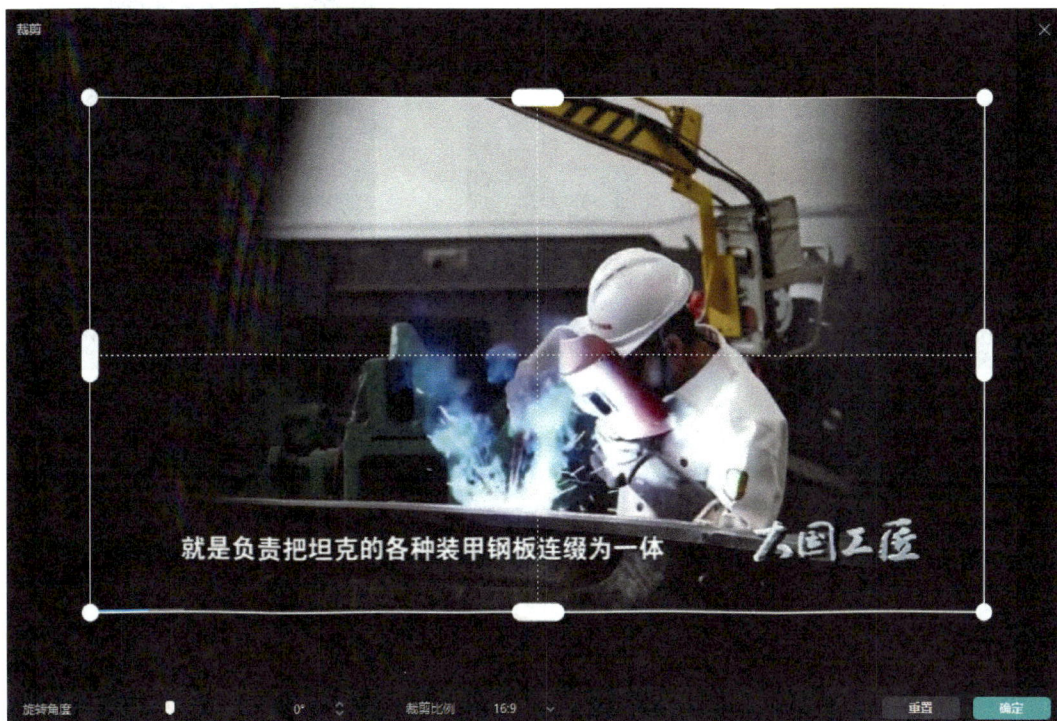

图 5.26　调整图像显示比例和显示区域

3）利用镜像工具调整图像的显示方向，如图 5.27 所示。

图 5.27　图像镜像效果

（4）添加文字标题

1）选中标题栏上的"文本"。

2）选择"手写字"→"人生海海"选项，如图 5.28 所示。

在右侧文本框中重新输入文字"大国工匠"如图 5.29 所示。

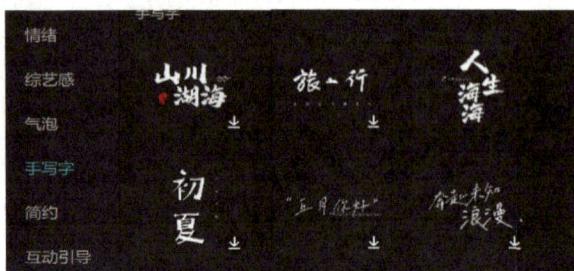

图 5.28 选择文本类型

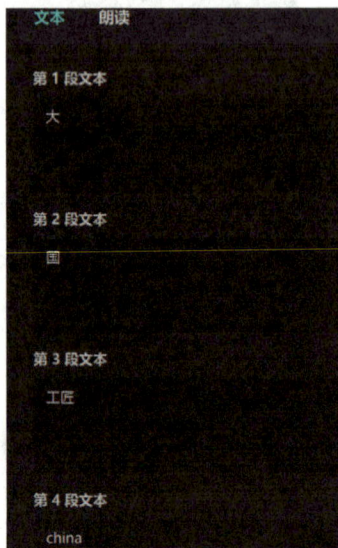

图 5.29 文本修改

标题效果如图 5.30 所示。

图 5.30 标题效果

（5）添加贴纸效果

1）选择"贴纸"选项卡。

2）选择"闪闪"选项后选择一种闪光样式，如图 5.31 所示。

将样式拖动到时间轴上，视频效果如图 5.32 所示。

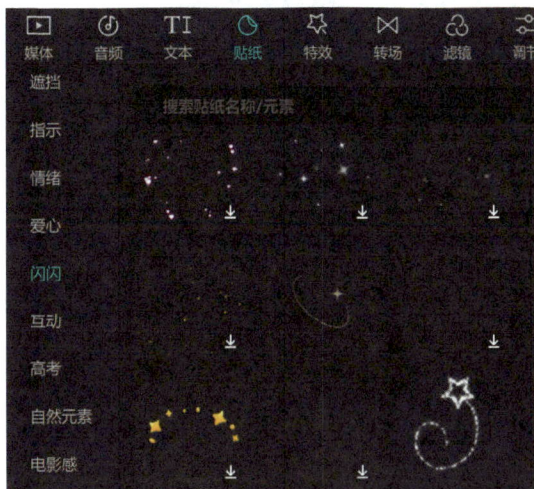

图 5.31　添加贴纸效果

图 5.32　视频效果

（6）添加字幕

1）选择"文本"选项。

2）选择"字幕"选项后选择一种字幕样式，如图 5.33 所示。

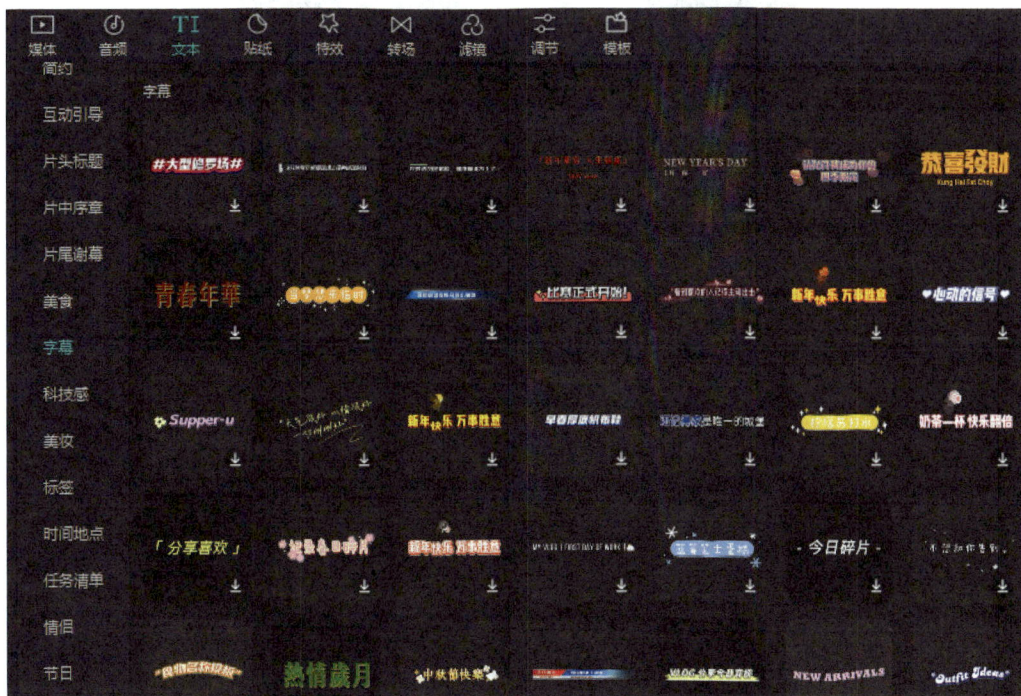

图 5.33　添加字幕

3）将字幕拖动到时间轴上，效果如图 5.34 所示。

图 5.34　视频效果

（7）添加转场效果

默认将转场效果加在每段素材的结尾部分，在该段素材和下一段素材之间起到过渡作用。

1）选择"转场"选项卡，激活转场窗口，如图 5.35 所示。选择合适的转场类型添加在时间轴的轨道素材上，如图 5.36 所示。

图 5.35　"转场"窗口

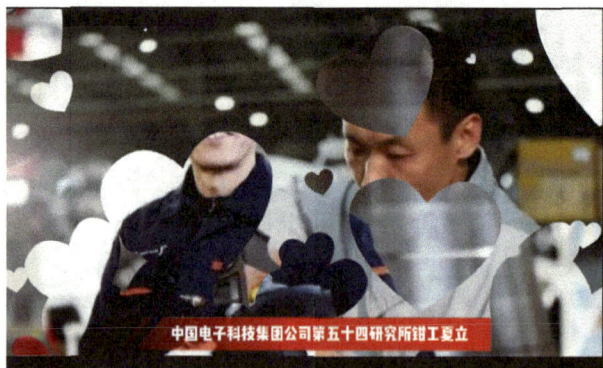

图 5.36　添加转场特效

2）双击时间轴上的转场小方格，打开"转场"窗口，可以调整转场时长，如图 5.37 所示。

（8）添加背景音乐

1）选择"音频"选项卡。

2）使用剪映软件中的配乐资源，在搜索框中搜索"万疆"，结果如图 5.38 所示。在搜索结果中选择音频素材添加到音频轨道中，如图 5.39 所示。

3）添加音频素材与添加视频素材的方式类似，将音频素材添加到音频时间轴轨道中，通过拉动首尾可以调节音频素材的播放区间。

4）设置音频素材的淡入、淡出效果，设置时间长度为 1 秒，如图 5.40 所示。

图 5.37　调整转场时长

图 5.38　搜索音频素材

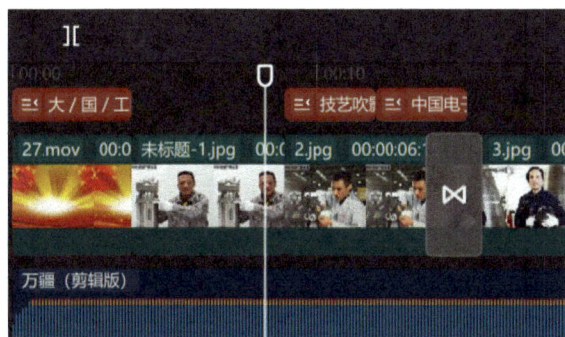

图 5.39　添加音频素材

图 5.40　设置音频素材淡入、淡出效果
和时间长度

（9）导出视频

单击剪映软件右上角的"导出"按钮，打开"导出"对话框，如图 5.41 所示。常用的视频文件格式为 MP4 格式，还要对视频文件名称和输出目录进行设置，设置完成后单击"导出"按钮即可。

图 5.41　"导出"对话框

相关知识

常见视频文件格式有 AVI、WMV、MP4、MOV、M4V、ASF、FLV、F4V、RMVB、RM、3GP、VOB 等。主要格式介绍如下。

（1）AVI 格式

AVI 是由微软公司发布的视频文件格式。该文件格式调用方便，图像质量高，可任意选择压缩标准，是应用最广泛、应用时间最长的视频文件格式之一。

（2）WMV 格式

WMV 格式是独立于编码方式的在互联网上实时传播多媒体的技术标准，其主要优点在于可扩充的媒体类型、可在本地或网络回放、可伸缩的媒体类型、流的优先级化、多语言支持、扩展性等。

（3）MP4 格式

MP4 格式是用于压缩音频、视频信息的编码标准，其主要用途在于光盘、语音发送（视频电话）以及电视广播等。

（4）MOV 格式

MOV 格式即 QuickTime 影片格式，它是 Apple 公司开发的一种音频、视频文件格式，用于存储常用的数字媒体类型文件，保存音频和视频信息。

任务拓展

1. 任务要求

请以"我的大学生活"为主题设计制作短视频。要求如下：主题积极向上；视频故事线清晰；剧情安排合理，素材衔接得当，具有一定的审美价值。

2．任务实施

（1）设计脚本

以"我的大学生活"为主题，进行分镜头脚本设计。

（2）准备软件

登录剪映软件官方网站，下载剪映软件并安装。

（3）采集与整理视频素材

1）获取视频素材的方式有很多，可以根据委托班级的需求，拍摄一些班级生活学习素材，或者要求委托班级提供合适的班级活动照片，也可以在互联网上下载与毕业主题相关的素材（不要侵犯版权，要尊重网络知识产权）。

2）将采集的素材进行系统化整理，可以按视频、音频、图片类别将素材分类存放于不同文件夹中，也可根据不同的脚本内容进行分类。

（4）添加素材

1）将素材添加到视频编辑器中，并按照脚本将素材有序地排布于时间轴轨道中。

2）对每段素材的入点和出点进行调节，保证前后素材在内容上的合理衔接。

3）切换到素材编辑模式，对各段素材进行编辑，调整图像大小、图像亮度、对比度等，以获得更高的视频质量。

（5）添加文字标题

在合适的节点插入文字标题，并调节其字体、字号，同时将其放置在合适位置。

（6）添加转场过渡效果

选择合适的过渡效果添加于视频衔接处，缓和不同场景切换的突兀感，使上下文衔接自然过渡。

（7）导出视频文件

最后将视频文件以 H.264 格式导出，以"我的大学生活"命名该文件。

任务 *5.3* 设计制作 H5 交互动画

☞ **任务描述**

习近平新时代中国特色社会主义思想是中华文化和中国精神的时代精华，实现了马克思主义中国化、时代化新的飞跃。为深刻理解习近平新时代中国特色社会主义思想的时代背景，深入推进学思践悟，本任务要求利用木疙瘩在线平台设计制作一个 H5 交互式动画。具体要求如下：为相应素材图片添加文字并修改样式，添加预置动画，导入视频。

☞ **任务目标**

1. 掌握木疙瘩在线平台各类工具的基本使用方法。
2. 掌握交互式动画中图文、素材的编辑方法。
3. 自觉以习近平新时代中国特色社会主义思想武装自身，坚定道路自信、理论自信、制度自信、文化自信。

任务实施

1. 采集素材

在制作动画前，提前准备好制作过程中所需的文字、图片、音频、视频等素材。

2. 添加素材

1）选择"工具条"→"媒体"→"素材库"选项。

微课：H5 动画

2）打开素材库，单击"+"按钮添加素材，如图 5.42 所示。

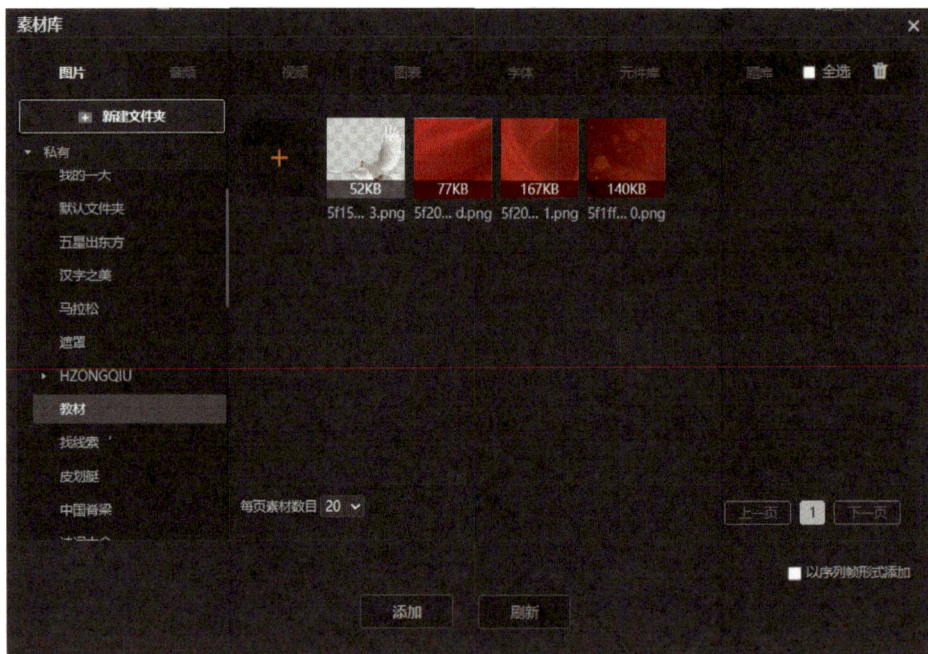

图 5.42　添加素材

3）在时间轨道上选中"图层 0"，将其重命名为"背景"，将素材 1 添加到背景图层，适当调整素材的位置和大小。

4）新建图层 1，将其重命名为"鸽子"，将素材 2 添加到该图层，适当调整素材的位置和大小。

5）新建图层 2，将其重命名为"文字"，选择"工具箱"→"文字"选项，输入相应文字，如图 5.43 所示。

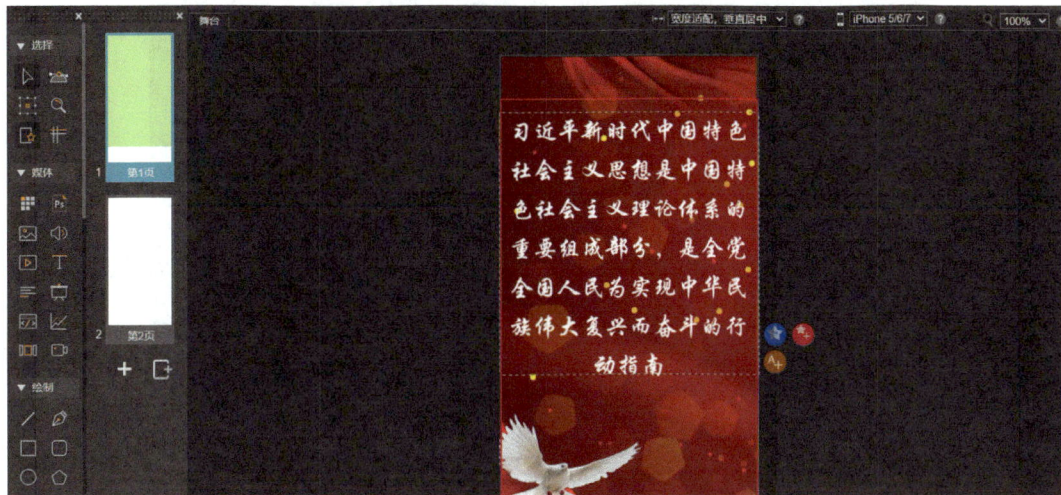

图 5.43　图层添加

3. 设置文字样式

选中文字，在属性面板中对文字进行设置，设置文字大小为"30"、字体为"方正行楷简体"、垂直对齐方式为"顶对齐"、行高为"160%"，如图 5.44 所示。

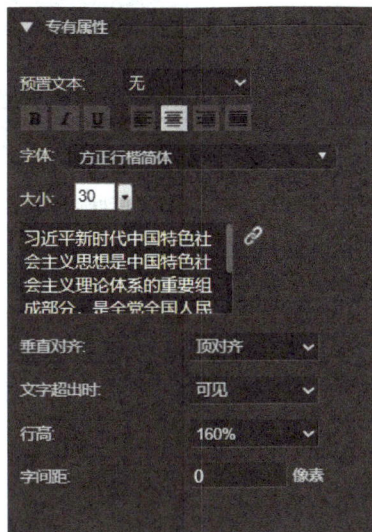

图 5.44　调整文字属性

4. 设置预置动画

1）选中"文字"图层中的文本，在舞台上选择"预置动画"→"添加预置动画"→"缓入"选项，如图 5.45 所示。

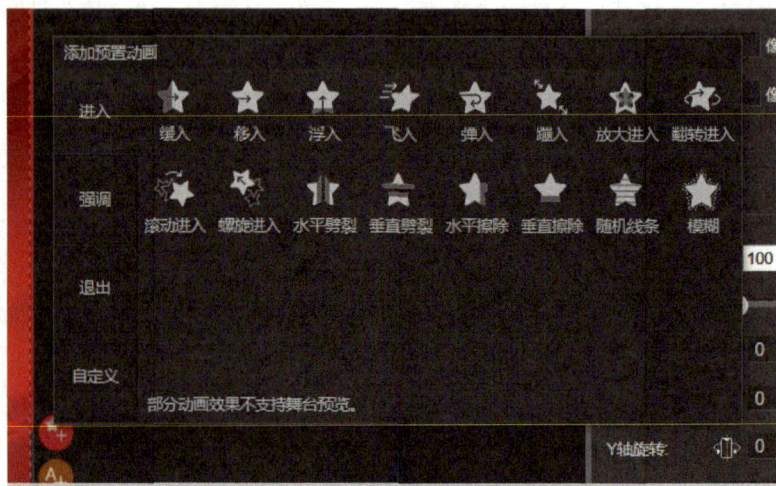

图 5.45　设置动画效果

2）单击"编辑预置动画"按钮，在打开的对话框中设置时间长度为"1 秒"，如图 5.46 所示。

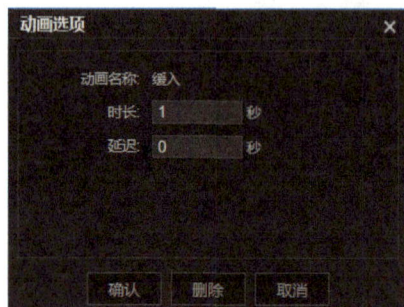

图 5.46　设置预置动画

另外，利用属性面板也可设置预置动画，如图 5.47 所示。

5. 导入视频

1）单击"页面编辑面板"中的"+"按钮，添加新页面，如图 5.48 所示。

图 5.47　设置预置动画

图 5.48　添加新页面

2）单击"素材库"按钮，在打开的"素材库"对话框中选择"视频"选项卡，导入视频文件，将视频文件添加到相应的图层中，如图 5.49 所示。

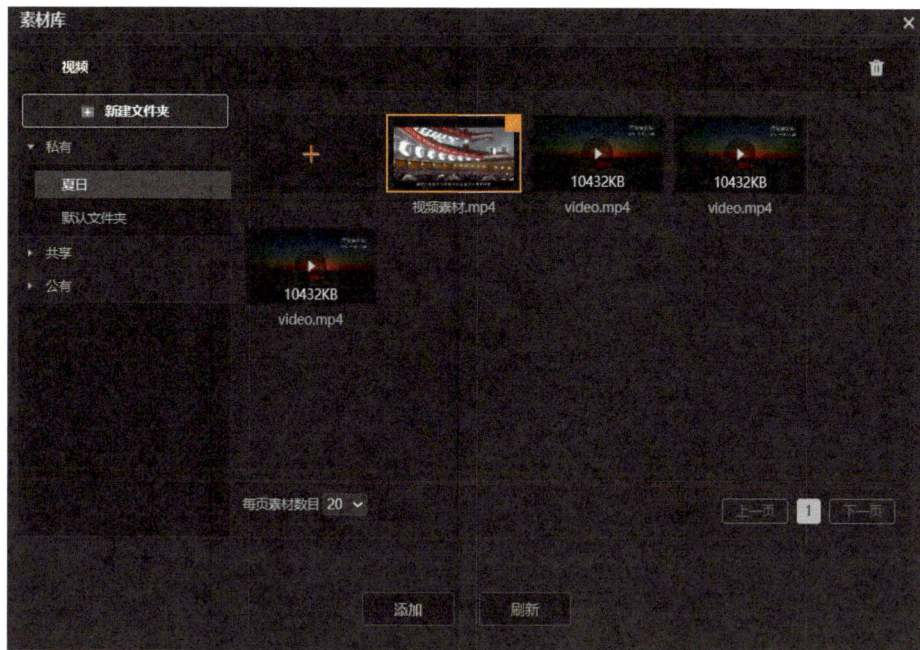

图 5.49　打开"素材库"

3）选中视频文件，选择"预置动画"→"放大进入"选项。

6．保存文件

单击工具栏中的"内容共享"按钮，如图 5.50 所示，在打开的"内容共享"对话框中可生成二维码，扫码即可查看作品。

图 5.50　生成作品二维码

📖 **相关知识** ——————————————————————————————— ■

1．了解交互式动画

交互式动画是指在动画作品播放时支持事件响应和交互功能的一种动画。也就是说，在播放动画时，动画可以接受某种控制。这种控制可以是动画播放者的某种操作，也可以是在制作动画时预先设置的操作。这种交互性可作为让观众参与和控制动画播放内容的手段，使观众由被动接受变为主动选择。

H5 交互式动画是指利用 HTML5 技术制作出来的动画。H5 技术不局限于单纯的

HTML5，它涵盖了 HTML5、CSS3、JavaScript 等一系列前端技术。大部分网页及手机中的各种软件都应用了 H5 技术。

2．木疙瘩在线平台介绍及功能

（1）介绍

木疙瘩在线平台是利用专业级 HTML5 交互式动画内容制作云平台，拥有强大的动画编辑能力和极大自由度的创作空间，可以帮助专业设计师和团队高效地完成面向移动设备的 H5 专业内容的制作发布、账号管理、协同工作、数据收集等。

（2）功能

1）云计算。设计师无需下载、安装任何插件，可直接在支持 HTML5 的浏览器下创作专业动画。

2）便捷的操控。Flash 设计师无须参加任何培训，可利用该平台立刻开始创作专业级 H5 交互内容。

3）矢量造型。该平台支持基于贝塞尔曲线的绘制、形状组合、控制点编辑、SVG（scalable vector graphics，可缩放矢量图形）渲染、动态绘制等专业动画功能。

4）跨平台。该平台全面兼容移动设备，支持 iOS、Android、Windows、WebOS 系统，可实现一次开发、多平台部署。

5）专业动画。该平台支持图层、路径、镜头、遮罩、玻璃板等功能，其丰富的专业动画功能可使设计师轻松创建专业的动画。

6）遮罩动画。该平台支持将任意物体或者动画作为遮罩层和被罩层，以实现酷炫的动画效果。

7）关联动画。该平台支持侦听动画播放的交互行为和元素属性，并可控制其他对象的动画行为和属性。

8）变形动画。该平台支持矢量形状的任意变形并自动生成插值动画。

9）交互行为。该平台拥有数百种行为组合，包括连接、制作表单、回执、翻页、回调函数、打电话、插入音/视频、动画播放控制等。

10）多格式输出。该平台支持 HTML5 Canvas、CSS3、video、PNG（portable network graphics，便携式网络图形）、SVG 等丰富的格式输出，可以满足不同开发需求。

11）多种创作途径。该平台提供功能全面的创作界面，适合专业设计师使用，能充分表达设计师的创意和灵感。

📖 **任务拓展** ━━━ ■

1．任务要求

本任务要求介绍校园美景。利用手机或照相机拍摄校园美景，将拍摄的素材用于制作 H5 作品。先登录木疙瘩官网注册账号，再利用 H5 专业编辑器制作属于自己的作品。

2．任务实施

1）在木疙瘩官网注册账号。

2）用手机或照相机拍摄校园美景。

3）将舞台设置为宽 320 像素、高 520 像素。

4）作品页数在 3 页以上。

5）使用两种以上预置动画效果，如缓入、弹入等。

6）生成并保存作品二维码。

参 考 文 献

莫新平，吕学芳，姚晓艳，2020．大学信息技术项目教程（微课+活页版）[M]．北京：清华大学出版社．

王建良，2022．信息技术基础[M]．2版．东营：中国石油大学出版社．

王忠，闫红霞，2012．大学信息技术基础教程[M]．北京：科学出版社．

徐洪祥，郑桂昌，岳宗辉，等，2022．新一代信息技术[M]．北京：清华大学出版社．

杨竹青，2020．新一代信息技术导论（微课版）[M]．北京：人民邮电出版社．

易海博，池瑞楠，张夏衍，2020．云计算基础技术与应用[M]．北京：人民邮电出版社．

张金娜，陈思，2022．信息技术基础项目式教程（Windows 10+WPS 2019）（微课版）[M]．北京：人民邮电出版社．

周建国，2019．Photoshop CS6实例教程[M]．5版．北京：人民邮电出版社．

附　　录

附表1　专利检索数据记录

检索词	检索到的结果
可视化分析	
主要主题分布	次要主题分布
专利类别分布	学科分布

附表2　学位论文检索初检数据记录

检索词	检索到的结果
序号1	
序号2	

附表3　学位论文检索引文数据记录

序号1摘要关键词	序号2摘要关键词
引文图片	引文图片

附表4　会议论文检索初检数据记录

主题1			主题2	
篇名	作者	会议名称	数据库	时间

附表 5　会议论文检索发文单位约束数据记录

单位				
篇名	作者	会议名称	数据库	时间

附表 6　会议集检索数据记录

会议名称				
篇名	作者	会议名称	数据库	时间

附表 7　作者发文检索数据记录

作者		单位		主题
篇名	作者	会议名称	数据库	时间

附表 8　会议全文检索数据记录

双成分检索词1		双成分检索词2		双成分检索词3
篇名	作者	会议名称	数据库	时间

附表 9　来源会议检索（时间条件检索）数据记录

会议时间				
篇名	作者	会议名称	数据库	时间

附表 10　来源会议检索（主办单位检索）数据记录

主办单位				
篇名	作者	会议名称	数据库	时间

附表 11　近期会议浏览数据记录

会议名称	会议时间	会议形式	会议地点	主办单位

附表 12　会议信息检索数据记录

检索词				
会议名称	会议时间	会议形式	会议地点	主办单位